リメディアル　線形代数

—2次行列と図形からの導入—

桑村雅隆　著

東京　裳　華　房　発行

INTRODUCTION TO LINEAR ALGEBRA

by

MASATAKA KUWAMURA

SHOKABO

TOKYO

まえがき

本書は，線形代数の入門書です．必要とされる予備知識は，現在の高等学校で学ぶ平面ベクトルまでの内容です．数学 C を履修したかどうかは関係ありません．

本書の特徴は 3 つあります．まず，平面上の 1 次変換と空間図形を詳しく取り上げたことです．これらは旧課程の高等学校の教科書で扱われていた内容です．そのためページ数が普通の線形代数の本に比べて若干多くなってしまいましたが，線形代数を実感をもって理解するためにはこれらの項目は欠かすことができないと思われます．

2 番目は数学的な技術を要する証明はなるべく省くかわりに，定理や計算方法の意味を具体例を通して説明するようにしたことです．線形代数は本来抽象的なものであるため，内容をコンパクトにまとめてページ数の少ない本を作ることができます．しかし初めて線形代数を学ぶときは，説明のない定理や計算方法の意味を理解することは容易ではありません．

3 番目は 2 次正方行列の例を通して線形代数の大まかな内容を把握できるような構成になっていることです．限られた時間の中で線形代数を理解して使う必要がある場合は，第 1 章，6.3 節と 6.4 節を読んでみれば大まかなイメージがもてるようになると思います．その分，2 次正方行列の場合にしか通用しない証明を採用していることもありますが，「まず事実を知る」ということを第一の目標にしました．

本書の構成は次のようになっています．まず，第 1 章で平面上の 1 次変換を詳しく説明することにより，線形代数の基本が一通りわかるようにしました．続く第 2 章では，直線，平面，球面などの基本的な空間図形を扱いました．第

1 章と第 2 章には，旧課程の高等学校の教科書で扱われていた内容に沿いつつ，大学の数学へ橋渡しをする役割があります．第 3 章と第 4 章は，線形計算の基礎となる連立 1 次方程式の解法と行列式の計算法について説明をしました．第 5 章は，線形代数の抽象的な概念を扱います．この項目は，理解しにくいとされていますが，なるべくわかりやすく説明するように努力しました．最後の第 6 章は，行列の固有値問題について説明をしました．

ここで，本書の出版を勧めて下さいました明治大学数理科学研究所の三村昌泰先生，初期の原稿にあった数多くの誤りを的確に指摘して頂いた神戸大学大学院理学研究科の山田泰彦先生，TEX 原稿の作成に協力頂いた神戸大学大学院総合人間科学研究科の上村淑子氏（現・兵庫県立明石清水高等学校常勤講師）に心からお礼を申し上げます．また，本書の執筆中に科学研究費補助金・基盤研究（B）「大学における数理情報教育に求められている課題の分析とその改善に関する研究」（代表・船越俊介神戸大学発達科学部教授・平成 16〜18 年度）の支援を受けました．最後に本書の出版にあたりご尽力頂いた裳華房の細木周治氏・新田洋平氏に深く感謝します．

2007 年 8 月

桑 村 雅 隆

本書の利用法

この本は，ひとりで最後まで本文が読めて，線形代数の基本的な事項を理解できるようになることを目標として書かれています．自習する場合は，第 1 章から順に読んでいけばよいでしょう．その中でも特に重要なのは，最初の第 1 章です．この章で線形代数の基本的な概念のかなりの部分を説明します．仮に高等学校で既に学んだ事項であっても，飛ばすことなく読まれるほうがよいでしょう．

1 年間を前期と後期に分けて考えると，第 1 章から第 3 章までが前期分で，第 4 章から第 6 章までが後期分になります．前期に第 1 章で平面の 1 次変換を説明したことにより，行列式を後期で取り扱うことになります．これは従来の項目の配列と異なるものですが，2 次正方行列の場合で全体的な見通しを把握できるという利点があります．

今まで通りの標準的な項目の配列に従うときは，必要に応じて第 1 章と第 2 章の内容を参照しながら，前期で第 3 章と第 4 章を，後期で第 5 章と第 6 章を扱うことにすればよいでしょう．また，第 1 章と第 2 章を半年間のリメディアル（補習）教育に利用することも可能です．目次で $*$ 印をつけた 5.7 節と 6.4 節は，時間的に余裕がある場合に取り上げればよいと思われます．

本書を読み進むにあたり，キーワードとなる基本的な用語について一覧表の形で，次のページにまとめておきました（内容の“まとめ”ではありません）．

ベクトルの内積と外積

$\mathbf{R}^n$ の標準内積
➡ p. 8, 50, 181

$$\langle \boldsymbol{a},\ \boldsymbol{b} \rangle = a_1 b_1 + \cdots + a_n b_n$$

空間ベクトルの外積
➡ p. 52

$$\boldsymbol{a} \times \boldsymbol{b} = (a_2 b_3 - a_3 b_2,\ a_3 b_1 - a_1 b_3,\ a_1 b_2 - a_2 b_1)$$

行列

転置行列
➡ p. 126, 214

$$A = (a_{ij}) \implies {}^t\!A = (a_{ji})$$

対称行列
➡ p. 208

$${}^t\!A = A$$

直交行列
➡ p. 212

$${}^t UU = U\,{}^t U = E$$

逆行列
➡ p. 6, 88, 90

$$AA^{-1} = A^{-1}A = E$$

$$\begin{pmatrix} a & b \\ c & d \end{pmatrix}^{-1} = \frac{1}{ad - bc}\begin{pmatrix} d & -b \\ -c & a \end{pmatrix} \quad (ad - bc \neq 0)$$

3 次以上の正方行列 A の逆行列は，掃き出し法で求める．

行列の基本変形とランク

行に関する基本変形
➡ p. 92

- 2 つの行を入れ替える
- 1 つの行に 0 でない数を掛ける
- 1 つの行にある数を掛けたものを他の行に加える

列に関する基本変形
➡ p. 92

- 2 つの列を入れ替える
- 1 つの列に 0 でない数を掛ける
- 1 つの列にある数を掛けたものを他の列に加える

行列のランク
➡ p. 98, 101, 105

行列 A を行基本変形と列基本変形を用いてランク標準形（➡ p. 98）に変形したとき，ランク標準形に 1 が r 個現れれば，$r(A) = \operatorname{rank} A = r$.

行列式

2 次の行列式
➡ p. 7, 115

$$A = \begin{pmatrix} a & b \\ c & d \end{pmatrix} \implies \det A = \begin{vmatrix} a & b \\ c & d \end{vmatrix} = ad - bc$$

n 次の行列式
➡ p. 118, 122, 127

余因子展開公式（➡ p. 122, 127）を用いて，小さい次数の行列式の計算に帰着させる．

行列の固有値

固有値と固有ベクトル
➡ p. 29, 197, 202

$A\boldsymbol{v} = \lambda\boldsymbol{v}$ を満たす λ を n 次正方行列の固有値，$\boldsymbol{v} \neq \boldsymbol{0}$ を固有ベクトルという．

固有値と固有ベクトルの求め方
➡ p. 31, 198, 202

- n 次正方行列 A の固有値は，固有方程式 $\det(A - \lambda E) = 0$ の解として得られる．
- n 次正方行列 A の（固有値 λ に対する）固有ベクトルは，連立 1 次方程式 $(A - \lambda E)\boldsymbol{v} = \boldsymbol{0}$ の解として得られる．

ベクトル空間

1 次独立
➡ p. 35, 151

$$s_1\boldsymbol{v}_1 + \cdots + s_n\boldsymbol{v}_n = \boldsymbol{0} \implies s_1 = \cdots = s_n = 0$$

基底
➡ p. 40, 162

（1） $\boldsymbol{a}_1, \boldsymbol{a}_2, \ldots, \boldsymbol{a}_n$ は 1 次独立である．
（2） V 上のどんなベクトル $\boldsymbol{v}$ も $\boldsymbol{a}_1, \boldsymbol{a}_2, \ldots, \boldsymbol{a}_n$ の 1 次結合で表される．

部分空間
➡ p. 148

（1） $\boldsymbol{0} \in W$
（2） $\boldsymbol{w}_1, \boldsymbol{w}_2 \in W \implies \boldsymbol{w}_1 + \boldsymbol{w}_2 \in W$
（3） $\boldsymbol{w} \in W \implies c\boldsymbol{w} \in W$ （c はスカラー）

線形写像
➡ p. 21, 168

（1） $f(\boldsymbol{x}_1 + \boldsymbol{x}_2) = f(\boldsymbol{x}_1) + f(\boldsymbol{x}_2)$
（2） $f(c\boldsymbol{x}) = cf(\boldsymbol{x})$ （c はスカラー）

目　　次

第1章

平面上の1次変換

この章では，平面上の1次変換を取り扱う．まず最初に，行列という概念を導入し，その計算方法を説明する．次に，基本的な図形をベクトルを利用して表示する方法（パラメータ表示）について述べ，図形を移動する操作として最も基本的な1次変換を説明する．行列を利用することによって，1次変換は見通しよく扱うことができる．また，ベクトルの1次独立性，座標変換，行列の固有値などについても説明する．この章の内容は，線形代数の理論の概観を与える．

1.1　2次正方行列の演算

まず，行列の概念を説明することから始めよう．頭で考えて計算に何らかの意味づけをしようとするよりも，小学生が九九を覚えるごとく，具体的な計算方法を体で覚えて使ってみることが上達の早道である．

下のように「数」を並べたものを**行列**という．

$$\begin{pmatrix} 1 & 2 \\ 3 & 4 \end{pmatrix}, \quad \begin{pmatrix} -3 & 2 \\ 0 & 1 \end{pmatrix}.$$

数の並びをいちいち示さなくても，行列についての議論ができる場合などでは，行列を大文字のアルファベットで表すことが多い．例えば，

$$A = \begin{pmatrix} 1 & 2 \\ 3 & 4 \end{pmatrix}, \quad B = \begin{pmatrix} -3 & 2 \\ 0 & 1 \end{pmatrix}.$$

行列において，数の横の並びを**行**といい，上から順に第1行，第2行という．例えば，

$$(1 \;\; 2), \quad (3 \;\; 4)$$

は，A の第1行，第2行である．同様に，縦の並びを**列**といい，左から順に第1列，第2列という．例えば，

$$\begin{pmatrix} 1 \\ 3 \end{pmatrix}, \quad \begin{pmatrix} 2 \\ 4 \end{pmatrix}$$

は，A の第1列，第2列である．行，列のことを，それぞれ**行ベクトル**，**列ベクトル**ということもある．上の2つの行列 A, B は，2つの行と2つの列からなる行列である．このような行列を 2×2 行列，または，**2次正方行列**という．

行列を構成する数を**成分**という．成分を指定するには，対応する行と列の数で示せばよい．例えば，A の2行1列目の数3を A の $(2, 1)$ 成分という．

2つの行列 A, B が**等しい**とは，A, B の対応する成分がすべて等しいときをいう．

さて，2次正方行列は

$$A = \begin{pmatrix} a_{11} & a_{12} \\ a_{21} & a_{22} \end{pmatrix}$$

のように表されることも多い．成分における添字の数字は，左側が行数を，右側が列数を表している．a_{11}, a_{22} のように正方行列の左上から右下へのななめ対角線上にある成分を**対角成分**という．この行列 A の各成分を **c 倍**（c は実数）して得られる行列を

$$cA = \begin{pmatrix} ca_{11} & ca_{12} \\ ca_{21} & ca_{22} \end{pmatrix}$$

のように定義する．また，2つの行列

$$A = \begin{pmatrix} a_{11} & a_{12} \\ a_{21} & a_{22} \end{pmatrix}, \quad B = \begin{pmatrix} b_{11} & b_{12} \\ b_{21} & b_{22} \end{pmatrix}$$

の**和** $A+B$ と**積** AB を

$$A+B=\begin{pmatrix} a_{11} & a_{12} \\ a_{21} & a_{22} \end{pmatrix}+\begin{pmatrix} b_{11} & b_{12} \\ b_{21} & b_{22} \end{pmatrix}=\begin{pmatrix} a_{11}+b_{11} & a_{12}+b_{12} \\ a_{21}+b_{21} & a_{22}+b_{22} \end{pmatrix},$$

$$\begin{aligned} AB &= \begin{pmatrix} a_{11} & a_{12} \\ a_{21} & a_{22} \end{pmatrix}\begin{pmatrix} b_{11} & b_{12} \\ b_{21} & b_{22} \end{pmatrix} \\ &= \begin{pmatrix} a_{11}b_{11}+a_{12}b_{21} & a_{11}b_{12}+a_{12}b_{22} \\ a_{21}b_{11}+a_{22}b_{21} & a_{21}b_{12}+a_{22}b_{22} \end{pmatrix} \end{aligned}$$

で定義する（差 $A-B$ は $A+(-1)B$ と考えればよい）．例えば，

$$A=\begin{pmatrix} 2 & 1 \\ 3 & 4 \end{pmatrix}, \quad B=\begin{pmatrix} 1 & 2 \\ -1 & 1 \end{pmatrix}$$

に対して，

$$A+B=\begin{pmatrix} 2+1 & 1+2 \\ 3+(-1) & 4+1 \end{pmatrix}=\begin{pmatrix} 3 & 3 \\ 2 & 5 \end{pmatrix}$$

である．積 AB については，次のように書いて計算するとわかりやすい．

$$\begin{array}{cc} & \begin{pmatrix} 1 & 2 \\ -1 & 1 \end{pmatrix} \\ \begin{pmatrix} 2 & 1 \\ 3 & 4 \end{pmatrix} & \begin{pmatrix} 2\cdot 1+1\cdot(-1) & 2\cdot 2+1\cdot 1 \\ 3\cdot 1+4\cdot(-1) & 3\cdot 2+4\cdot 1 \end{pmatrix} \end{array}$$

であるから，

$$AB=\begin{pmatrix} 2 & 1 \\ 3 & 4 \end{pmatrix}\begin{pmatrix} 1 & 2 \\ -1 & 1 \end{pmatrix}=\begin{pmatrix} 1 & 5 \\ -1 & 10 \end{pmatrix}$$

である．さらに，行列 A の2乗 A^2 $(=AA)$ も自然に定義される．すなわち，

$$\begin{aligned} A^2=AA &= \begin{pmatrix} a_{11} & a_{12} \\ a_{21} & a_{22} \end{pmatrix}\begin{pmatrix} a_{11} & a_{12} \\ a_{21} & a_{22} \end{pmatrix} \\ &= \begin{pmatrix} a_{11}a_{11}+a_{12}a_{21} & a_{11}a_{12}+a_{12}a_{22} \\ a_{21}a_{11}+a_{22}a_{21} & a_{21}a_{12}+a_{22}a_{22} \end{pmatrix} \end{aligned}$$

である．同様にして，$A^3, A^4, \ldots$ も定義される．また，上の行列の積の定義をよく見れば，行列とベクトルの**積**を

$$\begin{pmatrix} a_{11} & a_{12} \\ a_{21} & a_{22} \end{pmatrix}\begin{pmatrix} c_1 \\ c_2 \end{pmatrix} = \begin{pmatrix} a_{11}c_1 + a_{12}c_2 \\ a_{21}c_1 + a_{22}c_2 \end{pmatrix},$$

$$(c_1 \quad c_2)\begin{pmatrix} a_{11} & a_{12} \\ a_{21} & a_{22} \end{pmatrix} = (c_1a_{11} + c_2a_{21} \quad c_1a_{12} + c_2a_{22})$$

と定義してよいことがわかる．

◆**問 1.1** 次の式を計算せよ．

(1) $3\begin{pmatrix} 1 & 2 \\ 2 & 4 \end{pmatrix} - 2\begin{pmatrix} 2 & -1 \\ 3 & 5 \end{pmatrix}$ (2) $\begin{pmatrix} 1 & 3 \\ -2 & 1 \end{pmatrix}\begin{pmatrix} 4 & -2 \\ 0 & 3 \end{pmatrix}$

(3) $\begin{pmatrix} 2 & 1 \\ -1 & 2 \end{pmatrix}^2$ (4) $\begin{pmatrix} 1 & 2 \\ 3 & -2 \end{pmatrix}\begin{pmatrix} -1 \\ 3 \end{pmatrix}$

(5) $(-1 \quad 2)\begin{pmatrix} 1 & 3 \\ 2 & 4 \end{pmatrix}$

▶**参考** 2 つの文字 x, y についての連立 1 次方程式

(1.1)
$$\begin{cases} a_{11}x + a_{12}y = b_1 \\ a_{21}x + a_{22}y = b_2 \end{cases}$$

は，行列と列ベクトルを用いて

$$\begin{pmatrix} a_{11} & a_{12} \\ a_{21} & a_{22} \end{pmatrix}\begin{pmatrix} x \\ y \end{pmatrix} = \begin{pmatrix} b_1 \\ b_2 \end{pmatrix}$$

のように表される（各自確かめよ）．ここで，行列

$$A = \begin{pmatrix} a_{11} & a_{12} \\ a_{21} & a_{22} \end{pmatrix}$$

は，連立 1 次方程式 (1.1) の**係数行列**とよばれる．連立 1 次方程式を行列とベクトルを用いて表しておくと，見通しよく計算や理論を進めていくことができる．行列を利用した連立 1 次方程式の扱い方については，第 3 章で詳しく学ぶ．

このようにして，2 次正方行列の和と積が定義されたが，これらの演算は普通の数と同じような次の計算規則にしたがう：

$$(A+B)+C = A+(B+C), \quad (AB)C = A(BC),$$
$$A(B+C) = AB+AC,$$
$$A+B = B+A.$$

◆**問 1.2**　上の計算規則が成り立つことを確かめよ．

行列の積については，一般に $AB = BA$ は成立しない．例えば，

$$A = \begin{pmatrix} 2 & 1 \\ 3 & 4 \end{pmatrix}, \quad B = \begin{pmatrix} 1 & 2 \\ -1 & 1 \end{pmatrix}$$

のとき，具体的に計算してみるとわかるように

$$AB = \begin{pmatrix} 1 & 5 \\ -1 & 10 \end{pmatrix}, \quad BA = \begin{pmatrix} 8 & 9 \\ 1 & 3 \end{pmatrix}$$

なので，$AB \neq BA$ となる．このことは，等式の両辺に行列を掛ける場合，左側から掛けるのか，右側から掛けるのかを必ず区別しなければならないことを示している．

普通の数と同様に，行列でも，「0」と「1」の役割をする特別なものがある．

$$\begin{pmatrix} 0 & 0 \\ 0 & 0 \end{pmatrix}$$

のように，すべての成分が 0 である行列を**零行列**という．本書では，零行列を O で表す．行列に零行列を加えたり引いたりしても，行列は変わらないのは明らかだろう．また，

$$\begin{pmatrix} 1 & 0 \\ 0 & 1 \end{pmatrix}$$

のように，対角線成分が 1 で他の成分がすべて 0 である正方行列を**単位行列**という．本書では，単位行列を E で表す．行列に単位行列を左側から掛けても

右側から掛けても，行列は変わらない．実際，

$$\begin{pmatrix} 1 & 0 \\ 0 & 1 \end{pmatrix}\begin{pmatrix} a & b \\ c & d \end{pmatrix} = \begin{pmatrix} a & b \\ c & d \end{pmatrix}\begin{pmatrix} 1 & 0 \\ 0 & 1 \end{pmatrix} = \begin{pmatrix} a & b \\ c & d \end{pmatrix}$$

はすぐに確かめられる．

さて，数の世界には「逆数」という概念がある．例えば，2の逆数は

$$2 \cdot x = x \cdot 2 = 1$$

をみたす x として定義され，それは $\dfrac{1}{2}$（指数記号で表せば 2^{-1}）と書かれる．2次正方行列についても同様の概念が定義される．つまり，2次正方行列

$$A = \begin{pmatrix} a & b \\ c & d \end{pmatrix}$$

に対して，

$$AX = XA = E$$

をみたす行列 X を A の**逆行列**といい，A^{-1} で表す．上の行列 A の逆行列は，次のように与えられる．

定理 1.1（2次正方行列の逆行列の公式）

$ad - bc \neq 0$ のとき，

$$A^{-1} = \frac{1}{ad - bc}\begin{pmatrix} d & -b \\ -c & a \end{pmatrix}.$$

$ad - bc = 0$ のときは，A の逆行列は存在しない．

▶ **注意** 上の公式は $AX = E$ を連立1次方程式ととらえ直すことにより導かれる．このことは3.4節で説明する（例題3.4参照，p. 89）．

◆**問 1.3** 上の公式で与えられた A^{-1} が，逆行列の定義 $AX = XA = E$ をみたしていることを確かめよ．

◆**問 1.4** 次の行列の逆行列があれば，それを求めよ．

（1） $\begin{pmatrix} 1 & -1 \\ 3 & 1 \end{pmatrix}$ （2） $\begin{pmatrix} 2 & 3 \\ 3 & 4 \end{pmatrix}$ （3） $\begin{pmatrix} 4 & -6 \\ 2 & -3 \end{pmatrix}$

逆行列の公式の中に現れる $ad-bc$ を A の**行列式**といい，$\det A$ または $|A|$ で表す．すなわち，

$$\det A = |A| = \det\begin{pmatrix} a & b \\ c & d \end{pmatrix} = \begin{vmatrix} a & b \\ c & d \end{vmatrix} = ad-bc.$$

このとき次がいえる．

定理 1.2（逆行列の存在条件）

A が逆行列をもつための必要十分条件は，

$$\det A = |A| \neq 0.$$

行列式はいろいろな性質をもつことが知られている．それらは第 4 章で取り扱うが，ここでは，そのうちの 1 つを問として紹介しておく．

◆**問 1.5** $\det(AB) = \det A \cdot \det B$ が成り立つことを示せ．

1.2 平面図形の表現

ここでは，平面上のいろいろな図形をベクトルを用いて表現することを考えよう．最も簡単な平面上の図形は「点」である．高等学校で学んだように，平面上の点の位置は，座標を用いて表すことができる．

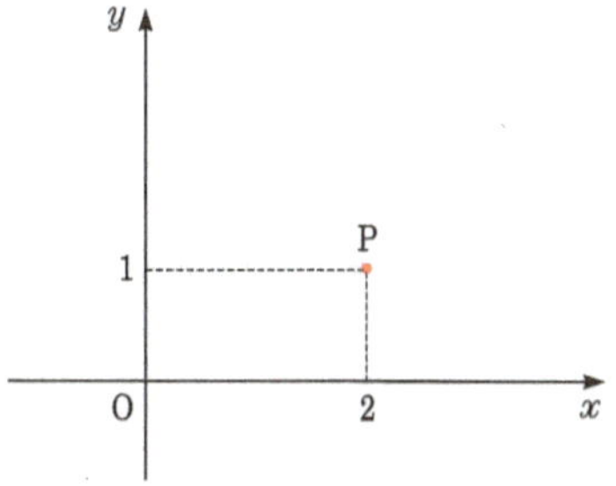

例えば, 前ページの図の点Pの位置は

$$\mathrm{P}(x,\, y) = (2,\, 1)$$

のように表すことができる. 座標は横書きでなく, 縦書きにすることもある.

$$\mathrm{P}\begin{pmatrix} x \\ y \end{pmatrix} = \begin{pmatrix} 2 \\ 1 \end{pmatrix}.$$

また, 平面上の点は, **位置ベクトル**として表現されることも多い. 例えば,

$$\overrightarrow{\mathrm{OP}} = \begin{pmatrix} 2 \\ 1 \end{pmatrix}$$

のように表される. 座標やベクトルの成分は, 横書きと縦書きのどちらを利用してもよい[1)]のだが,

$$\begin{pmatrix} a & b \\ c & d \end{pmatrix}\begin{pmatrix} x \\ y \end{pmatrix} = \begin{pmatrix} ax + by \\ cx + dy \end{pmatrix}$$

などのように, 具体的な計算を行うときはすべて縦書きとする.

ベクトルは $\vec{a}$, $\vec{b}$, ... よりも, 太文字で $\boldsymbol{a}$, $\boldsymbol{b}$, ... のように表されることのほうが多い. 例えば,

$$\boldsymbol{a} = \begin{pmatrix} 1 \\ -1 \end{pmatrix}, \quad \boldsymbol{b} = \begin{pmatrix} 2 \\ 3 \end{pmatrix}$$

である. 本書においても, 主にベクトルはこのような記法を用いて表す.

高等学校で学んだように, 2つのベクトル $\boldsymbol{a} = (a_1,\, a_2)$ と $\boldsymbol{b} = (b_1,\, b_2)$ の**内積**を $\langle \boldsymbol{a},\, \boldsymbol{b} \rangle$ と表し, 次のように定義する.

$$\langle \boldsymbol{a},\, \boldsymbol{b} \rangle = a_1 b_1 + a_2 b_2.$$

---

1) 本書のような入門書においては, 縦書きと横書きの概念的な区別をせずに, 自然に利用するのが普通である. より進んだ専門書では, 横書きと縦書きのベクトルを異なる概念として明確に区別する.

▶ **注意**　ベクトルの内積の記号には，いろいろな種類のものがある．例えば，

$$\boldsymbol{a}\cdot\boldsymbol{b} = a_1b_1 + a_2b_2, \quad (\boldsymbol{a},\, \boldsymbol{b}) = a_1b_1 + a_2b_2$$

のように，ドット記号 · や丸括弧 (,) が利用されることも多い．

内積を用いると，ベクトルの大きさや 2 つのベクトルのなす角度を測ることができる．すなわち，ベクトル $\boldsymbol{a} = (a_1,\, a_2)$ の大きさ $|\boldsymbol{a}|$ は，

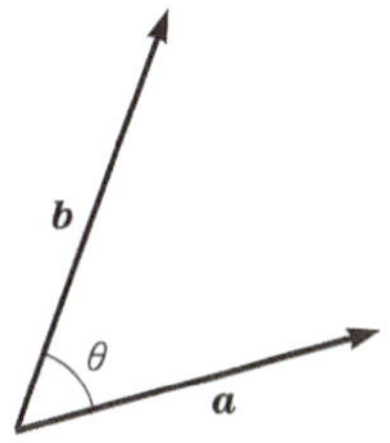

$$|\boldsymbol{a}| = \sqrt{\langle \boldsymbol{a},\, \boldsymbol{a} \rangle} = \sqrt{{a_1}^2 + {a_2}^2}$$

で与えられる．また，2 つのベクトル $\boldsymbol{a}$ と $\boldsymbol{b}$ のなす角 θ $(0^\circ \leqq \theta \leqq 180^\circ)$ は

$$\cos\theta = \frac{\langle \boldsymbol{a},\, \boldsymbol{b} \rangle}{|\boldsymbol{a}|\,|\boldsymbol{b}|}$$

で求められる．とくに，$\boldsymbol{a}$ と $\boldsymbol{b}$ が 直交（$\theta = 90^\circ$）するための条件は，

$$\langle \boldsymbol{a},\, \boldsymbol{b} \rangle = a_1b_1 + a_2b_2 = 0$$

である．

次に，平面上に直線を表すことを考えてみよう．直線が 1 次関数 $y = ax + b$ のグラフとして表されることはよく知られている．ここでは，全く別の考え方で直線を表してみよう．鉛筆で直線を描く動作を思い出してみればわかるように，

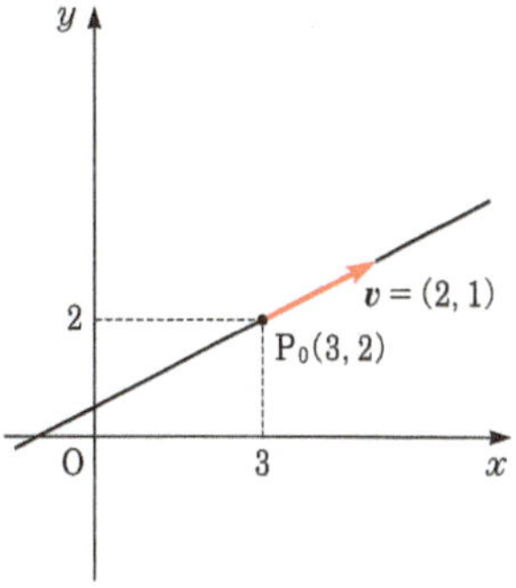

- 出発点（最初にどの点へ鉛筆の芯の先をおろすのか）
- 方向（ものさし）

を決めれば直線が描ける．例えば，前ページの図における，点 $P_0(3, 2)$ を通り，方向が $\boldsymbol{v} = (2, 1)$ の直線は，

$$\begin{pmatrix} x \\ y \end{pmatrix} = \underbrace{\begin{pmatrix} 3 \\ 2 \end{pmatrix}}_{\text{出発点}} + t\underbrace{\begin{pmatrix} 2 \\ 1 \end{pmatrix}}_{\text{方向}} \quad (t\ \text{は実数}) \tag{1.2}$$

の形に書ける．上の式において，t の値を変えることが，鉛筆をものさしに沿って動かすことを意味している．この t を**パラメータ**（媒介変数）という．

◆**問 1.6**　(1.2) で $t = -2, -1, 0, 1, 2$ としたときの点を平面上に描き，t を実数の範囲で動かすならば，(1.2) が点 P_0 を通って方向が $\boldsymbol{v}$ の直線を表すことを確かめよ．

式 (1.2) はベクトル記号を用いて，簡単に

$$\overrightarrow{\mathrm{OP}} = \overrightarrow{\mathrm{OP_0}} + t\boldsymbol{v} \quad (t\ \text{は実数}) \tag{1.3}$$

のように表されることも多い．ここで，O は座標平面の原点で，P は直線上の点である．(1.2) や (1.3) を直線の**ベクトル方程式**という．

◆**問 1.7**　次の直線を平面上に作図せよ．

(1)　点 $(-1, 1)$ を通り，方向が $\boldsymbol{v} = (3, 1)$ の直線．

(2)　点 $(3, -2)$ を通り，方向が $\boldsymbol{v} = (0, -1)$ の直線．

例題 1.1

直線 ℓ：$y = 3x + 1$ をベクトル方程式 (1.2) の形を用いて表せ．

【解説】　直線 ℓ は，点 $(0, 1)$ を通り，方向が $\boldsymbol{v} = (1, 3)$ の直線であるから，

$$\begin{pmatrix} x \\ y \end{pmatrix} = \begin{pmatrix} 0 \\ 1 \end{pmatrix} + t\begin{pmatrix} 1 \\ 3 \end{pmatrix} \quad (t\ \text{は実数})$$

の形に書ける．しかし，答えはこれだけに限らない．例えば，

$$\begin{pmatrix} x \\ y \end{pmatrix} = \begin{pmatrix} -1 \\ -2 \end{pmatrix} + s\begin{pmatrix} 2 \\ 6 \end{pmatrix} \quad (s\ \text{は実数})$$

も直線 ℓ を表している．実際，$t = 2s - 1$ とすれば，上の 2 つの式が同じ直線を表していることがわかる．両者の違いは，出発点と方向ベクトルの「選び方」の違いに過ぎない．それらは自由に選んでよく，ベクトル方程式による直線の表現には「任意性」が含まれている．

◆**問 1.8** 次の直線をベクトル方程式 (1.2) の形を用いて表せ．

(1) $y = -2x + 3$　　(2) $y = \dfrac{1}{6}x + \dfrac{1}{3}$

◆**問 1.9** 次の 2 直線 ℓ_1, ℓ_2 の交点を求めよ．

$$\ell_1 : \begin{pmatrix} x \\ y \end{pmatrix} = \begin{pmatrix} 1 \\ 0 \end{pmatrix} + t\begin{pmatrix} -1 \\ 2 \end{pmatrix}, \quad \ell_2 : \begin{pmatrix} x \\ y \end{pmatrix} = \begin{pmatrix} 3 \\ 4 \end{pmatrix} + s\begin{pmatrix} 1 \\ 1 \end{pmatrix}.$$

◆**問 1.10** 2 点 (2, 1) と (5, 8) を結ぶ線分をベクトル方程式 (1.2) の形を用いて表せ（ヒント：パラメータの動く範囲が制限される）．

◆**問 1.11** 3 点 A, B, C でつくられる三角形 ABC は

$$\overrightarrow{\mathrm{OP}} = \overrightarrow{\mathrm{OA}} + s\overrightarrow{\mathrm{AB}} + t\overrightarrow{\mathrm{AC}} \quad (s \geqq 0,\ t \geqq 0,\ s + t \leqq 1)$$

の形で表されることを示せ．ここで，P は三角形 ABC 上の点である．

次に，円のベクトル方程式を説明しよう．中心 (a, b)，半径 r の円は

$$(x - a)^2 + (y - b)^2 = r^2$$

という方程式で表される．これは，中心からの距離が一定の点の集まりが円であるという考え方にもとづく．一方，コンパスを利用して円を描くときは，

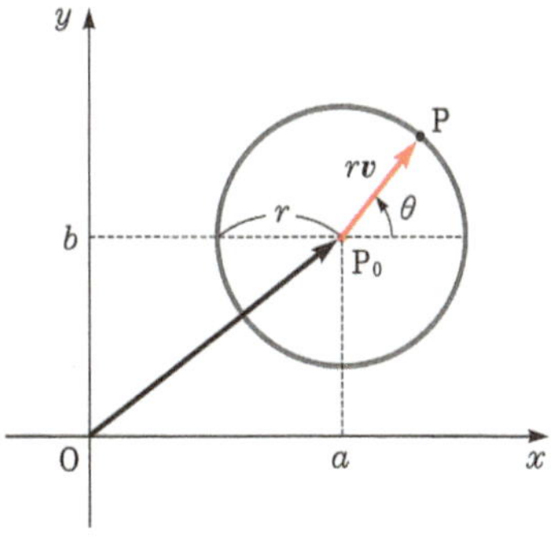

- 中心点（コンパスの針をどの点に刺すのか）
- 半径（コンパスの針と芯の間隔をどのくらいの長さに保つのか）

を決めてコンパスをくるりと一回転させている．この動作を式で表すと，

$$\begin{pmatrix} x \\ y \end{pmatrix} = \underset{\text{中心点}}{\begin{pmatrix} a \\ b \end{pmatrix}} + \underset{\text{半径}}{r} \underset{\text{回転}}{\begin{pmatrix} \cos\theta \\ \sin\theta \end{pmatrix}} \quad (0^\circ \leqq \theta < 360^\circ) \tag{1.4}$$

の形に書ける．上の式において，パラメータ θ の値を変えることが，コンパスを回転させることを意味している．(1.4) はベクトル記号を用いて，簡単に

$$\overrightarrow{\mathrm{OP}} = \overrightarrow{\mathrm{OP_0}} + r\boldsymbol{v}, \quad \boldsymbol{v} = \begin{pmatrix} \cos\theta \\ \sin\theta \end{pmatrix} \quad (0^\circ \leqq \theta < 360^\circ) \tag{1.5}$$

のように表されることも多い．ここで，$\mathrm{P_0}(a,\, b)$ は円の中心，P は円周上の点を表す．(1.4) や (1.5) を**円のベクトル方程式**という．

◆**問 1.12**　円 $(x-2)^2+(y-1)^2=4$ をベクトル方程式 (1.4) の形で表し，θ を 0° から 360° までの範囲で動かすことによって，円が描かれることを確かめよ．

以上のように，直線と円という基本的な図形を例として，図形をベクトル方程式で表現することを述べてきた．このとき，重要なのは「パラメータ」の役割である．パラメータの値を変化させることによって，図形が描けるのである．この考え方は，直線や円以外の図形にも適用できる．例えば，放物線は，

$$y = -3x^2$$

のように，2 次関数で表されることはよく知られているが，図形を移動する操作を行うときは，パラメータを利用して

$$\begin{pmatrix} x \\ y \end{pmatrix} = \begin{pmatrix} t \\ -3t^2 \end{pmatrix} \quad (t \text{ は実数})$$

のように，ベクトル表示したものが使われる．

1.3　いろいろな 1 次変換

まず，もっとも簡単な図形の移動操作である「対称移動」から話を始めよう．次ページ上の図のように，平面上の点 $(x,\, y)$ を x 軸に関して対称な点 $(x',\, y')$

に移す変換 $(x, y) \longrightarrow (x', y')$ は,

$$\begin{cases} x' = x \\ y' = -y \end{cases}$$

と表される. これは, 行列を用いると

$$(1.6)\qquad \begin{pmatrix} x' \\ y' \end{pmatrix} = \begin{pmatrix} 1 & 0 \\ 0 & -1 \end{pmatrix}\begin{pmatrix} x \\ y \end{pmatrix}$$

と書ける.

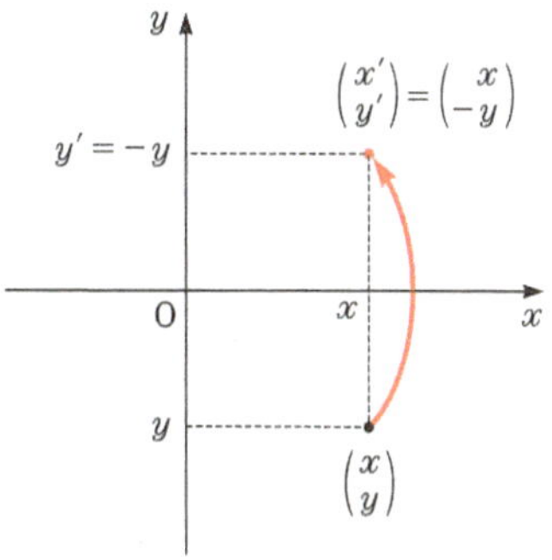

例題 1.2

直線

$$\ell : \begin{pmatrix} x \\ y \end{pmatrix} = \begin{pmatrix} 3 \\ 2 \end{pmatrix} + t\begin{pmatrix} 2 \\ 1 \end{pmatrix}$$

を x 軸に関して対称に移動せよ.

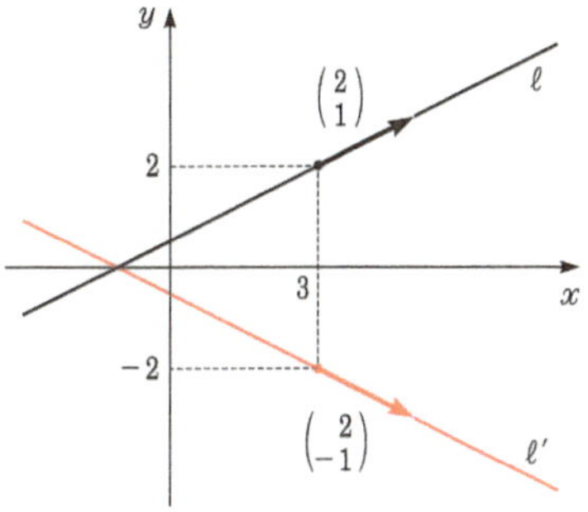

【解】 (1.6) を用いると

$$\begin{aligned}
\begin{pmatrix} x' \\ y' \end{pmatrix} &= \begin{pmatrix} 1 & 0 \\ 0 & -1 \end{pmatrix}\begin{pmatrix} x \\ y \end{pmatrix} = \begin{pmatrix} 1 & 0 \\ 0 & -1 \end{pmatrix}\left\{\begin{pmatrix} 3 \\ 2 \end{pmatrix} + t\begin{pmatrix} 2 \\ 1 \end{pmatrix}\right\} \\
&= \begin{pmatrix} 1 & 0 \\ 0 & -1 \end{pmatrix}\begin{pmatrix} 3 \\ 2 \end{pmatrix} + t\begin{pmatrix} 1 & 0 \\ 0 & -1 \end{pmatrix}\begin{pmatrix} 2 \\ 1 \end{pmatrix} \\
&= \begin{pmatrix} 3 \\ -2 \end{pmatrix} + t\begin{pmatrix} 2 \\ -1 \end{pmatrix}
\end{aligned}$$

であるから, ℓ は点 $(3, -2)$ を通り, 方向 $\boldsymbol{v} = (2, -1)$ の直線に移される. ■

◆**問 1.13**　直線 $\ell: y = -2x + 3$ について以下の各問に答えよ.

(1)　直線 ℓ をベクトル方程式で表せ.

(2)　直線 ℓ を x 軸に関して対称に移動せよ.

(3)　(2) で得られた結果を実際に平面上に作図せよ.

◆**問 1.14**　y 軸に関する対称移動を (1.6) と同様の式で表せ.

一般に,

$$\begin{pmatrix} x' \\ y' \end{pmatrix} = \begin{pmatrix} a & b \\ c & d \end{pmatrix}\begin{pmatrix} x \\ y \end{pmatrix}$$

によって, 平面上の点 (x, y) を点 (x', y') に移す操作を **1 次変換**という. 例えば, x 軸に関する対称移動は 1 次変換である. 上の例題 1.2 からわかるように, 1 次変換によって図形を移動する際の基本は,

- 図形をベクトル方程式（パラメータ表示）で表す.
- ベクトル方程式を 1 次変換の式に代入して行列とベクトルの計算を行う.

である. 以下では, いろいろな 1 次変換を調べてみよう.

1.3.1　原点のまわりの回転　平面上の点 (x, y) を原点のまわりに角 θ 回転させる 1 次変換を求めよう.

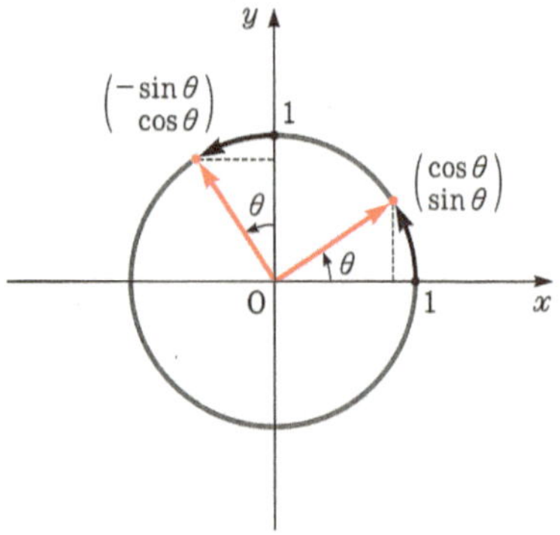

上の図からわかるように, 点 $(1, 0)$ は点 $(\cos\theta, \sin\theta)$ へ移され, 点 $(0, 1)$ は点 $(-\sin\theta, \cos\theta)$ に移される. よって, 求める 1 次変換を

$$\begin{pmatrix} x' \\ y' \end{pmatrix} = \begin{pmatrix} a & b \\ c & d \end{pmatrix}\begin{pmatrix} x \\ y \end{pmatrix}$$

とおくと，

$$\begin{pmatrix} \cos\theta \\ \sin\theta \end{pmatrix} = \begin{pmatrix} a & b \\ c & d \end{pmatrix}\begin{pmatrix} 1 \\ 0 \end{pmatrix}, \quad \begin{pmatrix} -\sin\theta \\ \cos\theta \end{pmatrix} = \begin{pmatrix} a & b \\ c & d \end{pmatrix}\begin{pmatrix} 0 \\ 1 \end{pmatrix}$$

となる．これより，

$$\begin{pmatrix} \cos\theta \\ \sin\theta \end{pmatrix} = \begin{pmatrix} a \\ c \end{pmatrix}, \quad \begin{pmatrix} -\sin\theta \\ \cos\theta \end{pmatrix} = \begin{pmatrix} b \\ d \end{pmatrix}$$

を得る．したがって，

$$\begin{pmatrix} x' \\ y' \end{pmatrix} = \begin{pmatrix} \cos\theta & -\sin\theta \\ \sin\theta & \cos\theta \end{pmatrix}\begin{pmatrix} x \\ y \end{pmatrix} \tag{1.7}$$

が原点のまわりの角 θ 回転を表す 1 次変換を与える．

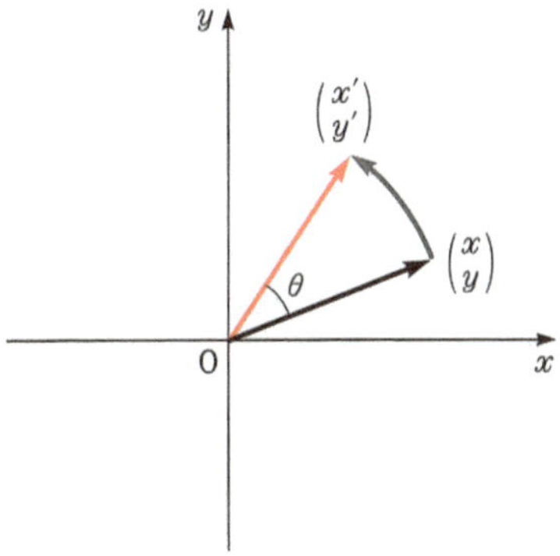

例題 1.3

直線

$$\ell : \begin{pmatrix} x \\ y \end{pmatrix} = \begin{pmatrix} 1 \\ 2 \end{pmatrix} + t\begin{pmatrix} 1 \\ -1 \end{pmatrix}$$

を原点のまわりに 45° 回転せよ．

【解】 (1.7) を用いると

$$
\begin{aligned}
\begin{pmatrix} x' \\ y' \end{pmatrix} &= \begin{pmatrix} \cos 45^\circ & -\sin 45^\circ \\ \sin 45^\circ & \cos 45^\circ \end{pmatrix}\begin{pmatrix} x \\ y \end{pmatrix} \\
&= \begin{pmatrix} \frac{1}{\sqrt{2}} & -\frac{1}{\sqrt{2}} \\ \frac{1}{\sqrt{2}} & \frac{1}{\sqrt{2}} \end{pmatrix}\left\{\begin{pmatrix} 1 \\ 2 \end{pmatrix} + t\begin{pmatrix} 1 \\ -1 \end{pmatrix}\right\} \\
&= \frac{1}{\sqrt{2}}\begin{pmatrix} 1 & -1 \\ 1 & 1 \end{pmatrix}\begin{pmatrix} 1 \\ 2 \end{pmatrix} + \frac{t}{\sqrt{2}}\begin{pmatrix} 1 & -1 \\ 1 & 1 \end{pmatrix}\begin{pmatrix} 1 \\ -1 \end{pmatrix} \\
&= \frac{1}{\sqrt{2}}\begin{pmatrix} -1 \\ 3 \end{pmatrix} + t\begin{pmatrix} \sqrt{2} \\ 0 \end{pmatrix}
\end{aligned}
$$

であるから，直線 ℓ は点

$$\left(-\frac{1}{\sqrt{2}}, \frac{3}{\sqrt{2}}\right)$$

を通り，方向 $\boldsymbol{v} = (\sqrt{2}, 0)$ の直線に移される．それは，点

$$\left(-\frac{1}{\sqrt{2}}, \frac{3}{\sqrt{2}}\right)$$

を通る x 軸に平行な直線 ℓ' である． ■

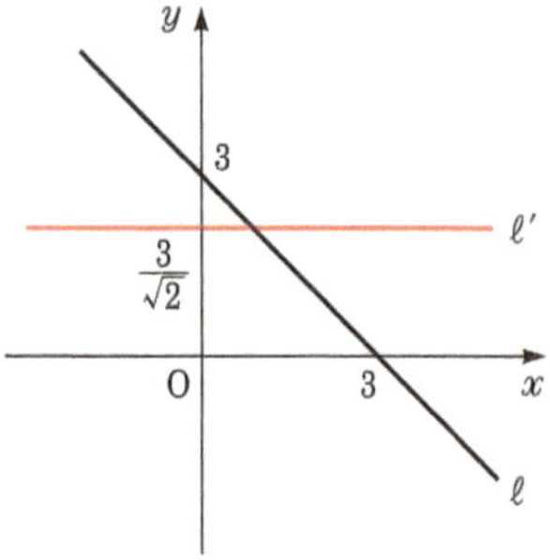

◆**問 1.15** 平面上の直線 $y = -x + 3$ を原点のまわりに -60° 回転せよ．また，その結果を作図せよ．

1.3.2 原点を通る直線に関する対称移動 平面上の点 (x, y) を，原点を通る直線に関して対称に移動する1次変換を求めよう．

例題 1.4

直線 $\ell : y = 2x$ に関する対称移動を表す1次変換を求めよ．

【解】　求める 1 次変換を

$$\begin{pmatrix} x' \\ y' \end{pmatrix} = A\begin{pmatrix} x \\ y \end{pmatrix}$$

とおく．ただし，A は 2 次正方行列である．右の図より，ℓ 上の点 $(1, 2)$ は点 $(1, 2)$ へ移されることと，ℓ に対して垂直な点 $(-2, 1)$ は点 $(2, -1)$ に移されることがわかるので，

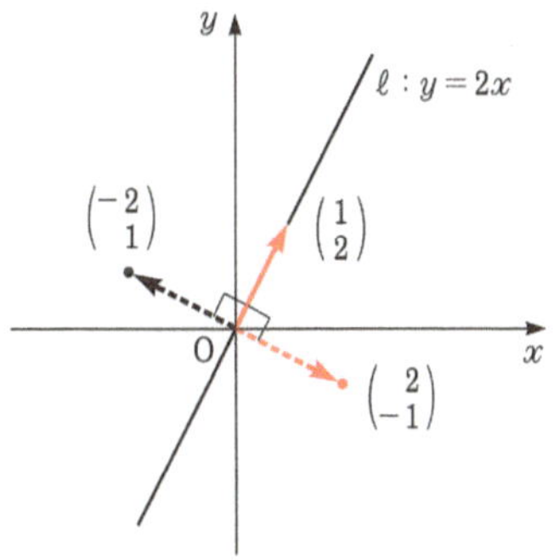

$$\begin{pmatrix} 1 \\ 2 \end{pmatrix} = A\begin{pmatrix} 1 \\ 2 \end{pmatrix}, \quad \begin{pmatrix} 2 \\ -1 \end{pmatrix} = A\begin{pmatrix} -2 \\ 1 \end{pmatrix}$$

が成り立つ．簡単な計算により，この 2 つの式をひとまとめにして

$$\begin{pmatrix} 1 & 2 \\ 2 & -1 \end{pmatrix} = A\begin{pmatrix} 1 & -2 \\ 2 & 1 \end{pmatrix} \tag{1.8}$$

と書けることが容易に確かめられる（下の「発展」参照）．

ところで，2 次正方行列の逆行列の公式（➡ p. 6）から，

$$\begin{pmatrix} 1 & -2 \\ 2 & 1 \end{pmatrix}^{-1} = \frac{1}{1\cdot 1-(-2)\cdot 2}\begin{pmatrix} 1 & 2 \\ -2 & 1 \end{pmatrix} = \frac{1}{5}\begin{pmatrix} 1 & 2 \\ -2 & 1 \end{pmatrix}$$

である．よって，この逆行列を (1.8) の両辺に右側から掛けると，

$$A = \begin{pmatrix} 1 & 2 \\ 2 & -1 \end{pmatrix}\begin{pmatrix} 1 & -2 \\ 2 & 1 \end{pmatrix}^{-1} = \begin{pmatrix} 1 & 2 \\ 2 & -1 \end{pmatrix}\frac{1}{5}\begin{pmatrix} 1 & 2 \\ -2 & 1 \end{pmatrix}$$

$$= \frac{1}{5}\begin{pmatrix} 1 & 2 \\ 2 & -1 \end{pmatrix}\begin{pmatrix} 1 & 2 \\ -2 & 1 \end{pmatrix} = \frac{1}{5}\begin{pmatrix} -3 & 4 \\ 4 & 3 \end{pmatrix}.$$

この行列 A によって定義される 1 次変換が求めるものである．■

▶ **発展**　行列の積 AB を計算するときに，行列 B を

$$B = (\boldsymbol{b}_1 \ \ \boldsymbol{b}_2), \quad \boldsymbol{b}_1 = \begin{pmatrix} b_{11} \\ b_{21} \end{pmatrix}, \quad \boldsymbol{b}_2 = \begin{pmatrix} b_{12} \\ b_{22} \end{pmatrix}$$

のように列ベクトル $\boldsymbol{b}_1, \boldsymbol{b}_2$ を用いてブロックに分け

$$AB = A(\boldsymbol{b}_1 \ \ \boldsymbol{b}_2) = (A\boldsymbol{b}_1 \ \ A\boldsymbol{b}_2) \tag{1.9}$$

と計算することもできる．実際，

$$A = \begin{pmatrix} a_{11} & a_{12} \\ a_{21} & a_{22} \end{pmatrix}, \quad B = \begin{pmatrix} b_{11} & b_{12} \\ b_{21} & b_{22} \end{pmatrix}$$

とすると，

$$\begin{aligned} AB &= \begin{pmatrix} a_{11} & a_{12} \\ a_{21} & a_{22} \end{pmatrix}\begin{pmatrix} b_{11} & b_{12} \\ b_{21} & b_{22} \end{pmatrix} \\ &= \begin{pmatrix} a_{11}b_{11} + a_{12}b_{21} & a_{11}b_{12} + a_{12}b_{22} \\ a_{21}b_{11} + a_{22}b_{21} & a_{21}b_{12} + a_{22}b_{22} \end{pmatrix} \\ &= \left(\begin{pmatrix} a_{11} & a_{12} \\ a_{21} & a_{22} \end{pmatrix}\begin{pmatrix} b_{11} \\ b_{21} \end{pmatrix} \ \ \begin{pmatrix} a_{11} & a_{12} \\ a_{21} & a_{22} \end{pmatrix}\begin{pmatrix} b_{12} \\ b_{22} \end{pmatrix}\right) = (A\boldsymbol{b}_1 \ \ A\boldsymbol{b}_2) \end{aligned}$$

であるから，(1.9) が成り立つことがわかる．上の例題 1.4 では

$$A\begin{pmatrix} 1 \\ 2 \end{pmatrix} = \begin{pmatrix} 1 \\ 2 \end{pmatrix}, \quad A\begin{pmatrix} -2 \\ 1 \end{pmatrix} = \begin{pmatrix} 2 \\ -1 \end{pmatrix}$$

に対して，(1.9) を用いて

$$A\begin{pmatrix} 1 & -2 \\ 2 & 1 \end{pmatrix} = \left(A\begin{pmatrix} 1 \\ 2 \end{pmatrix} \ \ A\begin{pmatrix} -2 \\ 1 \end{pmatrix}\right) = \begin{pmatrix} 1 & 2 \\ 2 & -1 \end{pmatrix}$$

のように計算したのである．

◆**問 1.16**　直線 $y = ax$ に関する対称移動は，

$$\begin{pmatrix} x' \\ y' \end{pmatrix} = \frac{1}{1+a^2}\begin{pmatrix} 1-a^2 & 2a \\ 2a & -1+a^2 \end{pmatrix}\begin{pmatrix} x \\ y \end{pmatrix}$$

で与えられることを示せ．

1.3.3　縮小・拡大　x 軸方向に λ 倍，y 軸方向に μ 倍する1次変換は，

$$\begin{pmatrix} x' \\ y' \end{pmatrix} = \begin{pmatrix} \lambda & 0 \\ 0 & \mu \end{pmatrix}\begin{pmatrix} x \\ y \end{pmatrix} \tag{1.10}$$

で与えられることは明らかだろう．例えば，放物線 $y = x^2$ を x 軸方向に 2 倍すると，放物線

$$y = \left(\frac{x}{2}\right)^2$$

が得られる．実際，$y = x^2$ は

$$\begin{pmatrix} x \\ y \end{pmatrix} = \begin{pmatrix} t \\ t^2 \end{pmatrix}$$

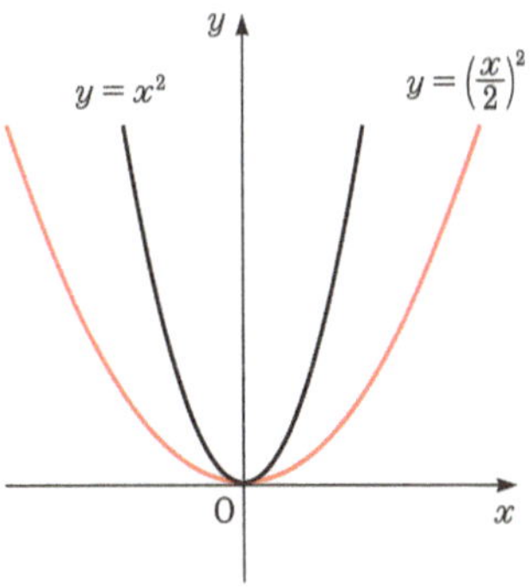

のようにパラメータ表示されるので，(1.10) より

$$\begin{pmatrix} x' \\ y' \end{pmatrix} = \begin{pmatrix} 2 & 0 \\ 0 & 1 \end{pmatrix}\begin{pmatrix} x \\ y \end{pmatrix} = \begin{pmatrix} 2 & 0 \\ 0 & 1 \end{pmatrix}\begin{pmatrix} t \\ t^2 \end{pmatrix} = \begin{pmatrix} 2t \\ t^2 \end{pmatrix}$$

となる．したがって，$x' = 2t$, $y' = t^2$ より，t を消去すれば，変換後の放物線

$$y' = \left(\frac{x'}{2}\right)^2$$

を得る．

◆**問 1.17**　楕(だ)円

$$\left(\frac{x}{a}\right)^2 + \left(\frac{y}{b}\right)^2 = 1$$

が円 $x^2 + y^2 = 1$ を x 軸方向に a 倍し y 軸方向に b 倍して得られることを示せ．

1.3.4　ずれ

1 次変換

$$\begin{pmatrix} x' \\ y' \end{pmatrix} = \begin{pmatrix} 1 & \lambda \\ 0 & 1 \end{pmatrix}\begin{pmatrix} x \\ y \end{pmatrix}$$

によって，ベクトル $\boldsymbol{e}_1 = (1, 0)$, $\boldsymbol{e}_2 = (0, 1)$ でつくられる正方形は，

$$\begin{pmatrix} 1 \\ 0 \end{pmatrix} \longrightarrow \begin{pmatrix} 1 \\ 0 \end{pmatrix}, \quad \begin{pmatrix} 0 \\ 1 \end{pmatrix} \longrightarrow \begin{pmatrix} \lambda \\ 1 \end{pmatrix}$$

であるから，次ページの左図のような横にずれた平行四辺形に移される．

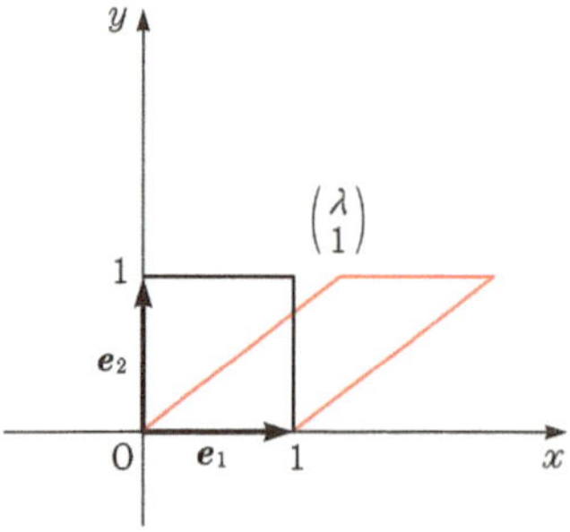

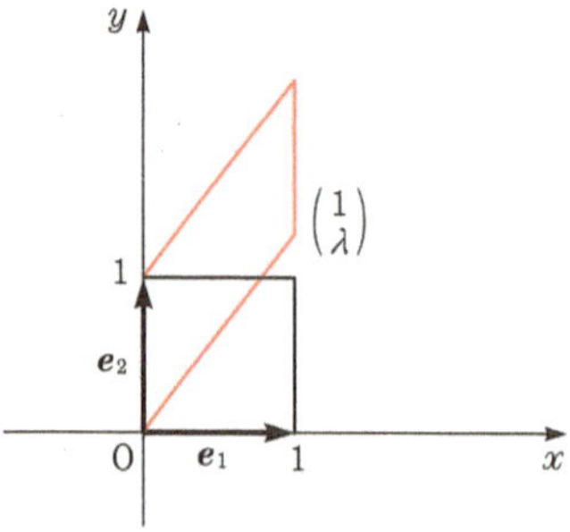

◆**問 1.18**　ベクトル $\boldsymbol{e}_1 = (1,\, 0)$，$\boldsymbol{e}_2 = (0,\, 1)$ でつくられる正方形を上の右図のような平行四辺形に移す1次変換を求めよ．

1.4　1次変換の一般的性質

平面上の1次変換

$$\begin{pmatrix} x' \\ y' \end{pmatrix} = \begin{pmatrix} a & b \\ c & d \end{pmatrix} \begin{pmatrix} x \\ y \end{pmatrix}$$

を考えよう．これは，ベクトルと行列を用いて

$$\boldsymbol{p}' = A\boldsymbol{p} \tag{1.11}$$

のように表すことができる．ただし，

$$\boldsymbol{p} = \begin{pmatrix} x \\ y \end{pmatrix}, \quad \boldsymbol{p}' = \begin{pmatrix} x' \\ y' \end{pmatrix}, \quad A = \begin{pmatrix} a & b \\ c & d \end{pmatrix}$$

である．ここでは関数（正確には写像[2)]）の表記法を用いて1次変換を

$$\boldsymbol{p}' = f(\boldsymbol{p}) \tag{1.12}$$

と書くことにする．いま，f の具体的な形は (1.11) で与えられているものとする．f を行列 A の表す1次変換（行列 A を1次変換 f を表す行列）という．以下では，主に (1.11) または (1.12) の形を用いて話を進める．

[2)] 写像についての説明は，付録Aを参照せよ．

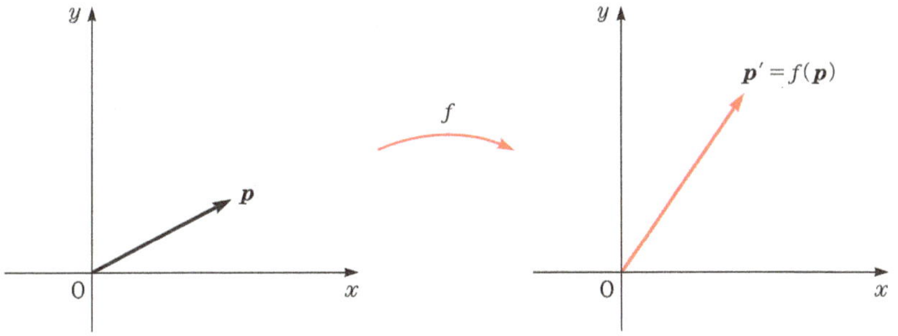

一般に，平面上の 1 次変換 $\boldsymbol{p}' = f(\boldsymbol{p})$ は，次の性質をみたす．

(1.13)　$f(\boldsymbol{p}_1 + \boldsymbol{p}_2) = f(\boldsymbol{p}_1) + f(\boldsymbol{p}_2), \quad f(c\boldsymbol{p}_3) = cf(\boldsymbol{p}_3)$　（c は実数）

ここで，$\boldsymbol{p}_1, \boldsymbol{p}_2, \boldsymbol{p}_3$ は平面上の任意のベクトルである．この性質は，1 次変換の**線形性**とよばれ，1 次変換の性質の中で最も重要なものである．

◆**問 1.19**　(1.13) が成り立つことを，(1.11) を用いた具体的な計算によって確かめよ．

◆**問 1.20**　(1.13) は次の条件と同値であることを示せ．

(1.14)　$f(c_1\boldsymbol{p}_1 + c_2\boldsymbol{p}_2) = c_1 f(\boldsymbol{p}_1) + c_2 f(\boldsymbol{p}_2)$　（c_1, c_2 は実数）

▶**注意**　(1.13) の代わりに (1.14) を線形性の定義とすることも多い．

例題 1.5

平面上の直線は，1 次変換によって直線または 1 点に移されることを示せ．

【解】　平面上のどんな直線も $\boldsymbol{p} = \boldsymbol{p}_0 + t\boldsymbol{v}$（$t$ は任意）の形で書ける．1 次変換 f に対して，線形性より

$$f(\boldsymbol{p}) = f(\boldsymbol{p}_0 + t\boldsymbol{v}) = f(\boldsymbol{p}_0) + tf(\boldsymbol{v})$$

となる．$f(\boldsymbol{v}) \neq \boldsymbol{0}$ ならば，これは，点 $f(\boldsymbol{p}_0)$ を通り，方向が $f(\boldsymbol{v})$ の直線を表す．$f(\boldsymbol{v}) = \boldsymbol{0}$ ならば 1 点 $f(\boldsymbol{p}_0)$ を表す．■

▶ **参考** 前節の例題 1.3 と 1.4 において，原点のまわりの回転移動や直線に関する対称移動を表す1次変換を求めた過程を思い出してみよう．これらの1次変換は，平面上のベクトルを移動させる変換であるが，実際はその中の「たった2つの方向の異なるベクトルがどのように移されるのか」という情報のみで決定されている．ここで，その理由を考えておこう．

まず，右図を見ればわかるように，平面上のどんなベクトル $\boldsymbol{p}$ であっても，たった2つの方向の異なるベクトル $\boldsymbol{a}_1$ と $\boldsymbol{a}_2$ を用いて

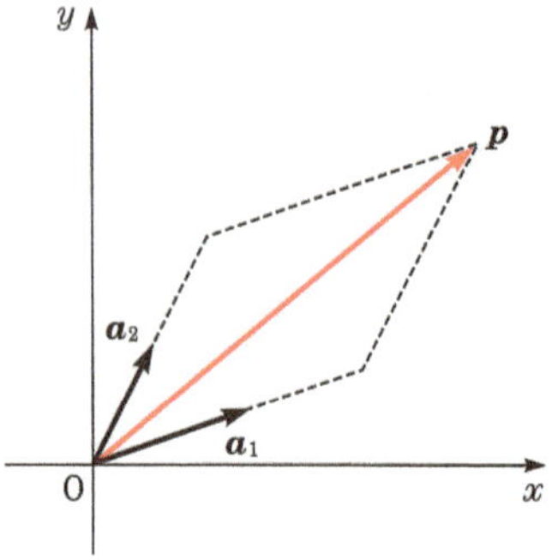

$$\boldsymbol{p} = s_1\boldsymbol{a}_1 + s_2\boldsymbol{a}_2 \quad (s_1,\ s_2 \text{ は実数})$$

のような形で表せることに注意しよう．1.8 節で学ぶように，このような $\boldsymbol{a}_1$ と $\boldsymbol{a}_2$ のベクトルの組は「基底」とよばれる．いま，1次変換 f が与えられているとする．線形性の条件 (1.13) を用いると

$$\boldsymbol{p}' = f(\boldsymbol{p}) = f(s_1\boldsymbol{a}_1 + s_2\boldsymbol{a}_2) = s_1 f(\boldsymbol{a}_1) + s_2 f(\boldsymbol{a}_2) = s_1\boldsymbol{a}_1{}' + s_2\boldsymbol{a}_2{}'$$

となることがわかる．ここで，$\boldsymbol{a}_1{}'$ と $\boldsymbol{a}_2{}'$ は，$\boldsymbol{a}_1$ と $\boldsymbol{a}_2$ を1次変換 f で移して得られるベクトルを表す．すなわち，

$$\boldsymbol{a}_1{}' = f(\boldsymbol{a}_1), \quad \boldsymbol{a}_2{}' = f(\boldsymbol{a}_2)$$

である．このことは，基底となるベクトルの組 $\{\boldsymbol{a}_1,\ \boldsymbol{a}_2\}$ が f によってどのようなベクトルに移されるのかという情報さえわかれば，平面上の他のどんなベクトル $\boldsymbol{p}$ であっても，それがどのようなベクトルに移されるのかがわかることを意味している．

次に，線形性と同じくらい重要な1次変換の性質を述べることにしよう．それは，次のような行列の計算ができるという事実にもとづく．

$$\boldsymbol{p}' = A\boldsymbol{p}, \quad \boldsymbol{p} = \begin{pmatrix} x \\ y \end{pmatrix}, \quad \boldsymbol{p}' = \begin{pmatrix} x' \\ y' \end{pmatrix}, \quad A = \begin{pmatrix} a & b \\ c & d \end{pmatrix}$$

に対して,

$$\boldsymbol{a}_1 = \begin{pmatrix} a \\ c \end{pmatrix}, \quad \boldsymbol{a}_2 = \begin{pmatrix} b \\ d \end{pmatrix}$$

とおき，行列 A をベクトル $\boldsymbol{a}_1, \boldsymbol{a}_2$ を用いて，$A = (\boldsymbol{a}_1 \ \ \boldsymbol{a}_2)$ のように表す．このとき,

$$\boldsymbol{p}' = A\boldsymbol{p} = (\boldsymbol{a}_1 \ \ \boldsymbol{a}_2)\begin{pmatrix} x \\ y \end{pmatrix} = x\boldsymbol{a}_1 + y\boldsymbol{a}_2$$

が成り立つ．実際,

$$\begin{aligned}(\boldsymbol{a}_1 \ \ \boldsymbol{a}_2)\begin{pmatrix} x \\ y \end{pmatrix} &= \begin{pmatrix} a & b \\ c & d \end{pmatrix}\begin{pmatrix} x \\ y \end{pmatrix} = \begin{pmatrix} ax+by \\ cx+dy \end{pmatrix} \\ &= x\begin{pmatrix} a \\ c \end{pmatrix} + y\begin{pmatrix} b \\ d \end{pmatrix} = x\boldsymbol{a}_1 + y\boldsymbol{a}_2\end{aligned}$$

である．したがって，平面上のベクトル $\boldsymbol{p}$ は，1 次変換 $\boldsymbol{p}' = A\boldsymbol{p}$ によって

$$\boldsymbol{p}' = x\boldsymbol{a}_1 + y\boldsymbol{a}_2$$

に移される．ここで，$\boldsymbol{a}_1, \boldsymbol{a}_2$ は行列 A の第 1 列ベクトル，第 2 列ベクトルである．この性質を用いると，一般に，1 次変換

$$\boldsymbol{p}' = A\boldsymbol{p}, \quad \boldsymbol{p} = \begin{pmatrix} x \\ y \end{pmatrix}, \quad \boldsymbol{p}' = \begin{pmatrix} x' \\ y' \end{pmatrix}, \quad A = \begin{pmatrix} a & b \\ c & d \end{pmatrix}$$

によって図形を移すとき，面積は $|\det A|$ 倍されることがわかる．ここで，$\det A$ は A の行列式であり，$\det A = ad - bc$ で与えられる（➡ p. 7）．実際，2 つのベクトル $\boldsymbol{e}_1 = (1, 0)$ と $\boldsymbol{e}_2 = (0, 1)$ でつくられる面積 1 の正方形 S は集合

$$S = \{(x, y) \mid 0 \leqq x \leqq 1, \ 0 \leqq y \leqq 1\}$$

で与えられる．このとき，S 上の点 (x, y) は，次の $\boldsymbol{p}'$ が表す点に移される：

$$\boldsymbol{p}' = x\boldsymbol{a}_1 + y\boldsymbol{a}_2.$$

ただし，$\boldsymbol{a}_1$, $\boldsymbol{a}_2$ は行列 A の第 1 列ベクトル，第 2 列ベクトルである．ここで，x, y をそれぞれ $0 \leqq x \leqq 1$，$0 \leqq y \leqq 1$ の範囲で動かせば，$\boldsymbol{p}'$ が $\boldsymbol{a}_1$ と $\boldsymbol{a}_2$ でつくられる平行四辺形 S' を表すことがわかるだろう．また，この平行四辺形 S' の面積 s' が

$$s' = |ad - bc| = |\det A|$$

で与えられることも簡単に確かめられる．

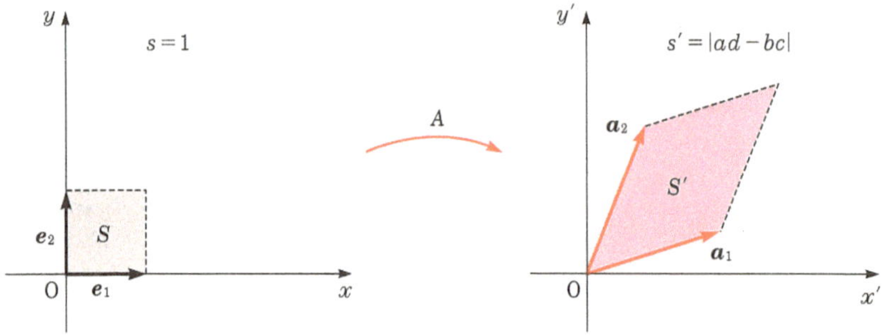

◆**問 1.21**　$\boldsymbol{a}_1 = (a, c)$ と $\boldsymbol{a}_2 = (b, d)$ でつくられる平行四辺形の面積 s' が

$$s' = |ad - bc|$$

で与えられることを示せ．また，1 次変換の線形性を用いて，x 軸と y 軸に平行な辺をもつどんな大きさの正方形も面積が $|ad - bc| = |\det A|$ 倍された平行四辺形に移されることを証明せよ．

平面上のどんな図形であっても，x 軸と y 軸に平行な辺をもつ非常に小さい正方形の集まりで近似することができる（積分法のアイデア）．したがって，1 次変換の線形性（➡ p. 21）を用いれば，平面上のどんな図形も行列 A で表される 1 次変換によって面積が $|\det A|$ 倍された図形に移されることがわかる．

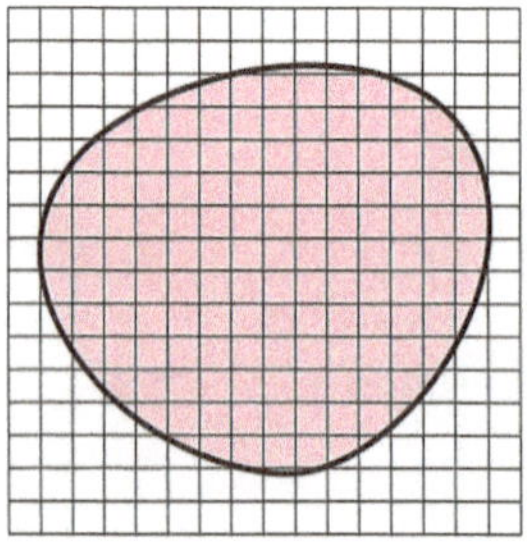

▶ **発展**　上の性質をもう少し詳しく述べよう．下の図を見ればわかるように，

$$\boldsymbol{a}_2 \text{ が } \boldsymbol{a}_1 \text{ の左側にあれば} \qquad \det A = ad - bc > 0$$
$$\boldsymbol{a}_2 \text{ が } \boldsymbol{a}_1 \text{ の右側にあれば} \qquad \det A = ad - bc < 0$$

となっている．このことは，$\det A < 0$ のとき，2 つのベクトル $\boldsymbol{e}_1$ と $\boldsymbol{e}_2$ でつくられる正方形を 1 次変換 $\boldsymbol{p}' = A\boldsymbol{p}$ によって移すと，図形の表裏がひっくり返るということを意味している．このように，$\det A$ には正負の符号が現れるため，面積を考えるときは，絶対値をとる必要がある．

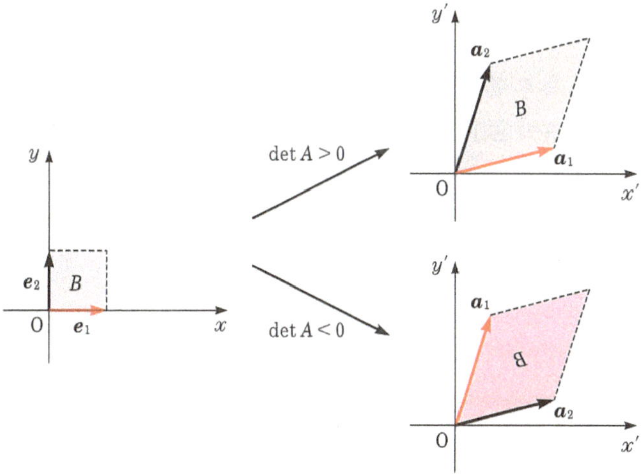

1.5　合成変換と逆変換

1.5.1　合成変換　2 つの 1 次変換 f, g がそれぞれ

$$f : \begin{pmatrix} x' \\ y' \end{pmatrix} = A\begin{pmatrix} x \\ y \end{pmatrix}, \quad g : \begin{pmatrix} x'' \\ y'' \end{pmatrix} = B\begin{pmatrix} x' \\ y' \end{pmatrix}$$

で与えられているとき，平面上の点 (x, y) を f で点 (x', y') に移した後，引き続いて点 (x', y') を g で点 (x'', y'') に移してみる．これを式で表すと，

$$\begin{pmatrix} x'' \\ y'' \end{pmatrix} = B\begin{pmatrix} x' \\ y' \end{pmatrix} = B\left(A\begin{pmatrix} x \\ y \end{pmatrix}\right) = BA\begin{pmatrix} x \\ y \end{pmatrix}$$

となり，点 (x, y) は 1 次変換

$$\begin{pmatrix} x'' \\ y'' \end{pmatrix} = BA\begin{pmatrix} x \\ y \end{pmatrix}$$

によって点 (x'', y'') に移される．この変換を f と g の**合成変換**といい，$g \circ f$ で表す．先に行う変換 f を $\circ$ の右側に書くことに注意しよう．合成変換 $g \circ f$ を表す行列は，BA である．

例題 1.6

平面上の点 $\mathrm{P}(x, y)$ を原点のまわりに角 α 回転して得られる点を $\mathrm{P}'(x', y')$ とし，点 P' をさらに原点のまわりに角 β 回転して得られる点を $\mathrm{P}''(x'', y'')$ とする．このとき，点 P'' が点 P を原点のまわりに角 $\alpha+\beta$ 回転して得られることを利用して，三角関数の加法定理を導け．

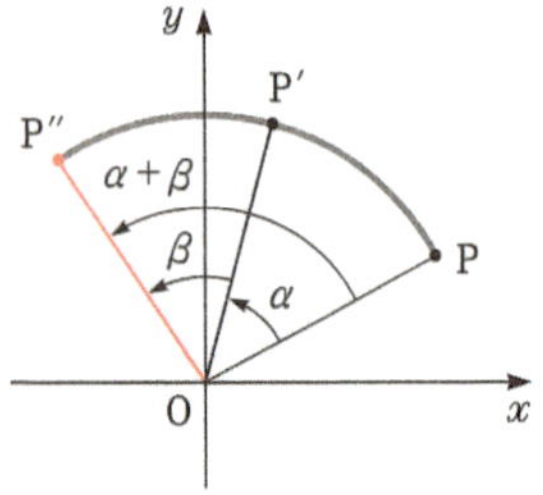

【解】 原点のまわりの角 α, β 回転を表す行列は，それぞれ

$$A = \begin{pmatrix} \cos\alpha & -\sin\alpha \\ \sin\alpha & \cos\alpha \end{pmatrix}, \quad B = \begin{pmatrix} \cos\beta & -\sin\beta \\ \sin\beta & \cos\beta \end{pmatrix}$$

である（➡ p. 15）．A で移し，次に B で移す順に考えると，点 $\mathrm{P}(x, y)$ は

$$\begin{aligned} BA &= \begin{pmatrix} \cos\beta & -\sin\beta \\ \sin\beta & \cos\beta \end{pmatrix}\begin{pmatrix} \cos\alpha & -\sin\alpha \\ \sin\alpha & \cos\alpha \end{pmatrix} \\ &= \begin{pmatrix} \cos\alpha\cos\beta - \sin\alpha\sin\beta & -\sin\alpha\cos\beta - \cos\alpha\sin\beta \\ \sin\alpha\cos\beta + \cos\alpha\sin\beta & \cos\alpha\cos\beta - \sin\alpha\sin\beta \end{pmatrix} \end{aligned}$$

で表される 1 次変換によって点 $\mathrm{P}''(x'', y'')$ に移される．一方，点 P'' は点 P を原点のまわりに角 $\alpha+\beta$ 回転しても得られる．この 1 次変換は，行列

$$\begin{pmatrix} \cos(\alpha+\beta) & -\sin(\alpha+\beta) \\ \sin(\alpha+\beta) & \cos(\alpha+\beta) \end{pmatrix}$$

で表される．この行列は BA に等しいから，成分を比較して

$$\cos(\alpha+\beta) = \cos\alpha\cos\beta - \sin\alpha\sin\beta,$$
$$\sin(\alpha+\beta) = \sin\alpha\cos\beta + \cos\alpha\sin\beta$$

を得る．■

◆**問 1.22**　直線 $y = x + 1$ を x 軸に関して対称に移動した後，原点のまわりに $45°$ 回転させて得られる図形を求めよ．

1.5.2　逆変換　図形を移動するには，大きく分けて 2 通りの方法がある．1 つは直接図形を移動する方法である．コンピュータのディスプレイ上でマウスのカーソルを移動させるときを思い出そう．マウスを操作することにより，カーソルをディスプレイの隅から隅まで直接移動させることができる．

もう 1 つの方法は，背景（座標軸）を逆に移動する方法である．テレビゲームでは，コントローラを操作すると，背景が逆に移動する．その結果として，主人公キャラクタがあたかもディスプレイ上を移動しているように感じられる．

一般に与えられた変換に対し，逆に行う（あるいは元に戻す）変換を**逆変換**という．この節では，逆変換の考え方を利用して図形を移動させることを考えてみよう．

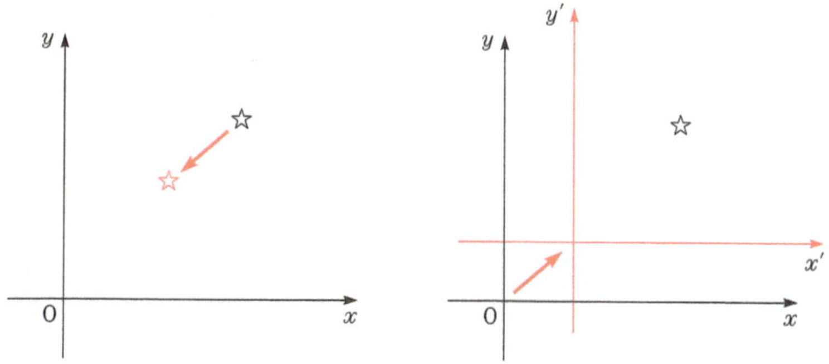

例題 1.7

平面上に $x^2 - y^2 = 2$ をみたす点 (x, y) の集まり（集合）がある．この点の集まりを原点のまわりに $45°$ 回転させると，どんな図形が得られるか．

【解説】 今までの方法だと，$x^2 - y^2 = 2$ をベクトル方程式の形で表し，それを $45°$ 回転させる 1 次変換の式へ代入して計算を行い，図形を移動させていた．これは，直接図形を移動する考え方である．ここでは，逆変換の考え方を利用してみる．原点のまわりの $45°$ 回転は

$$\begin{pmatrix} x' \\ y' \end{pmatrix} = \begin{pmatrix} \cos 45° & -\sin 45° \\ \sin 45° & \cos 45° \end{pmatrix} \begin{pmatrix} x \\ y \end{pmatrix} = \begin{pmatrix} \frac{1}{\sqrt{2}} & -\frac{1}{\sqrt{2}} \\ \frac{1}{\sqrt{2}} & \frac{1}{\sqrt{2}} \end{pmatrix} \begin{pmatrix} x \\ y \end{pmatrix} \tag{1.15}$$

で与えられる．このとき，式 (1.15) の逆変換は次のように与えられる：

$$\begin{aligned} \begin{pmatrix} x \\ y \end{pmatrix} &= \begin{pmatrix} \cos(-45°) & -\sin(-45°) \\ \sin(-45°) & \cos(-45°) \end{pmatrix} \begin{pmatrix} x' \\ y' \end{pmatrix} \\ &= \begin{pmatrix} \frac{1}{\sqrt{2}} & \frac{1}{\sqrt{2}} \\ -\frac{1}{\sqrt{2}} & \frac{1}{\sqrt{2}} \end{pmatrix} \begin{pmatrix} x' \\ y' \end{pmatrix}. \end{aligned} \tag{1.16}$$

(1.16) より

$$x = \frac{x' + y'}{\sqrt{2}}, \quad y = \frac{-x' + y'}{\sqrt{2}}$$

を得る．これを $x^2 - y^2 = 2$ へ代入すると，x', y' によって表される式

$$\left(\frac{x' + y'}{\sqrt{2}}\right)^2 - \left(\frac{-x' + y'}{\sqrt{2}}\right)^2 = 2 \quad \text{すなわち，} \quad x'y' = 1$$

を得る．したがって，$x^2 - y^2 = 2$ を原点のまわりに $45°$ 回転すると，よく知られた分数関数 $y' = \dfrac{1}{x'}$ のグラフに移される（次ページの図参照）． ■

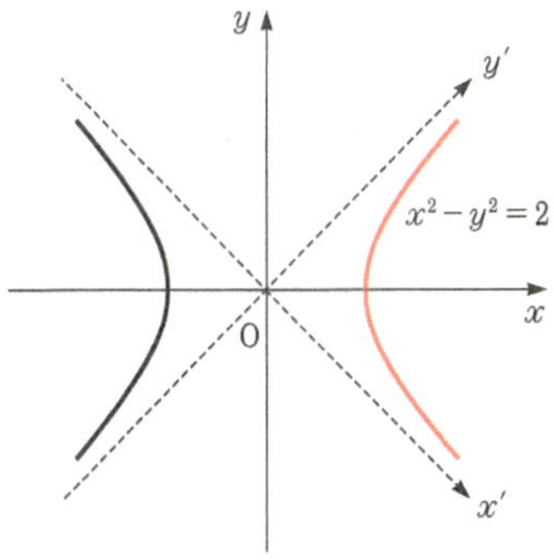

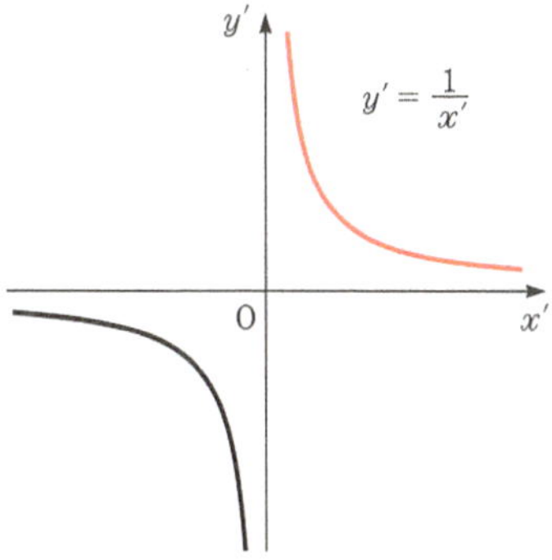

このように，逆変換がある場合は，図形をベクトル方程式で表現することなく，変換によって移される図形の式を得ることができる．しかし，この方法は逆変換が存在する場合にのみ通用する考え方である．図形を移動する方法の基本は，図形をベクトル方程式（パラメータ表示）で表現し，それを 1 次変換の式へ代入して計算を行うことである．

◆**問 1.23** 逆変換の考え方を用いて，直線 $3x-2y=6$ が 1 次変換

$$\begin{pmatrix} x' \\ y' \end{pmatrix} = \begin{pmatrix} 1 & 2 \\ 3 & 4 \end{pmatrix} \begin{pmatrix} x \\ y \end{pmatrix}$$

によってどんな図形に移されるか調べよ．

1.6 行列の固有値と固有ベクトル

ものごとを観察して，その特徴をつかむためには，「動かないところ」や「変わらないところ」に注目することが多い．行列のいろいろな性質を調べるときも，そのような見方はとても大切である．

2 次正方行列 A に対して，

$$A\boldsymbol{v} = \lambda \boldsymbol{v}$$

をみたす零ベクトルでない $\boldsymbol{v}$ を A の**固有ベクトル**といい，λ を A の**固有値**と

いう．上式からわかるように，A の固有ベクトルとは A で移しても方向[3)]の変わらないベクトルであって，固有値とは，そのようなベクトルが A で移されるとき何倍に拡大されるのかという倍率を表す．まず，固有値と固有ベクトルの求め方を具体例を通して述べる．

例題 1.8

次の行列の固有値と固有ベクトルを求めよ．

$$A = \begin{pmatrix} 3 & 2 \\ 1 & 4 \end{pmatrix}.$$

【解】 $A\boldsymbol{v} = \lambda\boldsymbol{v}$ において $\boldsymbol{v} = (x, y)$ とおき，$\lambda\boldsymbol{v} = \lambda E\boldsymbol{v}$ に注意すれば，

$$(A - \lambda E)\boldsymbol{v} = \boldsymbol{0} \qquad \therefore \quad \begin{pmatrix} 3-\lambda & 2 \\ 1 & 4-\lambda \end{pmatrix}\begin{pmatrix} x \\ y \end{pmatrix} = \begin{pmatrix} 0 \\ 0 \end{pmatrix}$$

である．この両辺を比較して x, y に関する連立1次方程式

$$\begin{cases} (3-\lambda)x + 2y = 0 \\ x + (4-\lambda)y \ = 0 \end{cases} \tag{1.17}$$

を得る．(1.17) の第2式より

$$x = -(4-\lambda)y \tag{1.18}$$

であるから，これを (1.17) の第1式へ代入して

$$-(3-\lambda)(4-\lambda)y + 2y = 0 \qquad \therefore \quad \{(3-\lambda)(4-\lambda) - 2\}y = 0$$

を得る．もしも，$y = 0$ と仮定すると (1.18) より $x = 0$ であるから，$x = y = 0$ となり $\boldsymbol{v} \neq \boldsymbol{0}$ に反する．よって，$y \neq 0$ でなければならない．そのためには，

$$(3-\lambda)(4-\lambda) - 2 = 0 \tag{1.19}$$

[3)] $A\boldsymbol{v} = -\boldsymbol{v}$ をみたす零ベクトルでない $\boldsymbol{v}$ は A の固有ベクトルである．この場合，$\boldsymbol{v}$ を A で移すと「向き」は反対向きに変わるが，「方向」は変わらない．方向と向きの意味の違いに注意しよう．

が成り立つことが必要である．この 2 次方程式 (1.19) を解いて，$\lambda = 2$ と $\lambda = 5$ を得る．$\lambda = 2$ のとき，(1.18) より $x = -2y$ である．したがって，連立 1 次方程式 (1.17) の解は

$$\begin{pmatrix} x \\ y \end{pmatrix} = s\begin{pmatrix} -2 \\ 1 \end{pmatrix} \quad (s \text{ は任意})$$

である．$\lambda = 5$ のときも同様にして，$x = y$ であるから，

$$\begin{pmatrix} x \\ y \end{pmatrix} = t\begin{pmatrix} 1 \\ 1 \end{pmatrix} \quad (t \text{ は任意})$$

を得る．したがって，A の固有値は $\lambda_1 = 2$ と $\lambda_2 = 5$ であり，対応する固有ベクトル（の 1 つ）は，それぞれ $\boldsymbol{v}_1 = (-2, 1)$ と $\boldsymbol{v}_2 = (1, 1)$ である．■

このようにして，行列 A の固有値と固有ベクトルを求めることができたわけだが，上の例題 1.8 の解答をよく見ると，行列 A の固有値を求めるには，2 次方程式 (1.19) を解かなければならないことがわかる．実は，(1.19) は

$$\det(A - \lambda E) = \begin{vmatrix} 3-\lambda & 2 \\ 1 & 4-\lambda \end{vmatrix} = (3-\lambda)(4-\lambda) - 2\cdot 1 = 0$$

で与えられている．この $\det(A - \lambda E) = 0$ を行列 A の**固有方程式**という．固有ベクトルについては，固有方程式を解いて得られた λ に対して

$$\begin{pmatrix} 3-\lambda & 2 \\ 1 & 4-\lambda \end{pmatrix}\begin{pmatrix} x \\ y \end{pmatrix} = \begin{pmatrix} 0 \\ 0 \end{pmatrix} \quad \text{すなわち，} \quad (A - \lambda E)\boldsymbol{v} = \boldsymbol{0}$$

を解いて求めることができる．

◆**問 1.24**　次の行列の固有値と固有ベクトルを求めよ．

(1) $\begin{pmatrix} 1 & 1 \\ 5 & -3 \end{pmatrix}$　　(2) $\begin{pmatrix} 2 & -1 \\ -3 & 4 \end{pmatrix}$

行列 A の固有ベクトルを並べて行列 P をつくる．このとき，P が逆行列をもてば，P によって行列 A は対角行列とよばれる形の行列に変換される．これを行列の**対角化**という．次に，この事実を具体例によって説明しよう．

例題 1.9

例題 1.8 の行列

$$A = \begin{pmatrix} 3 & 2 \\ 1 & 4 \end{pmatrix}$$

の n 乗 A^n を求めよ．

【解】 例題 1.8 より，A の固有値は $\lambda_1 = 2$ と $\lambda_2 = 5$ であり，対応する固有ベクトルは，それぞれ $\boldsymbol{v}_1 = (-2, 1)$ と $\boldsymbol{v}_2 = (1, 1)$ である．このとき，

$$A\boldsymbol{v}_1 = \lambda_1 \boldsymbol{v}_1, \quad A\boldsymbol{v}_2 = \lambda_2 \boldsymbol{v}_2$$

が成り立つ．これは，ひとまとめにして

$$(A\boldsymbol{v}_1 \ \ A\boldsymbol{v}_2) = (\lambda_1\boldsymbol{v}_1 \ \ \lambda_2\boldsymbol{v}_2) \qquad \therefore \quad A(\boldsymbol{v}_1 \ \ \boldsymbol{v}_2) = (\lambda_1\boldsymbol{v}_1 \ \ \lambda_2\boldsymbol{v}_2)$$

のように書くことができる（➡ p. 17，発展）．ここで，$(\boldsymbol{v}_1 \ \ \boldsymbol{v}_2)$ は固有ベクトル $\boldsymbol{v}_1, \boldsymbol{v}_2$ を並べてつくった行列である．上式の右辺は簡単な計算により，

$$(\lambda_1\boldsymbol{v}_1 \ \ \lambda_2\boldsymbol{v}_2) = (\boldsymbol{v}_1 \ \ \boldsymbol{v}_2)\begin{pmatrix} \lambda_1 & 0 \\ 0 & \lambda_2 \end{pmatrix} \tag{1.20}$$

のように書き直せることがわかる．

$$P = (\,\boldsymbol{v}_1 \ \ \boldsymbol{v}_2\,) = \begin{pmatrix} -2 & 1 \\ 1 & 1 \end{pmatrix}, \quad D = \begin{pmatrix} \lambda_1 & 0 \\ 0 & \lambda_2 \end{pmatrix} = \begin{pmatrix} 2 & 0 \\ 0 & 5 \end{pmatrix}$$

とおく．D のように対角成分を除いた他の成分がすべて 0 である行列を**対角行列**という．逆行列の公式（➡ p. 6）より

$$P^{-1} = \frac{1}{3}\begin{pmatrix} -1 & 1 \\ 1 & 2 \end{pmatrix}$$

であるから，

$$AP = PD \quad \text{すなわち，} \quad P^{-1}AP = \begin{pmatrix} \lambda_1 & 0 \\ 0 & \lambda_2 \end{pmatrix} = \begin{pmatrix} 2 & 0 \\ 0 & 5 \end{pmatrix}$$

を得る．これで，A は P によって対角化された．

次に $P^{-1}AP = D$ の両辺を n 乗してみよう．簡単な計算により

$$(P^{-1}AP)^n = P^{-1}APP^{-1}AP\cdots P^{-1}AP = P^{-1}A^nP \quad (\because\ PP^{-1} = E)$$

および

$$D^n = \begin{pmatrix} 2^n & 0 \\ 0 & 5^n \end{pmatrix}$$

が成り立つことがわかるので，

$$P^{-1}A^nP = D^n = \begin{pmatrix} 2^n & 0 \\ 0 & 5^n \end{pmatrix}$$

を得る．したがって，

$$\begin{aligned} A^n = PD^nP^{-1} &= \begin{pmatrix} -2 & 1 \\ 1 & 1 \end{pmatrix}\begin{pmatrix} 2^n & 0 \\ 0 & 5^n \end{pmatrix}\frac{1}{3}\begin{pmatrix} -1 & 1 \\ 1 & 2 \end{pmatrix} \\ &= \frac{1}{3}\begin{pmatrix} 2^{n+1} + 5^n & -2^{n+1} + 2\cdot 5^n \\ -2^n + 5^n & 2^n + 2\cdot 5^n \end{pmatrix} \end{aligned}$$

となることがわかる． ■

◆**問 1.25** 次の行列 A を対角化した後，A^n を求めよ．

$$A = \begin{pmatrix} 5 & -8 \\ 3 & -6 \end{pmatrix}.$$

◆**問 1.26** 固有値が 1 と 2 で，それらに対する固有ベクトルがそれぞれ $\boldsymbol{u} = (2, 3)$，$\boldsymbol{v} = (1, 2)$ である 2 次正方行列を求めよ．

例題 1.9 のように，行列 A の固有値と固有ベクトルを求めて行列 A を対角化すると，行列や 1 次変換に関する様々な問題を解くことできる．行列の対角化のしくみは，1.9 節で改めて考察することにして，次節と 1.8 節でそのための準備をしよう．

1.7　ベクトルの 1 次独立性

ここでは，線形代数の理論の出発点となるベクトルの 1 次独立性について説明しよう．いくつかのベクトルが 1 次独立（線形独立）であるとは，大まかにいうと，それぞれのベクトルがバラバラな方向を向いており，同じ方向のものがないことを意味する．

まず，高等学校で学んだ平面ベクトルに関する次の例題から考えてみよう．

例題 1.10

三角形 OAB において点 P, Q が図に示した比で与えられている．AQ と BP の交点を R とするとき，$\overrightarrow{\mathrm{OR}}$ を $\boldsymbol{a}=\overrightarrow{\mathrm{OA}}$ と $\boldsymbol{b}=\overrightarrow{\mathrm{OB}}$ を用いて表せ．

【解】 $\mathrm{AR}:\mathrm{RQ}=x:1-x$，$\mathrm{BR}:\mathrm{RP}=y:1-y$ とおくと，

$$\overrightarrow{\mathrm{OR}}=(1-x)\overrightarrow{\mathrm{OA}}+x\overrightarrow{\mathrm{OQ}}=(1-x)\boldsymbol{a}+x\cdot\frac{2}{3}\boldsymbol{b}$$

$$\overrightarrow{\mathrm{OR}}=(1-y)\overrightarrow{\mathrm{OB}}+y\overrightarrow{\mathrm{OP}}=y\cdot\frac{1}{2}\boldsymbol{a}+(1-y)\boldsymbol{b}$$

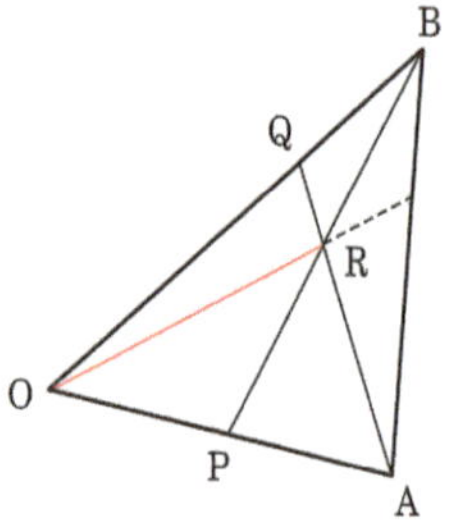

$\mathrm{OP}:\mathrm{PA}=1:1$,
$\mathrm{OQ}:\mathrm{QB}=2:1$

が成り立つ．これより，

$$(1-x)\boldsymbol{a}+\frac{2x}{3}\boldsymbol{b}=\frac{y}{2}\boldsymbol{a}+(1-y)\boldsymbol{b}$$

$$\therefore\quad \left(1-x-\frac{y}{2}\right)\boldsymbol{a}+\left(y-1+\frac{2x}{3}\right)\boldsymbol{b}=\boldsymbol{0}$$

を得る．ここで，$\boldsymbol{a}\neq\boldsymbol{0}$, $\boldsymbol{b}\neq\boldsymbol{0}$ であり，$\boldsymbol{a}$ と $\boldsymbol{b}$ は平行でないから

$$1-x-\frac{y}{2}=0,\quad y-1+\frac{2x}{3}=0$$

となる．これを解いて，$x=\dfrac{3}{4}$，$y=\dfrac{1}{2}$ を得る．よって，

$$\overrightarrow{\mathrm{OR}}=\frac{1}{4}\boldsymbol{a}+\frac{1}{2}\boldsymbol{b}.$$

■

これは，大学入試にもよく出題されている問題である．この解答のキーポイントは，アンダーラインを引いた部分である．つまり，零ベクトルでない 2 つのベクトル $\boldsymbol{a}$ と $\boldsymbol{b}$ が異なる方向をもつ（平行でない）とき，

$$s\boldsymbol{a} + t\boldsymbol{b} = \boldsymbol{0} \implies s = t = 0$$

が成り立つことである（$\implies$ は「ならば」の意味に使われる記号である）．この式は，2 つのベクトルが異なる方向をもつということを特徴づけたものであるといえるだろう．そこで，次の定義をおくことにしよう．

定義 1.1

2 つのベクトル $\boldsymbol{a}, \boldsymbol{b}$ は次の条件をみたすとき，**1 次独立**（線形独立）であるという．

(1.21) $$s\boldsymbol{a} + t\boldsymbol{b} = \boldsymbol{0} \implies s = t = 0.$$

▶ **補足** $0\boldsymbol{a} + 0\boldsymbol{b} = \boldsymbol{0}$ が成り立つことは明らか．定義 1.1 の条件は，$s\boldsymbol{a} + t\boldsymbol{b} = \boldsymbol{0}$ をみたす s, t は $s = t = 0$ 以外にはありえないことを意味する．ちなみに，零ベクトルでない 2 つのベクトル $\boldsymbol{a}$ と $\boldsymbol{b}$ が平行でないとき，(1.21) が成り立つことは次のようにして示される．

$s\boldsymbol{a} + t\boldsymbol{b} = \boldsymbol{0}$ において $s \neq 0$ と仮定すると，$\boldsymbol{a} = -\dfrac{t}{s}\boldsymbol{b}$ により，$\boldsymbol{a}$ と $\boldsymbol{b}$ は平行となる．よって，$s = 0$ でなければならない．$s = 0$ を $s\boldsymbol{a} + t\boldsymbol{b} = \boldsymbol{0}$ に代入して $t\boldsymbol{b} = \boldsymbol{0}$．$\boldsymbol{b} \neq \boldsymbol{0}$ なので $t = 0$．したがって，$s = t = 0$ でなければならない．

要するに，いくつかのベクトルが 1 次独立であるとは，それらが互いに異なる方向を向いていることを意味している．高等学校では「1 次独立」という専門用語を用いてなかったのだが，大学で学ぶ線形代数では，方向の異なるベクトルを 1 次独立なベクトルといい，その定義を上のような形で与える．そのメリットは，次のような一般化がしやすいことにある．

定義 1.2

1つのベクトル $\boldsymbol{a}$ は次の条件をみたすとき，1次独立であるという.

$$s\boldsymbol{a} = \boldsymbol{0} \implies s = 0.$$

◆**問 1.27** 次が成り立つことを示せ（$\iff$ は2つの性質が必要十分条件の関係にあることを示す記号である）.

$$\boldsymbol{a} \text{が1次独立} \iff \boldsymbol{a} \neq \boldsymbol{0}$$

▶**注意** 零ベクトル $\boldsymbol{0}$ は1次独立ではない.

◆**問 1.28** n 個のベクトルが1次独立であることの定義を与えよ.

ベクトルの1次独立性を上のように定義すれば，高等学校で学んだ事項は，上の定義から導かれる性質であると考えなければならない.

例題 1.11

（1） $\boldsymbol{a} = (2, 1)$，$\boldsymbol{b} = (1, 3)$ が1次独立であることを示せ.

（2） $\boldsymbol{a} = (2, 1)$，$\boldsymbol{b} = (1, 3)$，$\boldsymbol{c} = (-2, 2)$ が1次独立ではない（**1次従属**（線形従属）であるという）ことを示せ.

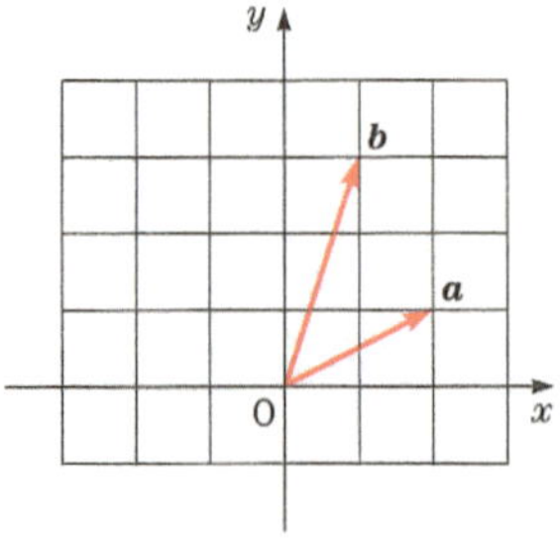

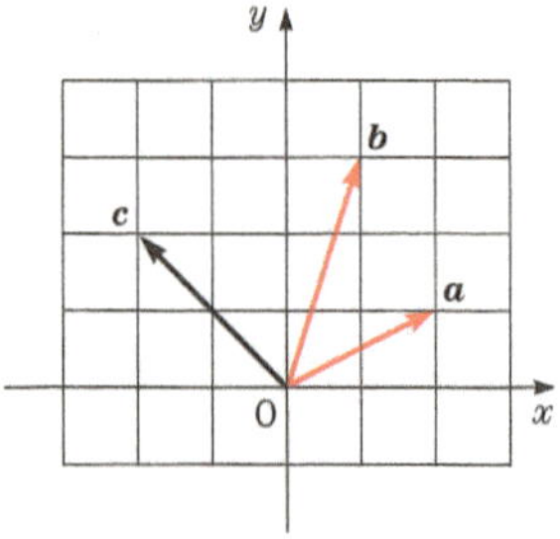

【解】 （1）は

$$s\boldsymbol{a} + t\boldsymbol{b} = \boldsymbol{0} \implies s = t = 0$$

が成り立つことを示せばよい．

$$s\boldsymbol{a} + t\boldsymbol{b} = (\boldsymbol{a} \ \ \boldsymbol{b})\begin{pmatrix} s \\ t \end{pmatrix}$$

と書けることに注意すると，$s\boldsymbol{a} + t\boldsymbol{b} = \boldsymbol{0}$ は s, t に関する連立 1 次方程式

$$A\begin{pmatrix} s \\ t \end{pmatrix} = \boldsymbol{0}, \quad A = \begin{pmatrix} 2 & 1 \\ 1 & 3 \end{pmatrix} \tag{1.22}$$

と見ることができる．ここで，

$$\det A = \begin{vmatrix} 2 & 1 \\ 1 & 3 \end{vmatrix} = 5 \neq 0$$

であるから，定理 1.2（➡ p. 7）により A は逆行列をもつ．よって，A^{-1} を (1.22) の両辺に左から掛けると，$A^{-1}A = E$ より

$$\begin{pmatrix} s \\ t \end{pmatrix} = A^{-1}\boldsymbol{0} = \boldsymbol{0} \qquad \therefore \quad s = t = 0$$

となる．ゆえに，$\boldsymbol{a} = (2, 1)$，$\boldsymbol{b} = (1, 3)$ は 1 次独立である．

（2）は

$$s\boldsymbol{a} + t\boldsymbol{b} + u\boldsymbol{c} = \boldsymbol{0} \implies s = t = u = 0$$

が成り立たないことを示せばよい．$s\boldsymbol{a} + t\boldsymbol{b} + u\boldsymbol{c} = \boldsymbol{0}$ を $s\boldsymbol{a} + t\boldsymbol{b} = -u\boldsymbol{c}$ と書きかえて，s と t についての連立 1 次方程式と見る．(1.22) と同様に考えると，これは

$$A\begin{pmatrix} s \\ t \end{pmatrix} = -u\begin{pmatrix} -2 \\ 2 \end{pmatrix}$$

と書ける．逆行列の公式（➡ p. 6，定理 1.1）を用いると

$$\begin{pmatrix} s \\ t \end{pmatrix} = -uA^{-1}\begin{pmatrix} -2 \\ 2 \end{pmatrix} = -u \cdot \frac{1}{5}\begin{pmatrix} 3 & -1 \\ -1 & 2 \end{pmatrix}\begin{pmatrix} -2 \\ 2 \end{pmatrix} = \frac{u}{5}\begin{pmatrix} 8 \\ -6 \end{pmatrix}$$

を得る．よって，$u = 5$ のとき $s = 8$，$t = -6$ となり，$8\boldsymbol{a} - 6\boldsymbol{b} + 5\boldsymbol{c} = \boldsymbol{0}$ が成り立つことがわかる．ゆえに，$\boldsymbol{a}, \boldsymbol{b}, \boldsymbol{c}$ は 1 次従属である． ■

上の例題 1.11 の(2)においては，3つのベクトル $\boldsymbol{a}, \boldsymbol{b}, \boldsymbol{c}$ は見かけ上異なる方向を向いているが，1次独立ではない．というのは，例えば

$$\boldsymbol{c} = -\frac{8}{5}\boldsymbol{a} + \frac{6}{5}\boldsymbol{b}$$

のような形（$\boldsymbol{a}, \boldsymbol{b}$ の**1次結合**（線形結合）という）で $\boldsymbol{c}$ を書き表すことができ，$\boldsymbol{c}$ は $\boldsymbol{a}$ と $\boldsymbol{b}$ の仲間になるからである．すなわち，いくつかのベクトルが1次独立であるとき，それらはすべて異なる方向を向いており，「どのベクトルも他の残りのベクトルの1次結合で表すことができない」のである．

◆**問 1.29** 例題 1.11 における $\boldsymbol{a}$ と $\boldsymbol{c}$，および $\boldsymbol{b}$ と $\boldsymbol{c}$ は1次独立であることを示せ．

例題 1.11 の内容を一般的な形に整理すると，次の定理を得る．

定理 1.3

平面上の2つのベクトル $\boldsymbol{a} = (a_1, a_2)$，$\boldsymbol{b} = (b_1, b_2)$ について，

$$\det(\boldsymbol{a}, \boldsymbol{b}) = \begin{vmatrix} a_1 & b_1 \\ a_2 & b_2 \end{vmatrix} \neq 0 \iff \boldsymbol{a}, \boldsymbol{b} \text{ は1次独立}$$

が成り立つ．

【証明】（$\Longrightarrow$：十分性） $s\boldsymbol{a} + t\boldsymbol{b} = \boldsymbol{0}$ とおく．例題 1.11 と同様に，$A = (\boldsymbol{a}\ \ \boldsymbol{b})$ とおくと，この式は s, t に関する連立1次方程式

$$A\boldsymbol{x} = \boldsymbol{0} \quad \text{すなわち，} \quad (\boldsymbol{a}\ \ \boldsymbol{b})\boldsymbol{x} = \begin{pmatrix} a_1 & b_1 \\ a_2 & b_2 \end{pmatrix}\begin{pmatrix} s \\ t \end{pmatrix} = \begin{pmatrix} 0 \\ 0 \end{pmatrix}$$

と見なすことができる．$\det(\boldsymbol{a}, \boldsymbol{b}) = \det A \neq 0$ より A は逆行列をもつので，上式の両辺に A^{-1} を左から掛けると

$$\boldsymbol{x} = A^{-1}\boldsymbol{0} = \boldsymbol{0}$$

を得る．よって，$s = t = 0$ となり $\boldsymbol{a}, \boldsymbol{b}$ は1次独立である．

（$\Longleftarrow$：必要性）　$\det(\boldsymbol{a},\ \boldsymbol{b}) = 0 \implies \boldsymbol{a},\ \boldsymbol{b}$ は 1 次従属

が成り立つことを示せばよい．$\det(\boldsymbol{a},\ \boldsymbol{b}) = a_1b_2 - a_2b_1$ より $a_1b_2 = a_2b_1$ である．

（i）　$a_1a_2 \neq 0$ のとき：$a_1b_2 = a_2b_1$ の両辺を $a_1a_2 \neq 0$ で割ると，

$$\frac{b_1}{a_1} = \frac{b_2}{a_2} = k$$

となる k が取れる．これより，$b_1 = ka_1$，$b_2 = ka_2$ すなわち $k\boldsymbol{a} + (-1)\boldsymbol{b} = \boldsymbol{0}$ である．よって $\boldsymbol{a},\ \boldsymbol{b}$ は 1 次従属である．

（ii）　$a_1 = 0$，$a_2 \neq 0$ のとき：$a_1b_2 = a_2b_1 = 0$ より $b_1 = 0$ となる．したがって，$\boldsymbol{a} = (0,\ a_2)$，$\boldsymbol{b} = (0,\ b_2)$ において，$b_2\boldsymbol{a} + (-a_2)\boldsymbol{b} = \boldsymbol{0}$ が成り立つ．$a_2 \neq 0$ より $\boldsymbol{a},\ \boldsymbol{b}$ は 1 次従属である．

（iii）　$a_1 \neq 0$，$a_2 = 0$ のとき：この場合は (ii) と同様にして証明できる．■

◆**問 1.30**　次のベクトルの組が 1 次独立であるかどうかを，定理 1.3 を用いて判定せよ．

（1）　$\boldsymbol{a} = (-2,\ 3)$，$\boldsymbol{b} = (4,\ -5)$　　（2）　$\boldsymbol{a} = (2,\ -1)$，$\boldsymbol{b} = (-6,\ 3)$

1.8　基底と座標

平面上において点の位置を表すということを線形代数の立場から考えてみよう．まず，しなければならないことは，基準点（視点）を決めることである．この基準点を「原点」とし，ここから点の位置を表す．

右の図のように，方向の異なる 2 つのベクトル $\boldsymbol{a}_1,\ \boldsymbol{a}_2$ を考えよう．この例では，点 P の位置ベクトル $\overrightarrow{\mathrm{OP}}$ は

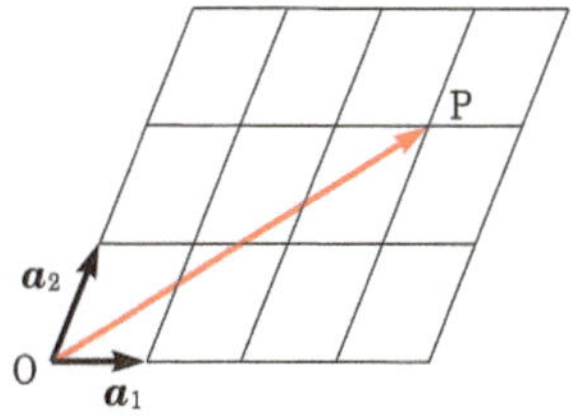

$$\overrightarrow{\mathrm{OP}} = 3\boldsymbol{a}_1 + 2\boldsymbol{a}_2$$

のように表される．数の組 (3, 2) は点 P の位置を決める重要な情報を与える．一般に，点 P の位置ベクトルを，$\boldsymbol{a}_1$ と $\boldsymbol{a}_2$ の 1 次結合で

$$\overrightarrow{\mathrm{OP}} = x_1\boldsymbol{a}_1 + x_2\boldsymbol{a}_2$$

と表したときの (x_1, x_2) は，ベクトルの組 $\{\boldsymbol{a}_1, \boldsymbol{a}_2\}$ で定められる点 P の**座標**とよばれる．$\{\boldsymbol{a}_1, \boldsymbol{a}_2\}$ をもとにして，上の図のように方眼紙状のマス目をつくり，点の位置を表せるようにしたものが座標であると考えればよいだろう．

$\{\boldsymbol{a}_1, \boldsymbol{a}_2\}$ は，点の位置を表すときに足場となる大切なものであるが，$\{\boldsymbol{a}_1, \boldsymbol{a}_2\}$ を用いて点の位置を表したとき，その表し方が 2 通りある（物が 2 重に見える）と困る．つまり，

$$\overrightarrow{\mathrm{OP}} = x_1\boldsymbol{a}_1 + x_2\boldsymbol{a}_2 = x_1{}'\boldsymbol{a}_1 + x_2{}'\boldsymbol{a}_2$$

ならば，$x_1 = x_1{}'$，$x_2 = x_2{}'$ でなければならない．上式は

$$(x_1 - x_1{}')\boldsymbol{a}_1 + (x_2 - x_2{}')\boldsymbol{a}_2 = \boldsymbol{0}$$

のように書き直せる．したがって，もしも $\boldsymbol{a}_1$ と $\boldsymbol{a}_2$ が 1 次独立であれば，$x_1 - x_1{}' = 0$，$x_2 - x_2{}' = 0$，すなわち，$x_1 = x_1{}'$，$x_2 = x_2{}'$ となる（➡ p. 35，定義 1.1）．よって，$\{\boldsymbol{a}_1, \boldsymbol{a}_2\}$ が 1 次独立なベクトルの組であれば，点の位置はただ 1 通りに表される．以上を踏まえた上で，次の定義をおく．

定義 1.3

次の条件をみたすベクトルの組 $\{\boldsymbol{a}_1, \boldsymbol{a}_2\}$ を平面の**基底**という．

（1） $\boldsymbol{a}_1, \boldsymbol{a}_2$ は 1 次独立である．

（2） 平面上のどんなベクトル $\boldsymbol{p}$ も $\boldsymbol{a}_1$ と $\boldsymbol{a}_2$ の 1 次結合で表される：

$$\boldsymbol{p} = x_1\boldsymbol{a}_1 + x_2\boldsymbol{a}_2.$$

基底を用いることにより，平面上に座標が定義され，点の位置を座標を用いて表すことができるようになる．また，平面の場合は，基底になる 1 次独立なベクトルの個数は，いつも 2 である．それで，**平面の次元**は 2 であるという．「次元」という言葉は，日常でも利用されていて，平面が「縦」と「横」の 2 方向に広がっているという素朴な直観にもあっている．

さて，xy 平面上の点 $\mathrm{P}(x, y)$ の位置ベクトルは，2 つの単位ベクトル $\boldsymbol{e}_1 = (1, 0)$ と $\boldsymbol{e}_2 = (0, 1)$ を基底として，

$$\overrightarrow{\mathrm{OP}} = x\boldsymbol{e}_1 + y\boldsymbol{e}_2 \tag{1.23}$$

と表される．$\{\boldsymbol{e}_1, \boldsymbol{e}_2\}$ は，最もスタンダードな基底であるため，**標準基底**とよばれている．この点 $\mathrm{P}(x, y)$ の位置ベクトルを，右の図のような 2 つのベクトル $\boldsymbol{a}_1, \boldsymbol{a}_2$ を基底として

$$\overrightarrow{\mathrm{OP}} = s\boldsymbol{a}_1 + t\boldsymbol{a}_2 \tag{1.24}$$

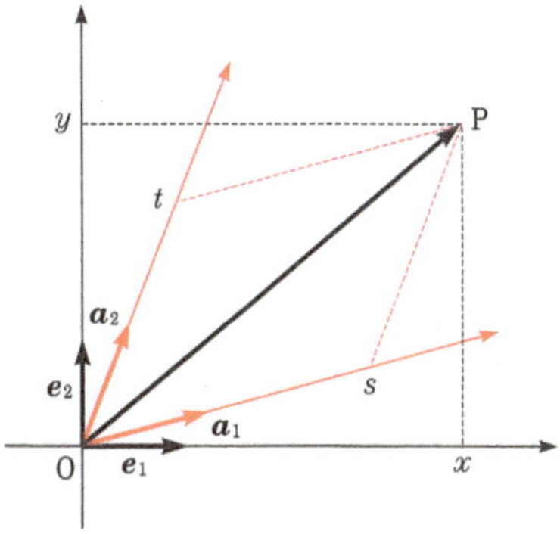

のように表すことができたとしよう．つまり，点 P の位置は 2 つの基底 $\{\boldsymbol{e}_1, \boldsymbol{e}_2\}$ と $\{\boldsymbol{a}_1, \boldsymbol{a}_2\}$ で定められる座標を用いて，それぞれ (x, y) と (s, t) の 2 通りに表せたとしよう．このとき，(1.23) より

$$\overrightarrow{\mathrm{OP}} = x\begin{pmatrix} 1 \\ 0 \end{pmatrix} + y\begin{pmatrix} 0 \\ 1 \end{pmatrix} = \begin{pmatrix} x \\ y \end{pmatrix} \tag{1.25}$$

となる．一方，(1.24) は

$$\overrightarrow{\mathrm{OP}} = s\boldsymbol{a}_1 + t\boldsymbol{a}_2 = (\boldsymbol{a}_1 \ \ \boldsymbol{a}_2)\begin{pmatrix} s \\ t \end{pmatrix} = A\begin{pmatrix} s \\ t \end{pmatrix} \tag{1.26}$$

と書き直せる．ここで，$A = (\boldsymbol{a}_1 \ \ \boldsymbol{a}_2)$ は，$\boldsymbol{a}_1$ と $\boldsymbol{a}_2$ を並べてつくった 2 次正方行列である．$\boldsymbol{a}_1$ と $\boldsymbol{a}_2$ は 1 次独立であるから，定理 1.3（➡ p. 38）により

$\det A \neq 0$ である．よって，A は逆行列をもつ．したがって，(1.25) と (1.26) をくらべて，2 通りの基底で定められる座標 (x, y) と (s, t) の間に次の関係式（座標変換）が成り立つことがわかる．

定理 1.4

標準基底 $\{\boldsymbol{e}_1, \boldsymbol{e}_2\}$ で定められる座標 (x, y) と，基底 $\{\boldsymbol{a}_1, \boldsymbol{a}_2\}$ で定められる座標 (s, t) の間には，次の関係が成り立つ：

$$\begin{pmatrix} x \\ y \end{pmatrix} = A\begin{pmatrix} s \\ t \end{pmatrix} \quad \text{または，} \quad \begin{pmatrix} s \\ t \end{pmatrix} = A^{-1}\begin{pmatrix} x \\ y \end{pmatrix}.$$

ただし，$A = (\boldsymbol{a}_1 \ \ \boldsymbol{a}_2)$ とする．

例題 1.12

平面上の直線 $y = 2x + 5$ を，$\boldsymbol{a}_1 = (1, 1)$，$\boldsymbol{a}_2 = (-1, 1)$ を基底とする座標 (s, t) で見ると，どのように表されるか．

【解】 (x, y) は標準基底 $\{\boldsymbol{e}_1, \boldsymbol{e}_2\}$ で見たときの座標である．基底 $\{\boldsymbol{a}_1, \boldsymbol{a}_2\}$ で見たときの座標を (s, t) とすれば，

$$\begin{pmatrix} x \\ y \end{pmatrix} = (\boldsymbol{a}_1 \ \ \boldsymbol{a}_2)\begin{pmatrix} s \\ t \end{pmatrix} = \begin{pmatrix} 1 & -1 \\ 1 & 1 \end{pmatrix}\begin{pmatrix} s \\ t \end{pmatrix} = \begin{pmatrix} s - t \\ s + t \end{pmatrix}$$

$$\text{すなわち} \quad \begin{cases} x = s - t, \\ y = s + t \end{cases}$$

を得る．上の式を $y = 2x + 5$ へ代入すれば，$\{\boldsymbol{a}_1, \boldsymbol{a}_2\}$ を基底としたときの座標 (s, t) による直線の方程式

$$(s + t) = 2(s - t) + 5$$

を得る．これを整理して，次の式を得る．

$$t = \frac{1}{3}s + \frac{5}{3}.$$

■

◆**問 1.31**　平面上の直線 $x-y=-1$ を，$\boldsymbol{a}_1=(1,\,1)$，$\boldsymbol{a}_2=(-1,\,1)$ を基底とする座標 $(s,\,t)$ で見ると，どのように表されるか．

1.9　行列の対角化の意味

行列の対角化（➡ p. 31）の意味を，座標変換の立場から見直してみよう．1 次変換

$$\begin{pmatrix} y_1 \\ y_2 \end{pmatrix} = A\begin{pmatrix} x_1 \\ x_2 \end{pmatrix} \tag{1.27}$$

は，標準基底 $\{\boldsymbol{e}_1,\,\boldsymbol{e}_2\}$ を用いたとき，

$$\overrightarrow{\mathrm{OQ}} = x_1\boldsymbol{e}_1 + x_2\boldsymbol{e}_2 = (\boldsymbol{e}_1 \quad \boldsymbol{e}_2)\begin{pmatrix} x_1 \\ x_2 \end{pmatrix}$$

で表される点 Q を

$$\overrightarrow{\mathrm{OR}} = y_1\boldsymbol{e}_1 + y_2\boldsymbol{e}_2 = (\boldsymbol{e}_1 \quad \boldsymbol{e}_2)\begin{pmatrix} y_1 \\ y_2 \end{pmatrix}$$

で表される点 R に移すということを意味している．別の基底 $\{\boldsymbol{v}_1,\,\boldsymbol{v}_2\}$ で定められる座標を用いたとき，この 1 次変換はどのような式で与えられるだろうか．つまり，

$$\overrightarrow{\mathrm{OQ}} = {x_1}'\boldsymbol{v}_1 + {x_2}'\boldsymbol{v}_2 = (\boldsymbol{v}_1 \quad \boldsymbol{v}_2)\begin{pmatrix} {x_1}' \\ {x_2}' \end{pmatrix}$$

および

$$\overrightarrow{\mathrm{OR}} = {y_1}'\boldsymbol{v}_1 + {y_2}'\boldsymbol{v}_2 = (\boldsymbol{v}_1 \quad \boldsymbol{v}_2)\begin{pmatrix} {y_1}' \\ {y_2}' \end{pmatrix}$$

のとき，

$$\begin{pmatrix} {y_1}' \\ {y_2}' \end{pmatrix} = A'\begin{pmatrix} {x_1}' \\ {x_2}' \end{pmatrix} \tag{1.28}$$

をみたす A' を求めよということである．点 Q を表す 2 つの座標 $(x_1,\,x_2)$ と $({x_1}',\,{x_2}')$ の間には，定理 1.4（➡ p. 42）により

$$\begin{pmatrix} x_1 \\ x_2 \end{pmatrix} = P \begin{pmatrix} x_1' \\ x_2' \end{pmatrix}, \quad P = (\boldsymbol{v}_1 \ \boldsymbol{v}_2)$$

が成り立つ．また，点 R を表す 2 つの座標 (y_1, y_2) と (y_1', y_2') の間には，

$$\begin{pmatrix} y_1' \\ y_2' \end{pmatrix} = P^{-1} \begin{pmatrix} y_1 \\ y_2 \end{pmatrix}, \quad P = (\boldsymbol{v}_1 \ \boldsymbol{v}_2)$$

が成り立つこともわかる．この 2 つの式と (1.27) を用いると，

$$\begin{pmatrix} y_1' \\ y_2' \end{pmatrix} = P^{-1} \begin{pmatrix} y_1 \\ y_2 \end{pmatrix} = P^{-1} A \begin{pmatrix} x_1 \\ x_2 \end{pmatrix} = P^{-1} A P \begin{pmatrix} x_1' \\ x_2' \end{pmatrix}$$

を得る．これを (1.28) と比べると，$A' = P^{-1}AP$ が成り立つことがわかる．以上をまとめて，次の定理を得る（座標の記号は上のものをそのまま用いる）．

定理 1.5

平面上の 1 次変換

$$\begin{pmatrix} y_1 \\ y_2 \end{pmatrix} = A \begin{pmatrix} x_1 \\ x_2 \end{pmatrix}$$

を，基底 $\{\boldsymbol{v}_1, \boldsymbol{v}_2\}$ で見たときの座標を用いて表すと，

$$\begin{pmatrix} y_1' \\ y_2' \end{pmatrix} = P^{-1} A P \begin{pmatrix} x_1' \\ x_2' \end{pmatrix}$$

となる．ここで，$P = (\boldsymbol{v}_1 \ \boldsymbol{v}_2)$ である．

この定理の意味は，右のような図式を書いてみると理解しやすいだろう．とくに，上の定理において，基底を A の固有ベクトル $\{\boldsymbol{v}_1, \boldsymbol{v}_2\}$，すなわち，

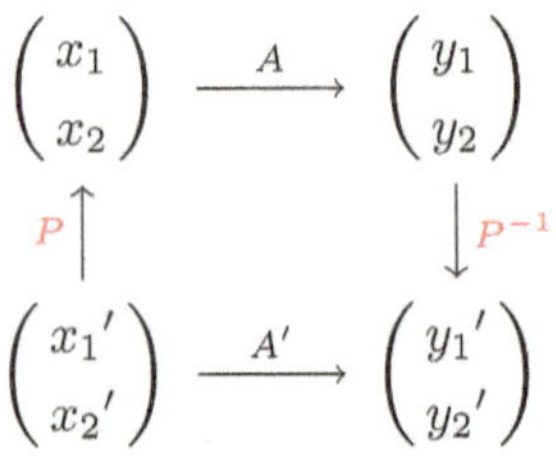

$$A\boldsymbol{v}_1 = \lambda_1 \boldsymbol{v}_1, \quad A\boldsymbol{v}_2 = \lambda_2 \boldsymbol{v}_2$$

$$\begin{array}{ccc} \begin{pmatrix} x_1 \\ x_2 \end{pmatrix} & \xrightarrow{A} & \begin{pmatrix} y_1 \\ y_2 \end{pmatrix} \\ P \uparrow & & \downarrow P^{-1} \\ \begin{pmatrix} x_1' \\ x_2' \end{pmatrix} & \xrightarrow{A'} & \begin{pmatrix} y_1' \\ y_2' \end{pmatrix} \end{array}$$

をみたすものに選ぶことができれば，1.6 節で学んだように（➡ p. 29）

$$P^{-1}AP = \begin{pmatrix} \lambda_1 & 0 \\ 0 & \lambda_2 \end{pmatrix}$$

が成り立つことがわかるので，定理 1.5 と同じ記号を用いて次の結果を得る．

系 1.1

平面上の 1 次変換

$$\begin{pmatrix} y_1 \\ y_2 \end{pmatrix} = A\begin{pmatrix} x_1 \\ x_2 \end{pmatrix}$$

は，A の固有ベクトル $\{\boldsymbol{v}_1, \boldsymbol{v}_2\}$ を基底とする座標を用いると，

$$\begin{pmatrix} y_1{}' \\ y_2{}' \end{pmatrix} = D\begin{pmatrix} x_1{}' \\ x_2{}' \end{pmatrix}, \quad D = \begin{pmatrix} \lambda_1 & 0 \\ 0 & \lambda_2 \end{pmatrix}$$

のように対角行列を用いて表される．ここで λ_1, λ_2 はそれぞれ $\boldsymbol{v}_1, \boldsymbol{v}_2$ に対応する A の固有値である．

◆**問 1.32**　1 次変換

$$\begin{pmatrix} y_1 \\ y_2 \end{pmatrix} = A\begin{pmatrix} x_1 \\ x_2 \end{pmatrix}, \quad A = \frac{1}{3}\begin{pmatrix} 7 & 2 \\ 1 & 8 \end{pmatrix}$$

について以下の各問に答えよ．

（1） 点 Q(4, 1) をこの 1 次変換で移した点 R を求めよ．

（2） $\boldsymbol{v}_1 = (2, -1)$，$\boldsymbol{v}_2 = (1, 1)$ は，それぞれ A の固有値 $\lambda_1 = 2$，$\lambda_2 = 3$ に対する固有ベクトルであることを確かめよ．

（3） $\overrightarrow{\mathrm{OQ}}$ を $\{\boldsymbol{v}_1, \boldsymbol{v}_2\}$ を基底とした $x_1{}'\boldsymbol{v}_1 + x_2{}'\boldsymbol{v}_2$ の形で表し，$y_1{}' = \lambda_1 x_1{}'$，$y_2{}' = \lambda_2 x_2{}'$ を計算することによって点 R を求めよ．

（4） （1）〜（3）で得られた結果を実際に平面上に図示せよ．

練習問題

1.1 (ケーリー・ハミルトンの定理) 2次正方行列

$$A = \begin{pmatrix} a & b \\ c & d \end{pmatrix}$$

について次の各問に答えよ．ただし，E と O はそれぞれ単位行列と零行列である．

(1) $A^2 - (a+d)A + (ad-bc)E = O$ が成り立つことを示せ．

(2) $A^3 = E$ かつ $ad - bc = 1$ のとき，$a+d$ を求めよ．

1.2 平面上に3点 P(0, 1), Q(2, 0), R(x, y) がある．ある1次変換 f によって，PはQに，QはRに，RはPにそれぞれ移されるものとする．このとき，f を表す行列および点Rの座標 (x, y) を求めよ．

1.3 1次変換 f によって，直線 $\ell : 4x - 3y = -5$ は直線 $\ell' : 2x + y = 10$ に移され，また ℓ' は ℓ に移されるものとする．このとき，f を表す行列を求めよ．

1.4 1次変換 f を表す行列を A とする．$\det A = 0$ のとき，f によって平面上のすべての点は原点を通る直線上に移されるか，原点に移されることを示せ．

1.5 a は $a > 1$ をみたす定数とする．このとき，次の各問に答えよ．

(1) 2点 $(1, 0), (a, 1)$ をそれぞれ2点 $(a-1, -a), (a^2-1, a-a^2)$ に移す1次変換を表す行列 A を求めよ．

(2) (1) で求めた行列 A が逆行列をもつとき，原点を中心とする半径1の円は，A で表される1次変換によりどのような図形に移されるか．

1.6 直線 $y = x$ および y 軸に関する対称移動を表す変換を，それぞれ f, g とする．合成変換 $g \circ f$ は，原点のまわりの角 90° 回転になることを示せ．

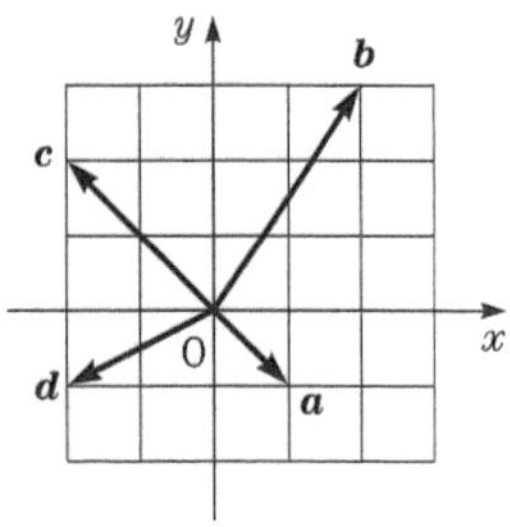

1.7 右図のように $\boldsymbol{a} = (1, -1)$, $\boldsymbol{b} = (2, 3)$, $\boldsymbol{c} = (-2, 2)$, $\boldsymbol{d} = (-2, -1)$ が与えられているとき，次のベクトルは1次独立であるか．

(1) $\boldsymbol{a}$　(2) $\boldsymbol{c}$　(3) $\boldsymbol{a}, \boldsymbol{b}$　(4) $\boldsymbol{a}, \boldsymbol{c}$

(5) $\boldsymbol{c}, \boldsymbol{d}$　(6) $\boldsymbol{a}, \boldsymbol{b}, \boldsymbol{c}$　(7) $\boldsymbol{b}, \boldsymbol{c}, \boldsymbol{d}$　(8) $\boldsymbol{a}, \boldsymbol{b}, \boldsymbol{c}, \boldsymbol{d}$

1.8 平面上には 3 個の 1 次独立なベクトルが存在しないことを証明せよ．

1.9 (1) 行列の固有値と固有ベクトルの定義を述べよ．

(2) 次の行列を対角化せよ．

(a) $\begin{pmatrix} 4 & 2 \\ 1 & 5 \end{pmatrix}$　(b) $\begin{pmatrix} 5 & 6 \\ -3 & -4 \end{pmatrix}$

1.10 3 項間の漸化式

$$a_{n+2} = -a_{n+1} + 2a_n, \quad a_1 = -1, \quad a_2 = 3 \tag{1.29}$$

で定義される数列の第 n 項を，次の手順に従って求めよ．

(1) $b_n = a_{n+1}$ とおくと，(1.29) は次のように書けることを確かめよ．

$$\begin{pmatrix} a_{n+1} \\ b_{n+1} \end{pmatrix} = A \begin{pmatrix} a_n \\ b_n \end{pmatrix}, \quad A = \begin{pmatrix} 0 & 1 \\ 2 & -1 \end{pmatrix} \tag{1.30}$$

(2) (1.30) を繰り返し用いると，次のように表されることを確かめよ．

$$\begin{pmatrix} a_n \\ b_n \end{pmatrix} = A^{n-1} \begin{pmatrix} a_1 \\ b_1 \end{pmatrix} \tag{1.31}$$

(3) 行列 A の固有値と固有ベクトルを求め，A を対角化せよ．

(4) 行列 A の $n-1$ 乗を計算することにより，a_n を求めよ．

1.11 行列

$$A = \begin{pmatrix} 4 & -5 \\ 2 & -3 \end{pmatrix}$$

について次の各問に答えよ．

(1) A の固有値 λ_1, λ_2 を求めよ．

(2) $A = \lambda_1 P_1 + \lambda_2 P_2$，$E = P_1 + P_2$ をみたす行列 P_1, P_2 を求めよ．

(3) $P_1 P_2 = P_2 P_1 = O$，${P_1}^2 = P_1$，${P_2}^2 = P_2$ が成り立つことを示せ．

(4) 行列 A の n 乗 A^n を求めよ．

コラム 線形代数は微積分と並んで，経済学，工学，自然科学など様々な分野で広く利用されている．微積分がニュートンとライプニッツによって創始され，その後多くの人々の努力によって発展していったことは，比較的よく知られているように思われる．ここでは，線形代数の理論の発展に大きく貢献したけれども，意外に知られていない人を紹介しておこう．

ドイツのステッテインの高校教師であったグラスマン（1809–1877）は，1844年に「線形多様体論」を出版し，ベクトル，ベクトル空間，外積代数の基本的な概念を導入した．しかし，不運なことに，その当時にはグラスマンの研究は認められなかった．彼は数学をやめてサンスクリット語を勉強し，ヒンズー教の聖典「リグ・ベーダ」をドイツ語に翻訳しこの方面で有名になった．グラスマンの数学研究が世に認められたのは，彼の死後1890年代になってからであった．

イギリスのケーリー（1821–1895）とシルベスター（1814–1897）は，グラスマンと同時代の人である．彼らはケンブリッジ大学を卒業後，当時のイギリスの人気職業であった弁護士になる．2人はロンドンの同じ法律事務所に勤めながら数学を研究し，行列やベクトルの概念をつくっていった．特に，行列の固有値問題に世界で初めて取り組んだのはシルベスターであるとされている．その後，ケーリーは42歳でケンブリッジ大学の教授となる．シルベスターは，陸軍士官学校の教官，著作「詩の法則」を出版し大ベストセラー，アメリカに渡り大学教授という波乱に富んだ人生を歩みながら，69歳でオックスフォード大学の教授となった．

第2章

空間図形

この章では，空間上の基本的な図形を式で表現することを考えよう．まず最初に，平面の場合と同様に，空間ベクトルの内積が定義され，空間ベクトルの大きさや角度を測ることができることを示す．次に，ベクトルの外積という新しい概念を導入する．これらを用いることにより，空間上の基本的な図形を式で表現したり，その性質を調べることができるようになる．空間図形に対する直観を養うことは，第5章で扱う一般的な n 次元のベクトル空間を理解することにつながる．

2.1 空間ベクトルの内積と外積

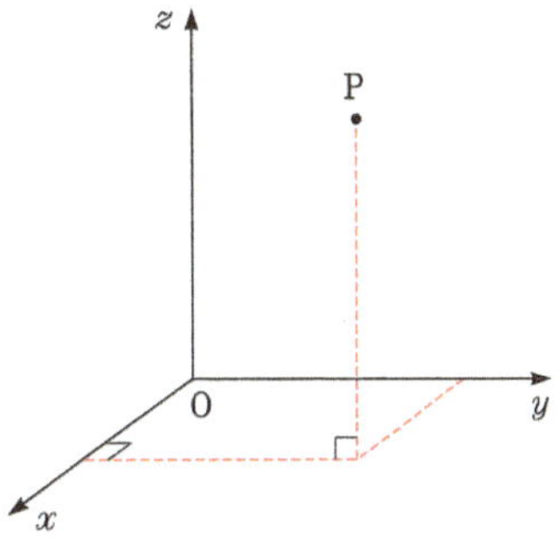

平面の場合と同様に，空間上の点の位置は，座標を用いて表すことができる．平面上の点を示すには，「縦」と「横」を表す2つの座標を利用すればよかったが，空間上の点を示すためには，それらに加えて「高さ」を表す座標が必要になる．直観的には，平面が2次元の世界であるのに対し，空間は3次元の世界であると思えばよいだろう．例えば，上の図における点Pの

位置は

$$\mathrm{P}(x,\, y,\, z) = (1,\, 2,\, 2)$$

のように表される．あるいは，位置ベクトルとして

$$\overrightarrow{\mathrm{OP}} = (1,\, 2,\, 2)$$

のように表してもよい．平面の場合と同様に，座標やベクトルの成分は横書きと縦書きのどちらを利用してもよいのだが，具体的な計算を行うときは縦書きとする．また，空間上のベクトル $\overrightarrow{a},\, \overrightarrow{b},\, \ldots$ を太文字の $\boldsymbol{a},\, \boldsymbol{b},\, \ldots$ で表し，

$$\boldsymbol{a} = \begin{pmatrix} 1 \\ -1 \\ 0 \end{pmatrix}, \quad \boldsymbol{b} = \begin{pmatrix} 2 \\ 3 \\ 1 \end{pmatrix}, \quad \ldots$$

のように書くことも平面の場合と同様である．

平面の場合と同様に（➡ p. 8），空間ベクトルに対しても**内積**が定義される．

定義 2.1

2つの空間ベクトル $\boldsymbol{a} = (a_1,\, a_2,\, a_3)$ と $\boldsymbol{b} = (b_1,\, b_2,\, b_3)$ に対し $\boldsymbol{a}$ と $\boldsymbol{b}$ の内積を $\langle \boldsymbol{a},\, \boldsymbol{b} \rangle$ と表し，

$$\langle \boldsymbol{a},\, \boldsymbol{b} \rangle = a_1 b_1 + a_2 b_2 + a_3 b_3$$

と定義する．

内積を用いると，ベクトルの大きさや角度を測ることができる．すなわち，ベクトル $\boldsymbol{a} = (a_1,\, a_2,\, a_3)$ の大きさ $|\boldsymbol{a}|$ は，

$$|\boldsymbol{a}| = \sqrt{\langle \boldsymbol{a},\, \boldsymbol{a} \rangle} = \sqrt{{a_1}^2 + {a_2}^2 + {a_3}^2}$$

で与えられる．また，2つのベクトル $\boldsymbol{a}$ と $\boldsymbol{b}$ のなす角 θ $(0^\circ \leqq \theta \leqq 180^\circ)$ は

$$\cos\theta = \frac{\langle \boldsymbol{a},\, \boldsymbol{b} \rangle}{|\boldsymbol{a}|\,|\boldsymbol{b}|}$$

によって求めることができる．とくに，$\boldsymbol{a}$ と $\boldsymbol{b}$ が直交するための条件は，

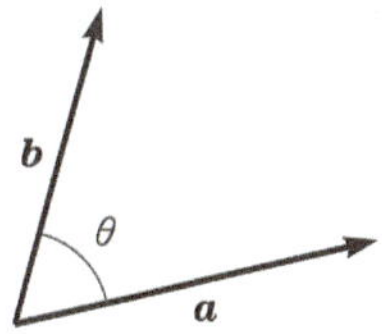

$$\langle \boldsymbol{a},\ \boldsymbol{b}\rangle = a_1b_1 + a_2b_2 + a_3b_3 = 0$$

である．また，平面の場合と同様に，次の計算規則が成り立つ：

$$\langle \boldsymbol{a},\ \boldsymbol{b}\rangle = \langle \boldsymbol{b},\ \boldsymbol{a}\rangle,$$

$$\langle \boldsymbol{a},\ \boldsymbol{b}+\boldsymbol{c}\rangle = \langle \boldsymbol{a},\ \boldsymbol{b}\rangle + \langle \boldsymbol{a},\ \boldsymbol{c}\rangle, \quad \langle \boldsymbol{a}+\boldsymbol{b},\ \boldsymbol{c}\rangle = \langle \boldsymbol{a},\ \boldsymbol{c}\rangle + \langle \boldsymbol{b},\ \boldsymbol{c}\rangle,$$

$$\langle k\boldsymbol{a},\ \boldsymbol{b}\rangle = \langle \boldsymbol{a},\ k\boldsymbol{b}\rangle = k\langle \boldsymbol{a},\ \boldsymbol{b}\rangle \quad (k\ \text{は実数}).$$

◆**問 2.1** 2 つのベクトル $\boldsymbol{a} = (2,\ 1,\ 3)$ と $\boldsymbol{b} = (3,\ -2,\ 1)$ のなす角を求めよ．

◆**問 2.2** 四面体 OABC において，OA ⊥ BC，OB ⊥ CA ならば OC ⊥ AB であることを次の手順に従って証明せよ．

（1） $\boldsymbol{a} = \overrightarrow{\mathrm{OA}}$，$\boldsymbol{b} = \overrightarrow{\mathrm{OB}}$，$\boldsymbol{c} = \overrightarrow{\mathrm{OC}}$ とおくとき，$\overrightarrow{\mathrm{BC}}$, $\overrightarrow{\mathrm{CA}}$ を $\boldsymbol{a}$, $\boldsymbol{b}$, $\boldsymbol{c}$ を用いて表せ．

（2） $\langle \overrightarrow{\mathrm{OC}},\ \overrightarrow{\mathrm{AB}}\rangle = 0$ が成り立つことを示し，OC ⊥ AB を証明せよ．

例題 2.1

2 つのベクトル $\boldsymbol{a} = (a_1,\ a_2,\ a_3)$ と $\boldsymbol{b} = (b_1,\ b_2,\ b_3)$ でつくられる平行四辺形の面積 S が，

$$\begin{aligned} S &= \sqrt{|\boldsymbol{a}|^2\,|\boldsymbol{b}|^2 - \langle \boldsymbol{a},\ \boldsymbol{b}\rangle^2} \\ &= \sqrt{(a_2b_3 - a_3b_2)^2 + (a_3b_1 - a_1b_3)^2 + (a_1b_2 - a_2b_1)^2} \end{aligned}$$

で与えられることを示せ．

【解】 2 つのベクトル $\boldsymbol{a} = (a_1,\ a_2,\ a_3)$ と $\boldsymbol{b} = (b_1,\ b_2,\ b_3)$ のなす角を θ とするとき，求める面積 S は

$$S = |\boldsymbol{a}|\,|\boldsymbol{b}|\sin\theta$$

で与えられる．$\sin\theta \geqq 0$ であるから，
$\cos^2\theta + \sin^2\theta = 1$ を用いると，

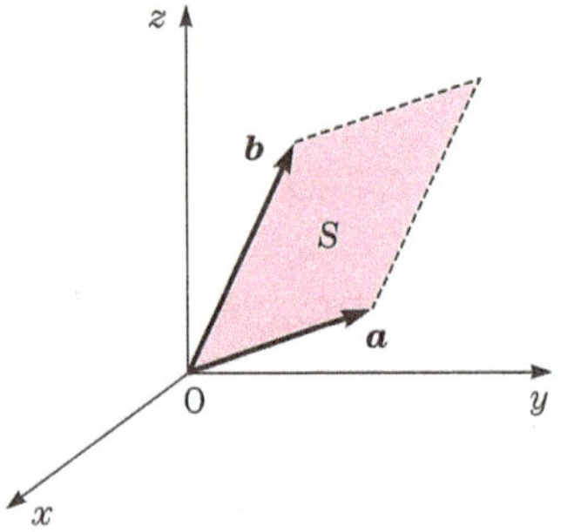

$$
\begin{aligned}
S &= |\boldsymbol{a}|\,|\boldsymbol{b}|\sqrt{1-\cos^2\theta} \\
&= |\boldsymbol{a}|\,|\boldsymbol{b}|\sqrt{1-\frac{\langle \boldsymbol{a},\,\boldsymbol{b}\rangle^2}{|\boldsymbol{a}|^2\,|\boldsymbol{b}|^2}} \\
&= \sqrt{|\boldsymbol{a}|^2\,|\boldsymbol{b}|^2-\langle \boldsymbol{a},\,\boldsymbol{b}\rangle^2}
\end{aligned}
$$

となる．また，やや長い計算を実際に行うと

$$
\begin{aligned}
&|\boldsymbol{a}|^2\,|\boldsymbol{b}|^2-\langle \boldsymbol{a},\,\boldsymbol{b}\rangle^2 \\
&\quad = ({a_1}^2+{a_2}^2+{a_3}^2)({b_1}^2+{b_2}^2+{b_3}^2)-(a_1b_1+a_2b_2+a_3b_3)^2 \\
&\quad = (a_2b_3-a_3b_2)^2+(a_3b_1-a_1b_3)^2+(a_1b_2-a_2b_1)^2
\end{aligned}
$$

が成り立つことも確かめられる（各自確かめてみよ）．■

次に，空間ベクトルの外積を定義しよう．

定義 2.2

2つの空間ベクトル $\boldsymbol{a} = (a_1,\,a_2,\,a_3)$ と $\boldsymbol{b} = (b_1,\,b_2,\,b_3)$ に対し，$\boldsymbol{a}$ と $\boldsymbol{b}$ の**外積**を $\boldsymbol{a}\times\boldsymbol{b}$ と表し，

$$
\begin{aligned}
\boldsymbol{a}\times\boldsymbol{b} &= (a_2b_3-a_3b_2,\ a_3b_1-a_1b_3,\ a_1b_2-a_2b_1) \\
&= \left(\begin{vmatrix} a_2 & a_3 \\ b_2 & b_3 \end{vmatrix},\ \begin{vmatrix} a_3 & a_1 \\ b_3 & b_1 \end{vmatrix},\ \begin{vmatrix} a_1 & a_2 \\ b_1 & b_2 \end{vmatrix}\right)
\end{aligned}
$$

と定義する．

内積を計算した結果が「数」であるのに対し，外積を計算した結果はベクトルになることに注意しよう．$\boldsymbol{a}\times\boldsymbol{b}$ は次のような覚え方をしておくとよい．

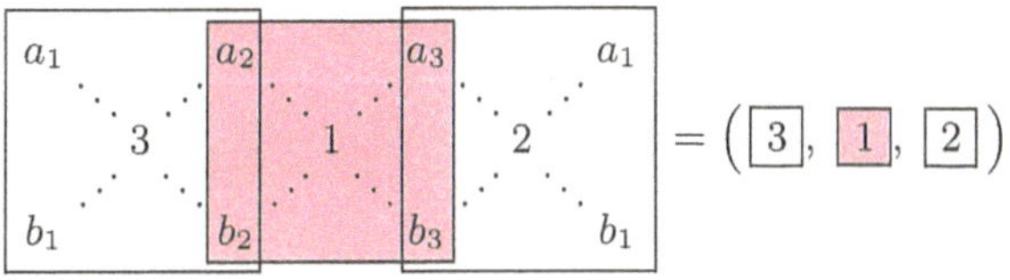

a_1 a_2 a_3 a_1
3 1 2
b_1 b_2 b_3 b_1
= (3, 1, 2)

ベクトルの外積 $\boldsymbol{a} \times \boldsymbol{b}$ は次の性質をもっている.

> **外積の性質**
>
> (i) $\boldsymbol{a} \times \boldsymbol{b}$ は $\boldsymbol{a}$ と $\boldsymbol{b}$ の両方に垂直なベクトルである（より正確には，$\boldsymbol{a} \times \boldsymbol{b}$ の向きが $\boldsymbol{a}, \boldsymbol{b}$ と右手系（下の左図）をなすように与えられる．数学的には，第 4 章で学ぶ 3 次の行列式を用いて，$\det(\boldsymbol{a}, \boldsymbol{b}, \boldsymbol{a} \times \boldsymbol{b}) > 0$ で定義される）.
>
> (ii) $\boldsymbol{a} \times \boldsymbol{b}$ の大きさは $\boldsymbol{a}$ と $\boldsymbol{b}$ のつくる平行四辺形の面積に等しい.

$\boldsymbol{a} \times \boldsymbol{b}$
$\boldsymbol{a}$
$\boldsymbol{b}$
右 手
$\boldsymbol{a} \times \boldsymbol{b}$
$|\boldsymbol{a} \times \boldsymbol{b}|$
$\boldsymbol{a}$
$|\boldsymbol{a} \times \boldsymbol{b}|$
$\boldsymbol{b}$

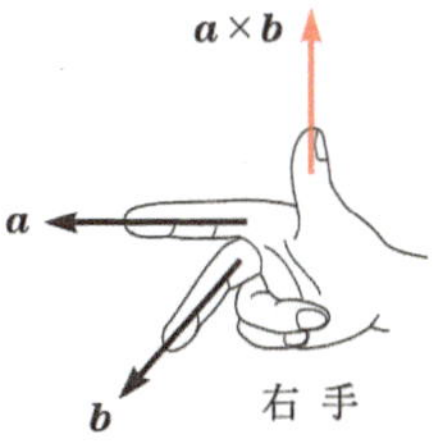

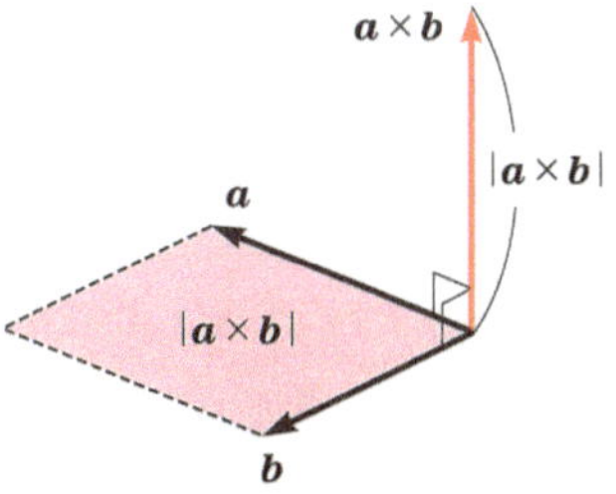

◆**問 2.3** (1) 次の式を示し，上の性質 (i) が成り立つことを確かめよ.

$$\langle \boldsymbol{a} \times \boldsymbol{b}, \boldsymbol{a} \rangle = \langle \boldsymbol{a} \times \boldsymbol{b}, \boldsymbol{b} \rangle = 0.$$

(2) 例題 2.1 の結果を用いて，上の性質 (ii) が成り立つことを確かめよ.

例題 2.2

空間内に 4 点 A, B, C, D がある．この 4 点でつくられる四面体 ABCD の体積 V が

$$V = \frac{1}{6} |\langle \overrightarrow{\mathrm{AB}} \times \overrightarrow{\mathrm{AC}}, \overrightarrow{\mathrm{AD}} \rangle|$$

で与えられることを示せ.

【解】 外積の性質 (ii) より，3 点 A, B, C がつくる三角形 ABC の面積 S は，

$$S = \frac{1}{2}|\overrightarrow{\mathrm{AB}} \times \overrightarrow{\mathrm{AC}}|$$

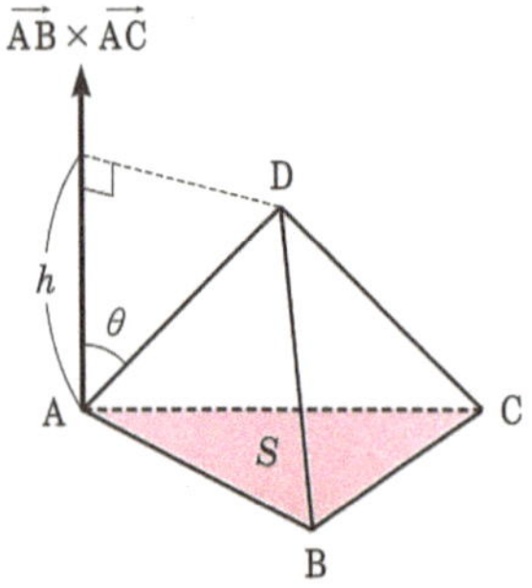

で与えられる．また，外積の性質 (i) より，$\overrightarrow{\mathrm{AB}} \times \overrightarrow{\mathrm{AC}}$ は 3 点 A, B, C のつくる平面に対して垂直である．よって，点 D から 3 点 A, B, C のつくる平面におろした垂線の長さ h は，$\overrightarrow{\mathrm{AD}}$ と $\overrightarrow{\mathrm{AB}} \times \overrightarrow{\mathrm{AC}}$ のなす角を θ とするとき，

$$h = |\overrightarrow{\mathrm{AD}}|\,|\cos\theta| = |\overrightarrow{\mathrm{AD}}|\frac{|\langle \overrightarrow{\mathrm{AB}} \times \overrightarrow{\mathrm{AC}}, \overrightarrow{\mathrm{AD}}\rangle|}{|\overrightarrow{\mathrm{AB}} \times \overrightarrow{\mathrm{AC}}||\overrightarrow{\mathrm{AD}}|} = \frac{|\langle \overrightarrow{\mathrm{AB}} \times \overrightarrow{\mathrm{AC}}, \overrightarrow{\mathrm{AD}}\rangle|}{|\overrightarrow{\mathrm{AB}} \times \overrightarrow{\mathrm{AC}}|}$$

となる．よって，求める体積 V は，三角錐の体積を与える公式から

$$V = \frac{1}{3}Sh = \frac{1}{6}|\langle \overrightarrow{\mathrm{AB}} \times \overrightarrow{\mathrm{AC}}, \overrightarrow{\mathrm{AD}}\rangle|$$

で与えられる． ■

◆**問 2.4** 空間内の 4 点 A(1, 0, 1), B(−1, 1, 2), C(0, 1, 3), D(1, 2, 0) のつくる四面体 ABCD の体積を求めよ．

2.2 空間内の直線と平面

まず，空間内の直線から話を始めよう．1.2 節 (➡ p. 9) で述べたように，「出発点」と「方向」を決めておけば，平面上に直線を描くことができた．空間内に直線を描く場合であっても事情は同じである．つまり，平面上であろうと空間内であろうと「出発点」と「方向」さえ決まっていれば，直線を

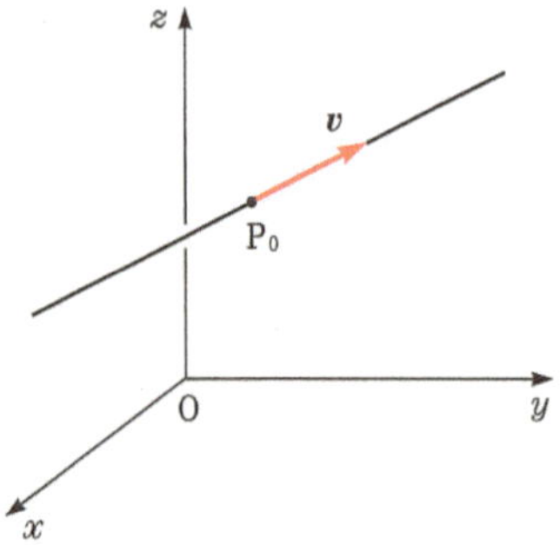

描くことができる．したがって，空間内の点 $\mathrm{P}_0(x_0,\, y_0,\, z_0)$ を出発点とし，方向が $\boldsymbol{v} = (a,\, b,\, c)$ によって定められる xyz 空間内の**直線のベクトル方程式**は，

$$\begin{pmatrix} x \\ y \\ z \end{pmatrix} = \begin{pmatrix} x_0 \\ y_0 \\ z_0 \end{pmatrix} + t\begin{pmatrix} a \\ b \\ c \end{pmatrix} \quad (t \text{ は実数})$$

で与えられる．これは，単に

$$\overrightarrow{\mathrm{OP}} = \overrightarrow{\mathrm{OP}_0} + t\boldsymbol{v} \quad (t \text{ は実数})$$

のように表されることも多い．ここで，P は直線上の点である．

例題 2.3

xyz 空間において，2 点 (3, 5, 1) と (2, 3, 5) を通る直線のベクトル方程式を求めよ．

【解】　直線の方向を定めるベクトル（の 1 つ）は

$$\boldsymbol{v} = \begin{pmatrix} 2 \\ 3 \\ 5 \end{pmatrix} - \begin{pmatrix} 3 \\ 5 \\ 1 \end{pmatrix} = \begin{pmatrix} -1 \\ -2 \\ 4 \end{pmatrix}$$

であるから，求める直線のベクトル方程式は次のように与えられる．

$$\begin{pmatrix} x \\ y \\ z \end{pmatrix} = \begin{pmatrix} 3 \\ 5 \\ 1 \end{pmatrix} + t\begin{pmatrix} -1 \\ -2 \\ 4 \end{pmatrix} \quad (t \text{ は実数}).$$

■

◆ **問 2.5**　次の 2 直線は交わるか．交わっていればその交点を求めよ．

$$\ell_1 : \begin{pmatrix} x \\ y \\ z \end{pmatrix} = \begin{pmatrix} 1 \\ 0 \\ 2 \end{pmatrix} + t\begin{pmatrix} -1 \\ 2 \\ 0 \end{pmatrix}, \quad \ell_2 : \begin{pmatrix} x \\ y \\ z \end{pmatrix} = \begin{pmatrix} 3 \\ 4 \\ -1 \end{pmatrix} + s\begin{pmatrix} 1 \\ 1 \\ 1 \end{pmatrix}.$$

次に，空間内の平面について考えよう．下の左図を見ればわかるように，平面は直線と違って2次元的な広がりをもつ図形である．それゆえ，平面を表すには，たった1つの方向だけを指定すればよいのではなく，2つの方向を決めなければならない．すなわち，点 $P_0(x_0, y_0, z_0)$ を通り，方向を定めるベクトルが $\boldsymbol{u}_1 = (u_{11}, u_{21}, u_{31})$ と $\boldsymbol{u}_2 = (u_{12}, u_{22}, u_{32})$ であるとき，xyz 空間内の**平面のベクトル方程式**は，

$$\begin{pmatrix} x \\ y \\ z \end{pmatrix} = \begin{pmatrix} x_0 \\ y_0 \\ z_0 \end{pmatrix} + s\begin{pmatrix} u_{11} \\ u_{21} \\ u_{31} \end{pmatrix} + t\begin{pmatrix} u_{12} \\ u_{22} \\ u_{32} \end{pmatrix} \quad (s,\ t \text{ は実数})$$

で与えられる．ただし，$\boldsymbol{u}_1$ と $\boldsymbol{u}_2$ の方向は異なるものとする．これは，単に

$$\overrightarrow{\mathrm{OP}} = \overrightarrow{\mathrm{OP_0}} + s\boldsymbol{u}_1 + t\boldsymbol{u}_2 \quad (s,\ t \text{ は実数})$$

のように表されることも多い．ここで，P は平面上の点である．

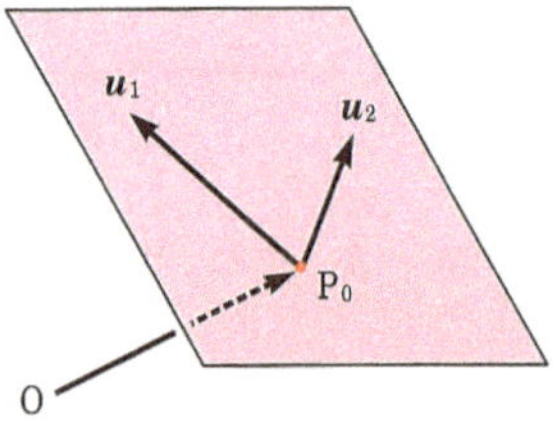

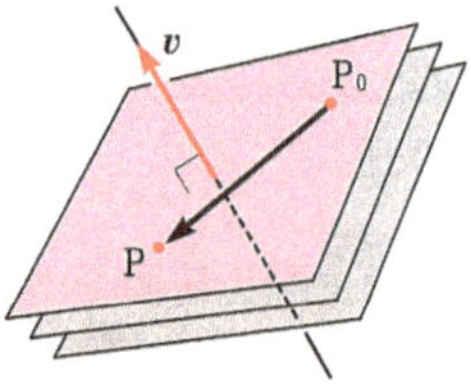

ところで，空間内の平面を表すのには，もう1つの方法がある．空間内の平面に対して，これを垂直に「串刺し」にするベクトル $\boldsymbol{v} = (a, b, c)$ を1つ選ぶ．$\boldsymbol{v}$ は平面の**法線ベクトル**とよばれている．この $\boldsymbol{v}$ によって串刺しにされる平面は，上の右図のように無数にある．このうち，点 $P_0(x_0, y_0, z_0)$ を通るものはただ1つに決まるはずである．今，この平面上の点を $P(x, y, z)$ としよう．上の右図からわかるように，$\boldsymbol{v}$ と $\overrightarrow{\mathrm{P_0P}}$ は直交している．よって，

$$\langle \boldsymbol{v}, \overrightarrow{\mathrm{P_0P}} \rangle = 0.$$

すなわち，

$$a(x - x_0) + b(y - y_0) + c(z - z_0) = 0$$

を得る．この式は，

$$ax + by + cz = d \quad (d \text{ はある定数})$$

の形をしているので，次のことがわかる．

定理 2.1

$\boldsymbol{v} = (a,\ b,\ c)$ を法線ベクトルにもつ xyz 空間内の平面は

$$ax + by + cz = d$$

で与えられる．ただし，d は他の何らかの情報によって決定される定数である．これを**平面の 1 次方程式**という．

以下では，平面と直線に関するいくつかの典型的な例題を考える．これらを通して空間図形に対する直観を養うことは，第 5 章で扱う n 次元のベクトル空間を理解することにつながる．

例題 2.4

xyz 空間内において，3 点 A(0, 1, 0), B(0, 0, 1), C(1, −1, 0) を通る平面のベクトル方程式を求めよ．また，その 1 次方程式も求めよ．

【解】　この平面の 2 つの方向を定めるベクトルは

$$\overrightarrow{\mathrm{AB}} = \begin{pmatrix} 0 \\ 0 \\ 1 \end{pmatrix} - \begin{pmatrix} 0 \\ 1 \\ 0 \end{pmatrix} = \begin{pmatrix} 0 \\ -1 \\ 1 \end{pmatrix},$$

$$\overrightarrow{\mathrm{AC}} = \begin{pmatrix} 1 \\ -1 \\ 0 \end{pmatrix} - \begin{pmatrix} 0 \\ 1 \\ 0 \end{pmatrix} = \begin{pmatrix} 1 \\ -2 \\ 0 \end{pmatrix}$$

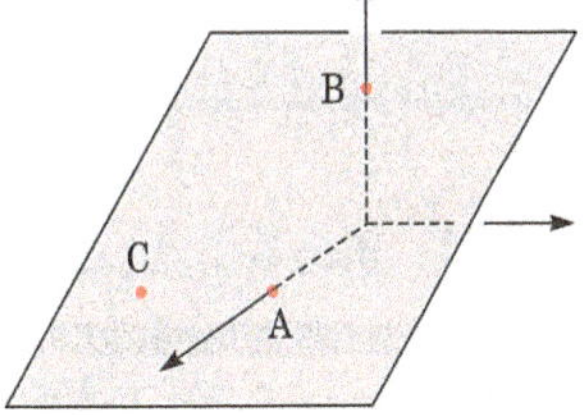

である．よって，求める平面のベクトル方程式は次のように与えられる：

$$\begin{pmatrix} x \\ y \\ z \end{pmatrix} = \begin{pmatrix} 0 \\ 1 \\ 0 \end{pmatrix} + s\begin{pmatrix} 0 \\ -1 \\ 1 \end{pmatrix} + t\begin{pmatrix} 1 \\ -2 \\ 0 \end{pmatrix} \quad (s,\ t \text{ は実数})$$

一方，この平面の法線ベクトル $\boldsymbol{v}$ は $\overrightarrow{\mathrm{AB}}$ と $\overrightarrow{\mathrm{AC}}$ の両方に直交しているので，$\boldsymbol{v} = \overrightarrow{\mathrm{AB}} \times \overrightarrow{\mathrm{AC}}$ と考えることができる．すなわち，

$$\boldsymbol{v} = \overrightarrow{\mathrm{AB}} \times \overrightarrow{\mathrm{AC}} = \begin{pmatrix} -1\cdot 0 - 1\cdot(-2) \\ 1\cdot 1 - 0\cdot 0 \\ 0\cdot(-2) - (-1)\cdot 1 \end{pmatrix} = \begin{pmatrix} 2 \\ 1 \\ 1 \end{pmatrix}.$$

よって，求める平面の 1 次方程式は

$$2x + y + z = d \quad (d \text{ は定数})$$

と表せる．これが，点 A(0, 1, 0) を通るので，

$$2\cdot 0 + 1 + 0 = d$$

が成り立つはずである．これより，$d = 1$ を得る．よって，求める平面の 1 次方程式は $2x + y + z = 1$ である． ■

◆**問 2.6** xyz 空間内において，3 点 A(1, −1, 0), B(3, −2, −1), C(0, 4, 2) を通る平面のベクトル方程式を求めよ．また，1 次方程式も求めよ．

例題 2.5

次の平面 α と直線 ℓ の交点を求めよ．

$$\alpha : 3x - 2y + z - 5 = 0,$$

$$\ell : (x,\ y,\ z) = (1,\ -2,\ -1) + t(2,\ 3,\ -1)$$

【解】 求める交点 $(x_0,\ y_0,\ z_0)$ は直線 ℓ 上にあるから，

(2.1) $$x_0 = 1 + 2t, \quad y_0 = -2 + 3t, \quad z_0 = -1 - t$$

の形で与えられる．一方，交点は平面 α 上の点でもあるので，(x_0, y_0, z_0) は

$$3x_0 - 2y_0 + z_0 - 5 = 0$$

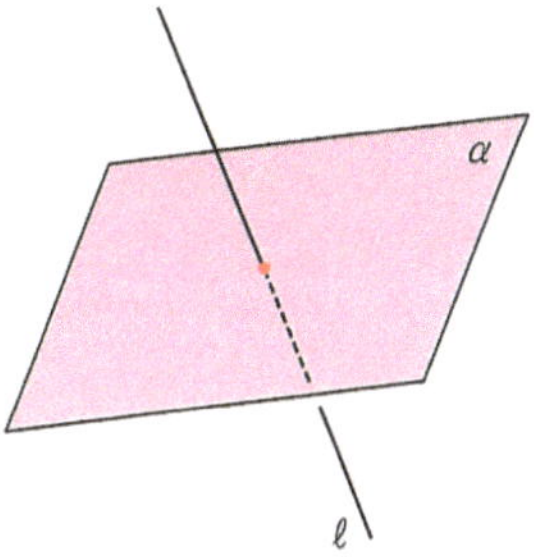

をみたす．よって，(2.1) を上の式に代入すると

$$3(1+2t) - 2(-2+3t) + (-1-t) - 5 = 0.$$

したがって，$t = 1$ を得る．よって，求める交点は，$(3, 1, -2)$ である． ■

◆**問 2.7** xyz 空間内において，点 $(2, 0, 1)$ を通り $\boldsymbol{u} = (1, -3, 2)$ を法線ベクトルにもつ平面 α がある．

(1) 点 $(3, 7, -3)$ を通り $\boldsymbol{v} = (1, 5, -7)$ を方向ベクトルとする直線と平面 α の交点の座標を求めよ．

(2) 点 $(3, 7, -3)$ から平面 α に下ろした垂線の足の座標を求めよ．

例題 2.6

次の直線 ℓ を含み，点 $\mathrm{P}(1, -1, -1)$ を通る平面の 1 次方程式を求めよ．

$$\ell : (x, y, z) = (0, 1, 1) + t(1, -3, -2).$$

【解説】 この問題に対しては，いろいろな考え方がある．例えば，直線 ℓ 上の 2 点 $\mathrm{Q}(0, 1, 1)$ と $\mathrm{R}(1, -2, -1)$（$t = 0, 1$ のときの点）を取り，3 点 P, Q, R を通る平面を例題 2.4 の方法で求めてもよい．ここでは，一般に，2 つの平面の交わりが直線になるという事実に注目して，次のように考える．

直線 ℓ のベクトル方程式を，各成分ごとに t について解くと，

$$\frac{x}{1} = \frac{y-1}{-3} = \frac{z-1}{-2} = t$$

を得る．これは，次の 2 つの平面 α_1, α_2 の 1 次方程式

$$\alpha_1 : \frac{x}{1} = \frac{y-1}{-3}, \quad \alpha_2 : \frac{y-1}{-3} = \frac{z-1}{-2}$$

すなわち，

$$\alpha_1 : 3x + y - 1 = 0,$$

$$\alpha_2 : 2y - 3z + 1 = 0$$

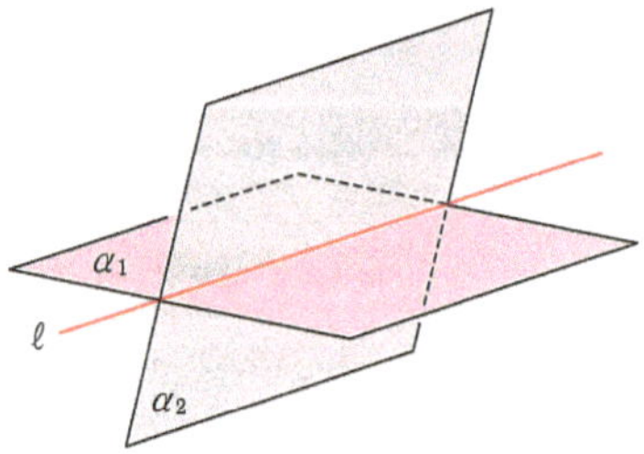

の交わりであると考えられる．そこで，求める平面の方程式を

$$h(3x + y - 1) + (2y - 3z + 1) = 0 \tag{2.2}$$

とおいてみよう（下の「注意」を参照）．ここで，h は（未知）定数である．(2.2) は点 P を通るので，

$$h\{3 \cdot 1 + (-1) - 1\} + \{2(-1) - 3(-1) + 1\} = 0$$

が成り立つはずである．これを解くと，$h = -2$ を得る．よって，求める平面の 1 次方程式は，$2x + z - 1 = 0$ である．■

▶ **注意** (2.2) のようにおいて計算を行って，h がうまく求められない場合は，

$$(3x + y - 1) + k(2y - 3z + 1) = 0$$

とおいてやるとよい．一般に，2 つの平面

$$a_1x + b_1y + c_1z + d_1 = 0 \quad と \quad a_2x + b_2y + c_2z + d_2 = 0$$

の交線を含む平面は，次の式で与えられることが知られている：

$$h(a_1x + b_1y + c_1z + d_1) + k(a_2x + b_2y + c_2z + d_2) = 0 \quad (h,\ k \text{ は定数})$$

◆**問 2.8** 2 つの平面

$$x - y + 2z = 1 \quad と \quad 2x + y - z = 2$$

の交線のベクトル方程式を求めよ．

2.3　球面の方程式

下の図を見ればわかるように，空間内において，ある点からの距離が一定となる点の全体は球面になることは容易にわかるだろう．

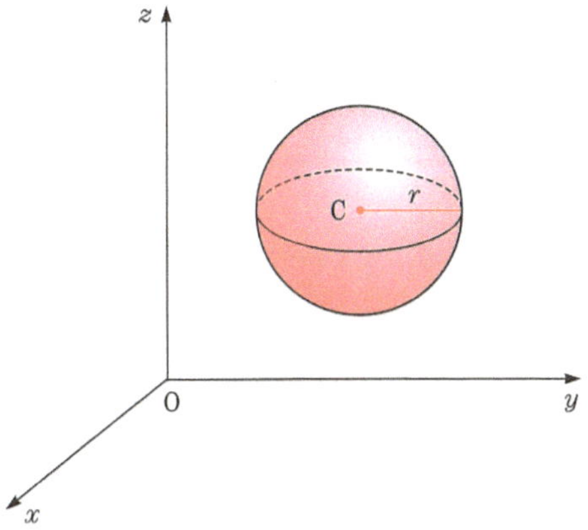

一般に，中心 $C(x_0, y_0, z_0)$，半径 r の**球面の方程式**は

$$(x-x_0)^2+(y-y_0)^2+(z-z_0)^2=r^2$$

で与えられる．これは，中心からの距離が r であることを式で表現している．この式を展開すると，

$$x^2+y^2+z^2-2x_0x-2y_0y-2z_0z+{x_0}^2+{y_0}^2+{z_0}^2-r^2=0$$

となる．したがって，球面の方程式は

$$x^2+y^2+z^2+ax+by+cz+d=0$$

の形に書くこともできる．ここで，a, b, c, d は適当な定数である．

例題 2.7

次の球面 S について下の各問に答えよ.

$$S : x^2 + y^2 + z^2 - 6x + 8y - 4z - 20 = 0$$

（1） 球面 S の中心の座標と半径を求めよ.

（2） 球面 S が xy 平面と交わってできる円の中心の座標と半径を求めよ.

【解】 （1） $x^2 + y^2 + z^2 - 6x + 8y - 4z - 20 = 0$ は,

$$(x-3)^2 + (y+4)^2 + (z-2)^2 = 3^2 + 4^2 + 2^2 + 20,$$

$$\therefore \quad (x-3)^2 + (y+4)^2 + (z-2)^2 = 7^2$$

の形に表される. よって, 球面 S の中心は $(3, -4, 2)$, 半径は 7 である.

（2） 球面 S と xy 平面 $z = 0$ の交わりは,

$$(x-3)^2 + (y+4)^2 + (z-2)^2 = 7^2$$

において $z = 0$ とした

$$(x-3)^2 + (y+4)^2 = 45 = (3\sqrt{5}\,)^2$$

で与えられる. これは, xy 平面上における円を表す. よって, 求める円の中心の座標は $(3, -4, 0)$, 半径は $3\sqrt{5}$ である. ■

▶ **参考** 右の図からわかるように, 球面 S の中心から xy 平面に下ろした垂線の足が求める円の中心である. その座標は $(3, -4, 0)$ である. また, 求める円の半径を r として, 図中の直角三角形に三平方の定理を適用すると $7^2 = 2^2 + r^2$ が成り立つ. これより, $r = 3\sqrt{5}$ を得る.

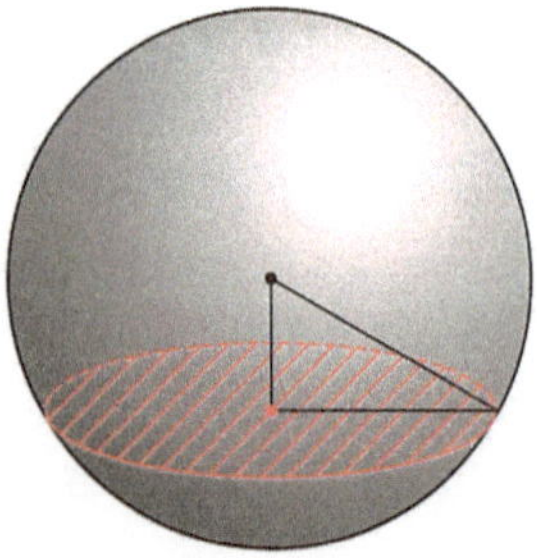

◆**問 2.9**　2 点 (3, 5, 1), (−1, 3, −3) を直径の両端とする球面の方程式を求めよ．また，この球面が y 軸から切り取る線分の長さを求めよ．

例題 2.8

次の球面

$$(x-1)^2 + y^2 + (z+1)^2 = 3$$

上の点 P(2, −1, 0) における接平面[1]の 1 次方程式を求めよ．

【解】　球面の方程式から，この球面の中心は C(1, 0, −1) である．点 P を通り，法線ベクトルが

$$\overrightarrow{\mathrm{PC}} = \begin{pmatrix} 1 \\ 0 \\ -1 \end{pmatrix} - \begin{pmatrix} 2 \\ -1 \\ 0 \end{pmatrix} = \begin{pmatrix} -1 \\ 1 \\ -1 \end{pmatrix}$$

で与えられる平面の方程式を求めればよい．定理 2.1 から，求める平面の方程式は，d を（未知）定数として

$$-x + y - z = d$$

とおける．これが，点 P(2, −1, 0) を通るから

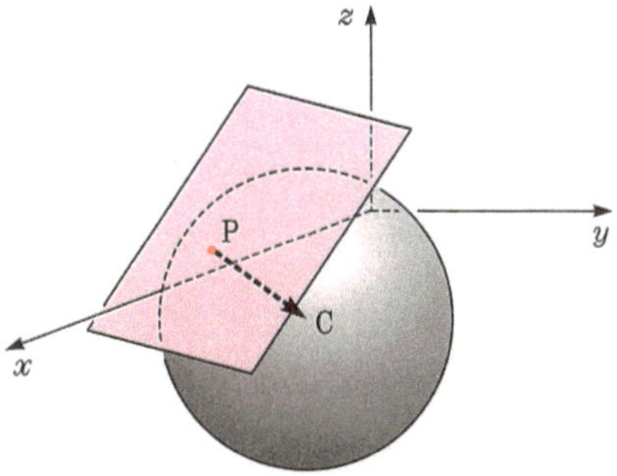

$$-2 + (-1) - 0 = d \qquad \therefore \quad d = -3.$$

よって，求める平面の方程式は

$$-x + y - z = -3 \qquad \therefore \quad x - y + z = 3$$

である．

◆**問 2.10**　点 A(1, 2, 1) を通り，3 つの座標平面，すなわち $x = 0$, $y = 0$, $z = 0$ に接する球面の方程式を求めよ．

---

1) 平面が曲面と交わらずにただ 1 つの共有点をもつとき，この平面を曲面の**接平面**という．

2.4 空間上の 1 次変換

平面上の 1 次変換と同じように (➡ p. 14)，空間上の **1 次変換**は，空間上の点 (x_1, x_2, x_3) を点 (x_1', x_2', x_3') に移す変換で，

$$(2.3) \qquad \begin{pmatrix} x_1' \\ x_2' \\ x_3' \end{pmatrix} = \begin{pmatrix} a_{11} & a_{12} & a_{13} \\ a_{21} & a_{22} & a_{23} \\ a_{31} & a_{32} & a_{33} \end{pmatrix} \begin{pmatrix} x_1 \\ x_2 \\ x_3 \end{pmatrix}$$

によって与えられる．これは，ベクトルと行列の記号を用いて

$$(2.4) \qquad \boldsymbol{p}' = A\boldsymbol{p}$$

と表されることも多い．ここで，

$$\boldsymbol{p}' = \begin{pmatrix} x_1' \\ x_2' \\ x_3' \end{pmatrix}, \quad \boldsymbol{p} = \begin{pmatrix} x_1 \\ x_2 \\ x_3 \end{pmatrix}, \quad A = \begin{pmatrix} a_{11} & a_{12} & a_{13} \\ a_{21} & a_{22} & a_{23} \\ a_{31} & a_{32} & a_{33} \end{pmatrix}$$

である．(2.3) あるいは (2.4) によって定義される 1 次変換により，空間内の図形を移動させることができる．ここでは，空間内の 1 次変換として代表的ないくつかのものをごく手短に紹介する．それらのもつ性質は，平面上の 1 次変換からの類推で容易にわかるだろう．

2.4.1 平面に関する対称移動　x_1x_2 平面に関する対称移動は，

$$\begin{pmatrix} x_1' \\ x_2' \\ x_3' \end{pmatrix} = \begin{pmatrix} 1 & 0 & 0 \\ 0 & 1 & 0 \\ 0 & 0 & -1 \end{pmatrix} \begin{pmatrix} x_1 \\ x_2 \\ x_3 \end{pmatrix}$$

で与えられる（次ページの左図参照）．また，x_2x_3 平面，x_3x_1 平面に関する対称移動も同様の形をしていることはすぐにわかるだろう．

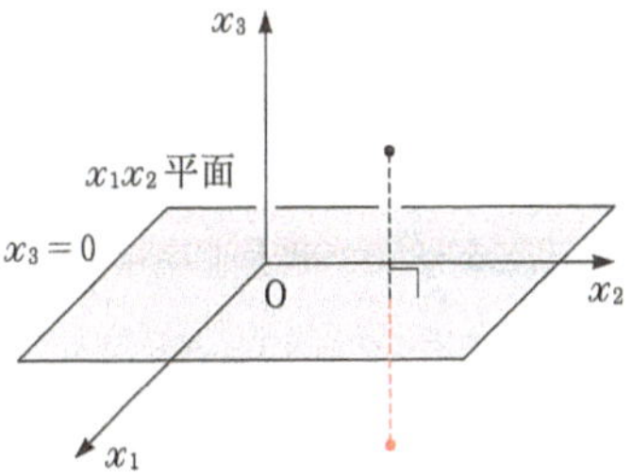

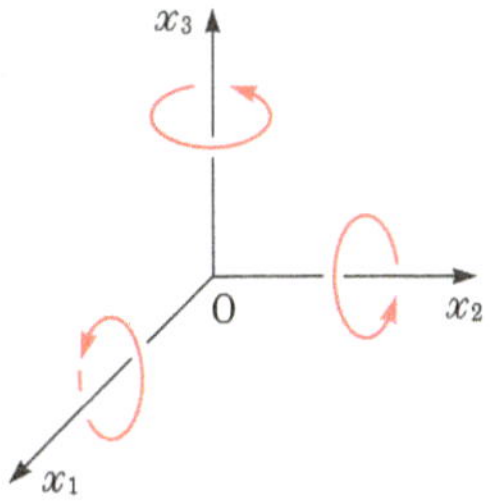

2.4.2　軸のまわりの回転　x_3 軸のまわりの角 θ 回転は,

$$\begin{pmatrix} {x_1}' \\ {x_2}' \\ {x_3}' \end{pmatrix} = \begin{pmatrix} \cos\theta & -\sin\theta & 0 \\ \sin\theta & \cos\theta & 0 \\ 0 & 0 & 1 \end{pmatrix} \begin{pmatrix} x_1 \\ x_2 \\ x_3 \end{pmatrix}$$

で与えられる（上の右図参照）. これは, 次のように考えるとよいだろう.

x_3 軸のまわりの角 θ 回転を表す行列を A とおく. x_3 軸は回転によって動かないので,

$$A\begin{pmatrix} 0 \\ 0 \\ 1 \end{pmatrix} = \begin{pmatrix} 0 \\ 0 \\ 1 \end{pmatrix}$$

を得る. 一方, x_1x_2 平面上では, 角 θ 回転になるので,

$$A\begin{pmatrix} 1 \\ 0 \\ 0 \end{pmatrix} = \begin{pmatrix} \cos\theta \\ \sin\theta \\ 0 \end{pmatrix}, \quad A\begin{pmatrix} 0 \\ 1 \\ 0 \end{pmatrix} = \begin{pmatrix} -\sin\theta \\ \cos\theta \\ 0 \end{pmatrix}$$

となる. よって, 3 つの式をまとめると（➡ p. 17 の発展と同様に考える）,

$$A\begin{pmatrix} 1 & 0 & 0 \\ 0 & 1 & 0 \\ 0 & 0 & 1 \end{pmatrix} = \begin{pmatrix} \cos\theta & -\sin\theta & 0 \\ \sin\theta & \cos\theta & 0 \\ 0 & 0 & 1 \end{pmatrix}$$

となる. $AE = A$（E は単位行列）であるから,

$$A = \begin{pmatrix} \cos\theta & -\sin\theta & 0 \\ \sin\theta & \cos\theta & 0 \\ 0 & 0 & 1 \end{pmatrix}.$$

◆**問 2.11**　x_2 軸のまわりの角 θ 回転を表す行列は

$$A = \begin{pmatrix} \cos\theta & 0 & -\sin\theta \\ 0 & 1 & 0 \\ \sin\theta & 0 & \cos\theta \end{pmatrix}$$

で与えられることを示せ．また，x_1 軸のまわりの角 θ 回転を表す行列を求めよ．

2.4.3　平面上への射影（下の図参照）3 次元空間上の点 (x_1, x_2, x_3) を x_1x_2 平面上の点 $(x_1, x_2, 0)$ へ射影する変換[2)]は

$$\begin{pmatrix} x_1{}' \\ x_2{}' \\ x_3{}' \end{pmatrix} = \begin{pmatrix} 1 & 0 & 0 \\ 0 & 1 & 0 \\ 0 & 0 & 0 \end{pmatrix} \begin{pmatrix} x_1 \\ x_2 \\ x_3 \end{pmatrix}$$

で与えられる．x_2x_3 平面，x_3x_1 平面上への射影も同様の形をしていることはすぐにわかるだろう．

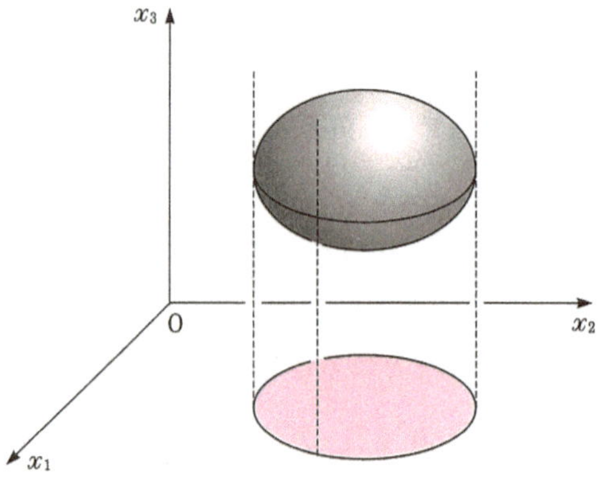

2) 射影を 1 次変換としてとらえる場合，射影方向への拡大率は 0（すなわち，つぶれている）と考えればよい．

練習問題

2.1 次の 2 つの平面のなす角を求めよ.

$$3x - y - 2z + 4 = 0 \quad と \quad x + 2y - 3z = 0$$

2.2 1 辺の長さが ℓ の正四面体 OABC において, OA, BC の中点をそれぞれ M, N とする. このとき, 以下の各問に答えよ.

(1) $\boldsymbol{a} = \overrightarrow{\mathrm{OA}}$, $\boldsymbol{b} = \overrightarrow{\mathrm{OB}}$, $\boldsymbol{c} = \overrightarrow{\mathrm{OC}}$ とおくとき, $\overrightarrow{\mathrm{MN}}$ を $\boldsymbol{a}, \boldsymbol{b}, \boldsymbol{c}$ を用いて表せ.

(2) $\overrightarrow{\mathrm{MN}}$ の大きさを求めよ.

(3) $\overrightarrow{\mathrm{MN}}$ と $\overrightarrow{\mathrm{OB}}$ のなす角を求めよ.

2.3 (1) 平面 α と 3 つの座標平面で囲まれる四面体の体積を求めよ.

$$\alpha : 2x + y - 2z = 2$$

(2) この平面 α と各座標平面との交線のつくる三角形の面積を求めよ.

2.4 (点と平面の距離の公式)

(1) 点 $\mathrm{P}(x_0, y_0, z_0)$ と平面

$$\alpha : ax + by + cz + d = 0 \quad (a, b, c, d \text{ は定数})$$

との距離 h は, 点 P から平面 α に下ろした垂線の足を点 Q とするとき, 線分 PQ の長さによって定義される. h が次の式で与えられることを示せ:

$$h = \frac{|ax_0 + by_0 + cz_0 + d|}{\sqrt{a^2 + b^2 + c^2}}$$

(2) 平面

$$2x + 2y - z = 6$$

と球面

$$(x-a)^2 + (y-a)^2 + (z-a)^2 = 4$$

が接するように a の値を定めよ.

2.5 空間内に 2 直線

$$\ell_1 : (x,\ y,\ z) = s(2,\ -2,\ 3), \quad \ell_2 : (x,\ y,\ z) = (1,\ 0,\ -1) + t(1,\ 2,\ 3)$$

がある．ℓ_1 上の任意の点 P と，ℓ_2 上の任意の点 Q を結ぶ線分 PQ の中点の全体は，どのような図形になるか．その図形の方程式を求めよ．

2.6 直線 ℓ は 2 点 A(1, 1, 0) と B(2, 1, 1) を通り，直線 m は 2 点 C(1, 1, 1) と D(1, 3, 2) を通る．このとき，以下の各問に答えよ．

(1) ℓ を含み m に平行な平面の 1 次方程式を求めよ．

(2) 点 P(2, 0, 1) を通り，ℓ と m の両方に交わる直線を n とする．ℓ と n の交点および m と n の交点を求めよ．

2.7 空間内に 2 点 P(5, 4, 1), Q(1, 8, −3) および，平面

$$\alpha : 2x + y - z = 1$$

がある．このとき，次の各問に答えよ．

(1) 空間を平面 α によって 2 つの部分に分けるとき，2 点 P と Q はともに同じ部分内にあることを確かめよ．

(2) 平面 α 上に点 R を取り，2 つの線分の長さの和 $\overline{\mathrm{PR}} + \overline{\mathrm{RQ}}$ が最小になるようにしたい．点 R の座標を求めよ．

2.8 点 A(0, 1, 3) を通り，球面

$$x^2 + y^2 + (z-1)^2 = 1$$

に接する直線を考える．このとき，直線と球面の接点 P の全体は 1 つの平面上にある．この平面の 1 次方程式を求めよ．

2.9 平面

$$x - y + z = 1$$

を z 軸のまわりに 45° 回転させて得られる平面の 1 次方程式を求めよ．

第 3 章

連立 1 次方程式の解法と線形計算

経済学や工学における様々な問題は，最終的には連立 1 次方程式の問題に帰着されることが多い．この章では，行列の計算と連立 1 次方程式について学ぶ．最初に，一般の行列について和，スカラー倍，積という演算が定義されることを述べる．次に，連立 1 次方程式を効率的に解くために掃き出し法とよばれる計算法を説明した後，逆行列を求める方法を述べる．さらに，掃き出し法を行列の基本変形として理解する視点を説明し，連立 1 次方程式が解をもつための条件を調べる．ここで扱う計算は，線形計算とよばれていて線形代数の計算面での基礎となる．

3.1　行列の計算

第 1 章で扱った 2 次正方行列に限らず，次のように「数」を並べたものも**行列**という．

$$\begin{pmatrix} 1 & 2 \\ 3 & 4 \\ 5 & 6 \end{pmatrix}, \quad \begin{pmatrix} 1 & 2 & 3 \\ 0 & 1 & 4 \end{pmatrix}, \quad \begin{pmatrix} 3 & 1 & 0 \\ 2 & 1 & -1 \\ -1 & 2 & 4 \end{pmatrix}$$

このように，行列は，行と列の個数が異なっていてもよい．m 行 n 列である行列の一般的な表示は

$$A = \begin{pmatrix} a_{11} & a_{12} & \cdots & a_{1n} \\ a_{21} & a_{22} & \cdots & a_{2n} \\ \vdots & \vdots & & \vdots \\ a_{m1} & a_{m2} & \cdots & a_{mn} \end{pmatrix}$$

であるが，もっと単純に

$$A = (a_{ij}), \quad A = (a_{ij})_{m \times n}, \quad A = (a_{ij})_{\substack{1 \leqq i \leqq m \\ 1 \leqq j \leqq n}}$$

などと表されることもある．

行列が正方形のとき，**正方行列**（行と列の個数 n を明示する場合は，n 次正方行列）という．行列は大文字のアルファベットで表すことが多い．

$$A = \begin{pmatrix} 1 & 2 \\ 3 & 4 \end{pmatrix}, \quad B = \begin{pmatrix} 1 & 2 & 3 \\ 0 & 1 & 4 \end{pmatrix}, \quad C = \begin{pmatrix} 3 & 1 & 0 \\ 2 & 1 & -1 \\ -1 & 2 & 4 \\ 2 & 0 & 1 \end{pmatrix}.$$

上の行列 C は 4 行 3 列の行列（単に，4×3 行列ともいう）である．行，列のことを，それぞれ**行ベクトル**，**列ベクトル**ということもある．例えば，

$$(2 \;\; 1 \;\; -1) \quad \text{は} C \text{の第 2 行ベクトル},$$

$$\begin{pmatrix} 1 \\ 1 \\ 2 \\ 0 \end{pmatrix} \quad \text{は} C \text{の第 2 列ベクトル}$$

である．行列を構成するおのおのの数を**成分**という．例えば，C の 3 行 2 列目の数 2 を C の $(3, 2)$ 成分という．同様に，C の $(2, 3)$ 成分は -1 である．

一般に，$m \times n$ 行列

$$A = \begin{pmatrix} a_{11} & a_{12} & \cdots & a_{1n} \\ a_{21} & a_{22} & \cdots & a_{2n} \\ \vdots & \vdots & & \vdots \\ a_{m1} & a_{m2} & \cdots & a_{mn} \end{pmatrix}$$

の (i, j) 成分は a_{ij} と表記される．また，$(i+2, j+2)$ 成分のように，数字が区別しにくいときは，$a_{i+2,\,j+2}$ のように「,」で区切って記せばよい．このとき，上の行列 A に対して，A の**スカラー c 倍**を

$$cA = \begin{pmatrix} ca_{11} & ca_{12} & \cdots & ca_{1n} \\ ca_{21} & ca_{22} & \cdots & ca_{2n} \\ \vdots & \vdots & & \vdots \\ ca_{m1} & ca_{m2} & \cdots & ca_{mn} \end{pmatrix}$$

で定義する．例えば，

$$A = \begin{pmatrix} 1 & 3 & 2 \\ -1 & 0 & 2 \end{pmatrix}$$

のとき，

$$3A = \begin{pmatrix} 3 & 9 & 6 \\ -3 & 0 & 6 \end{pmatrix}, \quad -A = \begin{pmatrix} -1 & -3 & -2 \\ 1 & 0 & -2 \end{pmatrix}$$

である．また，2 つの行列

$$A = \begin{pmatrix} a_{11} & a_{12} & \cdots & a_{1n} \\ a_{21} & a_{22} & \cdots & a_{2n} \\ \vdots & \vdots & & \vdots \\ a_{m1} & a_{m2} & \cdots & a_{mn} \end{pmatrix}, \quad B = \begin{pmatrix} b_{11} & b_{12} & \cdots & b_{1n} \\ b_{21} & b_{22} & \cdots & b_{2n} \\ \vdots & \vdots & & \vdots \\ b_{m1} & b_{m2} & \cdots & b_{mn} \end{pmatrix}$$

に対して，A と B の**和**を

$$A + B = \begin{pmatrix} a_{11}+b_{11} & a_{12}+b_{12} & \cdots & a_{1n}+b_{1n} \\ a_{21}+b_{21} & a_{22}+b_{22} & \cdots & a_{2n}+b_{2n} \\ \vdots & \vdots & & \vdots \\ a_{m1}+b_{m1} & a_{m2}+b_{m2} & \cdots & a_{mn}+b_{mn} \end{pmatrix}$$

で定義する．例えば，

$$A = \begin{pmatrix} 1 & 2 & 3 \\ 4 & 5 & 6 \end{pmatrix}, \quad B = \begin{pmatrix} 3 & 4 & 1 \\ -1 & 0 & 2 \end{pmatrix},$$

$$C = \begin{pmatrix} 1 & 2 & 3 \\ 2 & 1 & 0 \\ -1 & 4 & 2 \end{pmatrix}, \quad D = \begin{pmatrix} 3 & 1 & -2 \\ 0 & -1 & 4 \\ 3 & -3 & 0 \end{pmatrix}$$

に対して，各成分ごとの和を計算して

$$A+B=\begin{pmatrix}1&2&3\\4&5&6\end{pmatrix}+\begin{pmatrix}3&4&1\\-1&0&2\end{pmatrix}$$

$$=\begin{pmatrix}1+3&2+4&3+1\\4+(-1)&5+0&6+2\end{pmatrix}=\begin{pmatrix}4&6&4\\3&5&8\end{pmatrix},$$

$$C+D=\begin{pmatrix}1&2&3\\2&1&0\\-1&4&2\end{pmatrix}+\begin{pmatrix}3&1&-2\\0&-1&4\\3&-3&0\end{pmatrix}=\begin{pmatrix}4&3&1\\2&0&4\\2&1&2\end{pmatrix}$$

のように行列の和を求めることができる．ただし，行の個数や列の個数がちがう行列同士の和は考えない．この例では，$A+C$ は計算できない．

また，A と B の差 $A-B$ は，$A+(-1)B$ と考えればよい．

◆**問 3.1** A, B, C, D を上の 4 つの行列とするとき，$-A+2B$，$3C+D$ を求めよ．

次に，行列の**積**を考えよう．2 次正方行列の積の計算方法を思い出すと，

$$A=\begin{pmatrix}2&1&3\\4&1&0\end{pmatrix},\quad B=\begin{pmatrix}1&1\\-1&2\\2&1\end{pmatrix}$$

の積 AB は，

$$\begin{matrix}&\begin{pmatrix}1&1\\-1&2\\2&1\end{pmatrix}\\\begin{pmatrix}2&1&3\\4&1&0\end{pmatrix}&\begin{pmatrix}2\cdot1+1\cdot(-1)+3\cdot2&2\cdot1+1\cdot2+3\cdot1\\4\cdot1+1\cdot(-1)+0\cdot2&4\cdot1+1\cdot2+0\cdot1\end{pmatrix}\end{matrix}$$

より，

$$AB=\begin{pmatrix}2&1&3\\4&1&0\end{pmatrix}\begin{pmatrix}1&1\\-1&2\\2&1\end{pmatrix}=\begin{pmatrix}2-1+6&2+2+3\\4-1+0&4+2+0\end{pmatrix}=\begin{pmatrix}7&7\\3&6\end{pmatrix}$$

のように計算すればよいことがわかる．

一般に，2 つの行列 A と B の積 AB は，左側にある A の列の個数と右側にある B の行の個数が同じときにだけ計算できて，$m \times n$ 行列と $n \times \ell$ 行列の積は，$m \times \ell$ 行列になる．すなわち，m 行 n 列の行列 A と n 行 ℓ 列の行列 B の積 AB は，m 行 ℓ 列の行列になり，その (i, j) 成分は，

$$A = \begin{pmatrix} a_{11} & a_{12} & \cdots & a_{1n} \\ \vdots & \vdots & & \vdots \\ a_{i1} & a_{i2} & \cdots & a_{in} \\ \vdots & \vdots & & \vdots \\ a_{m1} & a_{m2} & \cdots & a_{mn} \end{pmatrix}, \quad B = \begin{pmatrix} b_{11} & \cdots & b_{1j} & \cdots & b_{1\ell} \\ b_{21} & \cdots & b_{2j} & \cdots & b_{2\ell} \\ \vdots & & \vdots & & \vdots \\ b_{n1} & \cdots & b_{nj} & \cdots & b_{n\ell} \end{pmatrix}$$

より，

$$a_{i1}b_{1j} + a_{i2}b_{2j} + \cdots + a_{in}b_{nj} = \sum_{k=1}^{n} a_{ik}b_{kj}$$

で定義される[1]．このように行列の積を定義しておくと，$m \times n$ 行列 A と $n \times \ell$ 行列 B の積 AB を計算するときに，行列 B を

$$B = (\boldsymbol{b}_1 \ \ \boldsymbol{b}_2 \ \ \ldots \ \ \boldsymbol{b}_\ell), \quad \boldsymbol{b}_j = \begin{pmatrix} b_{1j} \\ b_{2j} \\ \vdots \\ b_{nj} \end{pmatrix} \text{は} B \text{の第} j \text{列ベクトル}$$

のように列ベクトルごとのブロックに分け

$$AB = A(\boldsymbol{b}_1 \ \ \boldsymbol{b}_2 \ \ \ldots \ \ \boldsymbol{b}_\ell) = (A\boldsymbol{b}_1 \ \ A\boldsymbol{b}_2 \ \ \ldots \ \ A\boldsymbol{b}_\ell) \tag{3.1}$$

と計算することもできる．また，2 次正方行列の場合と同様に，A が n 次正方行列であるとき，$A^2, A^3, \ldots$ は自然に定義される．

---

[1] 積 AB の (i, j) 成分は，A の第 i 行ベクトルと B の第 j 列ベクトルの内積をとったものとみなすことができる．また，$\displaystyle\sum_{k=1}^{n}$ は和を意味する記号である．一般に，数列 a_n の初項から第 n 項までの和 $a_1 + a_2 + \cdots + a_n$ を $\displaystyle\sum_{k=1}^{n} a_k$ で表す．

◆**問 3.2**　行列

$$A = \begin{pmatrix} 2 & 1 & 3 \\ 4 & 1 & 0 \end{pmatrix}, \quad B = (1 \ \ 3), \quad C = \begin{pmatrix} 1 & 0 & 0 \\ 1 & 0 & 1 \\ 0 & 1 & 0 \end{pmatrix}, \quad D = \begin{pmatrix} 1 \\ 1 \\ 0 \end{pmatrix}$$

に対して，次の計算は可能か．可能ならば計算を行え．

（1）AC　（2）CA　（3）CD　（4）BA　（5）DB　（6）BD

◆**問 3.3**　式 (3.1) が成り立つことを確かめよ（ヒント：まず A, B が 2 次正方行列の場合を考えよ．➡ p. 17，発展）．

このようにして，行列の和と積が定義されたが，これらの演算に対しても（定義できる範囲において），普通の数と同様な次の計算規則が成り立つ：

$$\begin{aligned} &(A+B)+C = A+(B+C), \quad (AB)C = A(BC), \\ &A(B+C) = AB+AC, \\ &A+B = B+A. \end{aligned}$$

積については，一般に $AB = BA$ は成立しない．

2 次正方行列の場合と同様に，

$$\begin{pmatrix} 0 & 0 & 0 \\ 0 & 0 & 0 \end{pmatrix}, \quad \begin{pmatrix} 0 & 0 \\ 0 & 0 \end{pmatrix}$$

のように，すべての成分が 0 である行列を**零行列**という．本書では零行列を O で表す．また，

$$\begin{pmatrix} 1 & 0 \\ 0 & 1 \end{pmatrix}, \quad \begin{pmatrix} 1 & 0 & 0 \\ 0 & 1 & 0 \\ 0 & 0 & 1 \end{pmatrix}$$

のように，左上から右下へのななめ対角線上の成分が 1 で他の成分がすべて 0 である正方行列を**単位行列**という．本書では，単位行列を E で表す．行列に単位行列を左側から掛けても右側から掛けても，行列は変わらない．

3.1.1 行列のブロック分け計算 2つの行列 A と B の積 AB を計算するときに，B を列ベクトルごとのブロックに分けて計算できることはすでに述べた．この計算法は，次のようにもう少し一般的に行うことができる．例えば，

$$\left(\begin{array}{cc|cc} 1 & 1 & 0 & 1 \\ 0 & 0 & 1 & 2 \\ \hline 1 & 0 & -1 & 0 \\ 0 & 1 & -1 & 0 \end{array}\right)\left(\begin{array}{cc|cc} 1 & 0 & 1 & 2 \\ 0 & 1 & 2 & 1 \\ \hline -1 & 0 & -1 & 0 \\ 0 & 1 & 0 & 1 \end{array}\right)$$

のようにブロックをつくり，

$$\left(\begin{array}{c|c} A_{11} & A_{12} \\ \hline A_{21} & A_{22} \end{array}\right)\left(\begin{array}{c|c} B_{11} & B_{12} \\ \hline B_{21} & B_{22} \end{array}\right)$$

とおく．このとき，求める行列の積は，各ブロックをあたかも行列の成分と考えて積の計算を行うことにより

$$\left(\begin{array}{c|c} A_{11}B_{11}+A_{12}B_{21} & A_{11}B_{12}+A_{12}B_{22} \\ \hline A_{21}B_{11}+A_{22}B_{21} & A_{21}B_{12}+A_{22}B_{22} \end{array}\right)$$

で与えられる．ここで，各ブロックは

$$\begin{aligned} A_{11}B_{11}+A_{12}B_{21} &= \begin{pmatrix} 1 & 1 \\ 0 & 0 \end{pmatrix}\begin{pmatrix} 1 & 0 \\ 0 & 1 \end{pmatrix} + \begin{pmatrix} 0 & 1 \\ 1 & 2 \end{pmatrix}\begin{pmatrix} -1 & 0 \\ 0 & 1 \end{pmatrix} \\ &= \begin{pmatrix} 1 & 1 \\ 0 & 0 \end{pmatrix} + \begin{pmatrix} 0 & 1 \\ -1 & 2 \end{pmatrix} = \begin{pmatrix} 1 & 2 \\ -1 & 2 \end{pmatrix}, \\ A_{21}B_{11}+A_{22}B_{21} &= \begin{pmatrix} 1 & 0 \\ 0 & 1 \end{pmatrix}\begin{pmatrix} 1 & 0 \\ 0 & 1 \end{pmatrix} + \begin{pmatrix} -1 & 0 \\ -1 & 0 \end{pmatrix}\begin{pmatrix} -1 & 0 \\ 0 & 1 \end{pmatrix} \\ &= \begin{pmatrix} 1 & 0 \\ 0 & 1 \end{pmatrix} + \begin{pmatrix} 1 & 0 \\ 1 & 0 \end{pmatrix} = \begin{pmatrix} 2 & 0 \\ 1 & 1 \end{pmatrix} \end{aligned}$$

のように計算すればよい．最終的な結果は，

$$\left(\begin{array}{cc|cc} 1 & 2 & 3 & 4 \\ -1 & 2 & -1 & 2 \\ \hline 2 & 0 & 2 & 2 \\ 1 & 1 & 3 & 1 \end{array}\right)$$

となる．ただし，行列をブロックに分けるときには，ブロックごとの計算がきちんとできるように分けなければならない．例えば，

$$\left(\begin{array}{cc|c} 1 & 2 & 3 \\ 4 & 5 & 6 \\ \hline 7 & 8 & 9 \end{array}\right)\left(\begin{array}{c|cc} 1 & 3 & 1 \\ 0 & 1 & 1 \\ \hline 2 & -1 & 1 \end{array}\right), \quad \left(\begin{array}{cc|c} 1 & 2 & 3 \\ 4 & 5 & 6 \\ \hline 7 & 8 & 9 \end{array}\right)\left(\begin{array}{c|cc} 1 & 3 & 1 \\ \hline 0 & 1 & 1 \\ 2 & -1 & 1 \end{array}\right)$$

において，左のブロックの分け方だと問題なく計算ができるが，右のブロックの分け方ではブロックごとの計算ができない．また，ブロックの分け方は計算が可能でありさえすれば，どのように分けてもよい．例えば，下の例のように9つのブロックに分けてもよい．行列をブロックに分けるときは，ゼロ行列や単位行列が現れるように分けるとその後の計算が楽になる．

$$\left(\begin{array}{cc|c|c} 1 & 0 & 0 & 2 \\ 0 & 1 & 0 & 1 \\ \hline 0 & 0 & 1 & 0 \\ \hline 1 & -1 & 1 & 0 \end{array}\right)\left(\begin{array}{cc|c|c} 1 & 1 & 4 & 1 \\ 1 & 3 & 1 & 1 \\ \hline 2 & 1 & 1 & 0 \\ \hline 1 & 1 & 0 & 1 \end{array}\right)$$

◆**問 3.4**　次の2通りにブロック分けされた行列の積を求めよ．

(1) $\left(\begin{array}{cc|cc} 1 & 0 & 0 & 2 \\ 0 & 1 & 0 & 1 \\ \hline 0 & 0 & 1 & 0 \\ 1 & -1 & 1 & 0 \end{array}\right)\left(\begin{array}{cc|cc} 1 & 1 & 4 & 1 \\ 1 & 3 & 1 & 1 \\ \hline 2 & 1 & 1 & 0 \\ 1 & 1 & 0 & 1 \end{array}\right)$

(2) $\left(\begin{array}{ccc|c} 1 & 0 & 0 & 2 \\ 0 & 1 & 0 & 1 \\ 0 & 0 & 1 & 0 \\ \hline 1 & -1 & 1 & 0 \end{array}\right)\left(\begin{array}{ccc|c} 1 & 1 & 4 & 1 \\ 1 & 3 & 1 & 1 \\ 2 & 1 & 1 & 0 \\ \hline 1 & 1 & 0 & 1 \end{array}\right)$

3.2　連立1次方程式の分類

経済学や工学における様々な問題は，最終的には連立1次方程式の問題に帰着されることが多い．第1章で，連立1次方程式が行列を用いた形で表せるこ

とを述べた（➡ p. 4）が，本節と次節においてより一般的な形で連立 1 次方程式について学ぶ．まず，連立 1 次方程式の分類から話を始めよう．

次の 3 つの連立 1 次方程式を考えよう．

(1) $\begin{cases} 2x - y = 1 \\ x + y = 2 \end{cases}$　(2) $\begin{cases} x + 2y = 5 \\ 3x + 6y = 15 \end{cases}$　(3) $\begin{cases} 2x + 3y = 4 \\ 4x + 6y = 14 \end{cases}$

上の 3 つの連立 1 次方程式の係数を並べた行列は，それぞれ次のようになる．

$$A_1 = \begin{pmatrix} 2 & -1 \\ 1 & 1 \end{pmatrix} \qquad A_2 = \begin{pmatrix} 1 & 2 \\ 3 & 6 \end{pmatrix} \qquad A_3 = \begin{pmatrix} 2 & 3 \\ 4 & 6 \end{pmatrix}$$

(1) の場合：行列 A_1 を用いると，(1) は

$$A_1 \begin{pmatrix} x \\ y \end{pmatrix} = \begin{pmatrix} 1 \\ 2 \end{pmatrix} \tag{3.2}$$

のように書ける．

$$\det A_1 = \begin{vmatrix} 2 & -1 \\ 1 & 1 \end{vmatrix} = 2 \cdot 1 - (-1) \cdot 1 = 3 \neq 0$$

であるから，A_1 は逆行列をもつ（➡ p. 7）．よって，式 (3.2) の両辺に ${A_1}^{-1}$ を左側から掛けて，逆行列の公式を用いれば，(1) の解は

$$\begin{pmatrix} x \\ y \end{pmatrix} = {A_1}^{-1} \begin{pmatrix} 1 \\ 2 \end{pmatrix} = \begin{pmatrix} 2 & -1 \\ 1 & 1 \end{pmatrix}^{-1} \begin{pmatrix} 1 \\ 2 \end{pmatrix} = \frac{1}{3} \begin{pmatrix} 1 & 1 \\ -1 & 2 \end{pmatrix} \begin{pmatrix} 1 \\ 2 \end{pmatrix} = \begin{pmatrix} 1 \\ 1 \end{pmatrix}$$

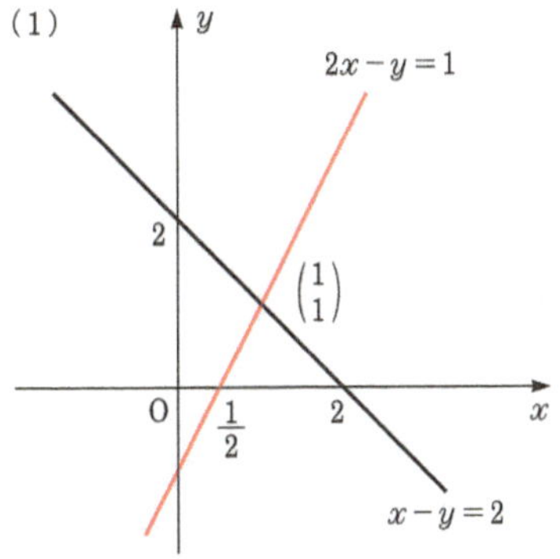

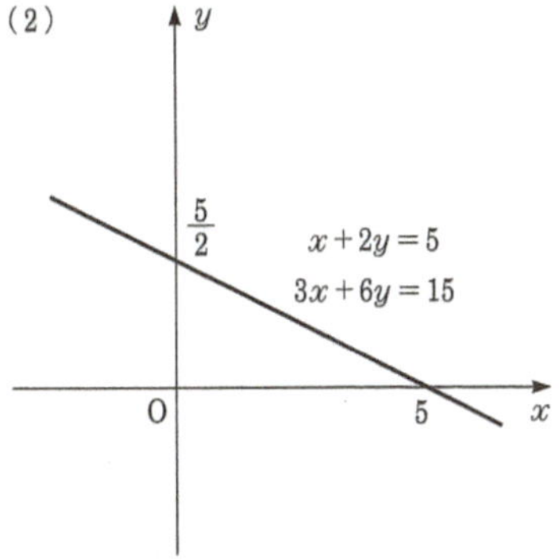

のただ 1 つであることがわかる．図形的には 2 直線 $2x - y = 1$ と $x + y = 2$ が，前ページの左図のようにただ 1 点 (1, 1) で交わるということである．

（2）の場合：

$$\det A_2 = \begin{vmatrix} 1 & 2 \\ 3 & 6 \end{vmatrix} = 1 \cdot 6 - 2 \cdot 3 = 0$$

であるから，A_2 は逆行列をもたない．（2）は見かけは 2 つの式であるが，第 1 式を 3 倍すると第 2 式になるので実は 1 つの式

$$x + 2y = 5$$

でしかない．したがって，（2）の解は直線のパラメータ表示（➡ p. 10）を用いて

$$\begin{pmatrix} x \\ y \end{pmatrix} = \begin{pmatrix} 5 - 2t \\ t \end{pmatrix} = \begin{pmatrix} 5 \\ 0 \end{pmatrix} + t \begin{pmatrix} -2 \\ 1 \end{pmatrix} \quad (t \text{ は任意定数})$$

と書ける（方程式の解を表すときは，パラメータを任意定数という）．任意定数 t の値を自由に選ぶことができるので，（2）の解は無限個ある．図形的には，2 直線 $x + 2y = 5$ と $3x + 6y = 15$ が前ページの右図のように重なっているということである．そのため，直線 $x + 2y = 5$（あるいは $3x + 6y = 15$）上のすべての点が（2）の解になっており，ベクトル表示された解は直線のベクトル表示そのものである．

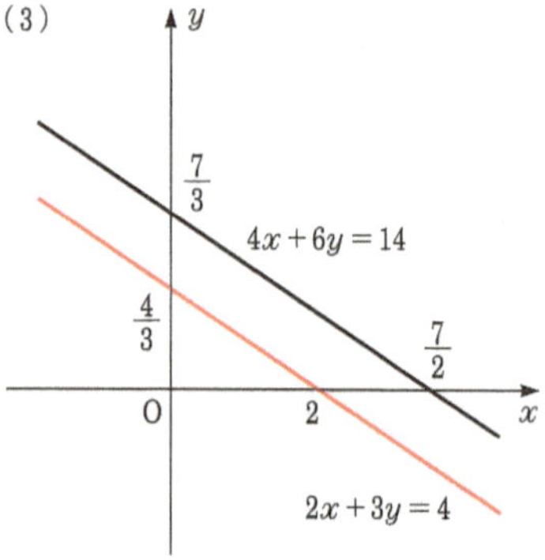

（3）の場合：

$$\det A_3 = \begin{vmatrix} 2 & 3 \\ 4 & 6 \end{vmatrix} = 2 \cdot 6 - 3 \cdot 4 = 0$$

であるから，A_3 は逆行列をもたない．第 1 式を 2 倍すると

$$4x + 6y = 8$$

を得る．これと，第 2 式 $4x + 6y = 14$ を比較すると，（3）の解がないことは明らかである．図形的には，2 直線

$2x+3y=4$ と $4x+6y=14$ が前ページの図のように平行になっていて，共通な点が存在しないということである．

このような最も簡単な 2 変数の連立 1 次方程式に限らず，どんな連立 1 次方程式であっても，解は

- 存在しない
- 存在する ── • ただ 1 つ　（任意定数がない）
　　　　　　　 • 無限個　　（任意定数がある）

のいずれかである．

3.3　掃き出し法

高等学校までに学んだ連立 1 次方程式は，2 変数あるいは 3 変数の連立 1 次方程式であり，しかも，変数と式の個数が同じ場合がほとんどであった．ここでは，もっと一般的に，m 個の式からなる n 変数の**連立 1 次方程式**（$m=n$ でも，$m \neq n$ でもよい）

$$\begin{cases} a_{11}x_1 + a_{12}x_2 + \cdots + a_{1n}x_n = b_1 \\ a_{21}x_1 + a_{22}x_2 + \cdots + a_{2n}x_n = b_2 \\ \qquad\qquad\vdots \\ a_{m1}x_1 + a_{m2}x_2 + \cdots + a_{mn}x_n = b_m \end{cases}$$

を効率的に解く方法を具体的な例題を通して説明しよう．理解のしやすさを考慮して，主に 3 変数の連立 1 次方程式を扱うが，上のような m 個の式からなる n 変数の連立 1 次方程式に対しても同様に考えていくことができる．

まず，最も簡単な次の連立 1 次方程式

$$\begin{cases} 2x+4y=6 \\ 3x+2y=1 \end{cases}$$

から話を始めよう．この連立 1 次方程式は，次のようにして解くことができる．最初に第 1 式を 2 で割る $\left(\text{あるいは，} \dfrac{1}{2} \text{ 倍する}\right)$ と，

$$\begin{cases} x + 2y = 3 \\ 3x + 2y = 1 \end{cases}$$

を得る．この操作により，第 1 式の変数 x の係数を 1 にした．次に，第 1 式を 3 倍して第 2 式から引くと

$$\begin{cases} x + 2y = 3 \\ -4y = -8 \end{cases}$$

となる．この操作により，第 2 式から変数 x が消去された．第 2 式を -4 で割ると，

$$\begin{cases} x + 2y = 3 \\ y = 2 \end{cases}$$

を得る．この操作によって，第 2 式の変数 y の係数が 1 になった．第 2 式を 2 倍して第 1 式から引くと，

$$\begin{cases} x = -1 \\ y = 2 \end{cases}$$

を得る．以上の操作をまとめると，次のようになる．

（1）第 1 式の変数 x の係数を 1 にする．

（2）第 1 式を利用して，他の式から変数 x を消去する．

（3）第 2 式の変数 y の係数を 1 にする．

（4）第 2 式を利用して，他の式から変数 y を消去する．

この操作は，変数や式の個数がもっと多い場合であっても適用できる一般的なものであることはすぐにわかるだろう．これが**掃き出し法**とよばれる計算方法の基本である．

例題 3.1

次の連立 1 次方程式を解け．

$$\begin{cases} 3x+2y+\ z=\ 1 \\ x+4y-3z=-3 \\ 2x+3y+2z=\ 5 \end{cases}$$

【解説】 先に述べた例を参考にすれば，第 1 式を 3 で割り，

$$\begin{cases} x+\dfrac{2}{3}y+\dfrac{1}{3}z=\dfrac{1}{3} \\ x+\ 4y-\ 3z=-3 \\ 2x+\ 3y+\ 2z=\ 5 \end{cases}$$

としたいところである．しかし，これでは式の中に分数が現れて以後の計算でミスが生じやすくなる．そこで，このケースでは第 1 式と第 2 式を交換して式の並ぶ順番を変更した後，次のように計算を行う．

(1) 第 1 式と第 2 式を交換．第 1 式の x の係数を 1 にする．

(2) 第 2 式 − 第 1 式 × 3，第 3 式 − 第 1 式 × 2 より第 2 式，第 3 式から x を消去．

(3) 第 2 式 ÷ (−10) より第 2 式の y の係数を 1 にする．

(4) 第 1 式 − 第 2 式 × 4，第 3 式 − 第 2 式 × (−5) より第 1 式，第 3 式から y を消去．

(5) 第 3 式 ÷ 3 より第 3 式の z の係数を 1 にする．

(6) 第 1 式 − 第 3 式，第 2 式 − 第 3 式 × (−1) より第 1 式，第 2 式から z を消去．

次ページに，掃き出し法の操作に対応した式を左側に示し，式の係数だけを取り出して作った「表」を右側に示した．

$$\begin{cases} 3x+2y+\ z=\ \ 1 \\ x+4y-3z=-3 \\ 2x+3y+2z=\ \ 5 \end{cases}$$

↓ (1)

$$\begin{cases} x+4y-3z=-3 \\ 3x+2y+\ z=\ \ 1 \\ 2x+3y+2z=\ \ 5 \end{cases}$$

↓ (2)

$$\begin{cases} x+\ 4y-\ 3z=-3 \\ -10y+10z=10 \\ -\ 5y+\ 8z=11 \end{cases}$$

↓ (3)

$$\begin{cases} x+4y-3z=-3 \\ y-\ z=-1 \\ -5y+8z=11 \end{cases}$$

↓ (4)

$$\begin{cases} x\qquad +\ z=\ \ 1 \\ y-\ z=-1 \\ 3z=\ \ 6 \end{cases}$$

↓ (5)

$$\begin{cases} x\qquad +z=\ \ 1 \\ y-z=-1 \\ z=\ \ 2 \end{cases}$$

↓ (6)

$$\begin{cases} x\qquad\quad =-1 \\ y\qquad =\ \ 1 \\ z=\ \ 2 \end{cases}$$

	x	y	z	
	3	2	1	1
	1	4	−3	−3
	2	3	2	5
(1)	1	4	−3	−3
	3	2	1	1
	2	3	2	5
(2)	1	4	−3	−3
	0	−10	10	10
	0	−5	8	11
(3)	1	4	−3	−3
	0	1	−1	−1
	0	−5	8	11
(4)	1	0	1	1
	0	1	−1	−1
	0	0	3	6
(5)	1	0	1	1
	0	1	−1	−1
	0	0	1	2
(6)	1	0	0	−1
	0	1	0	1
	0	0	1	2

以上の結果から，$x=-1$，$y=1$，$z=2$ を得る． ■

掃き出し法を用いた計算の解答を書く際には，「表」を示すだけでよい．その方が便利で速い．この表を見れば，掃き出し法とは，連立1次方程式の変数 x, y, z の係数からなる行列を単位行列に変形していく操作であることがわかるだろう．また，手計算で掃き出し法を行うときには，途中の計算でなるべく分数が現れないように工夫するとよいだろう．例えば，

$$\begin{cases} 5x - 4y - 5z = 8 \\ 2x - 3y - 3z = 5 \\ 7x - 2y - 3z = 8 \end{cases} \tag{3.3}$$

のような場合は，第1式 − 第2式 × 2 より

$$\begin{cases} x + 2y + z = -2 \\ 2x - 3y - 3z = 5 \\ 7x - 2y - 3z = 8 \end{cases}$$

として，第1式の x の係数を1にしてから計算を進めるとよい．

▶ **注意**　これは人間が手計算で連立1次方程式を解く場合の話である．掃き出し法をプログラム化しコンピュータを利用して連立1次方程式を解く場合には，問題に応じた工夫をするよりも一般性のある単純な解法を採用すべきである．

◆ **問 3.5**　上の連立1次方程式 (3.3) を解け．

例題 3.1 では，連立1次方程式がただ1つの解をもつ場合を扱った．連立1次方程式が解をもたない場合や無限個の解をもつ場合も同様に扱うことができる．

例題 3.2

次の連立1次方程式が解をもてば，それを求めよ．

(i) $\begin{cases} x + 3z = 1 \\ 2x + 3y + 4z = 3 \\ x + 3y + z = 3 \end{cases}$　　(ii) $\begin{cases} x + 2y + 3z = 4 \\ 3x + 8y + 5z = 6 \\ x + 6y - 5z = -8 \end{cases}$

【解】 (i) 掃き出し法を用いる．

(1) 第 2 式 − 第 1 式 × 2,

第 3 式 − 第 1 式

(2) 第 3 式 − 第 2 式

x	y	z	
1	0	3	1
2	3	4	3
1	3	1	3
1	0	3	1
0	3	−2	1
0	3	−2	2
1	0	3	1
0	3	−2	1
0	0	0	1

よって，

$$\begin{cases} x \qquad + 3z = 1 \\ \qquad 3y - 2z = 1 \\ 0x + 0y + 0z = 1 \end{cases}$$

を得るが，この第 3 式はいかなる x, y, z についても成立しない．よって，(i) の解は存在しない．

(ii) 掃き出し法を用いる．

(1) 第 2 式 − 第 1 式 × 3,

第 3 式 − 第 1 式

(2) 第 2 式 ÷ 2

(3) 第 3 式 − 第 2 式 × 4

(4) 第 1 式 − 第 2 式 × 2

x	y	z	
1	2	3	4
3	8	5	6
1	6	−5	−8
1	2	3	4
0	2	−4	−6
0	4	−8	−12
1	2	3	4
0	1	−2	−3
0	4	−8	−12
1	2	3	4
0	1	−2	−3
0	0	0	0
1	0	7	10
0	1	−2	−3
0	0	0	0

これより

$$\begin{cases} x \qquad + 7z = 10 \\ \qquad y - 2z = -3 \end{cases}$$

よって，(ii) の解は，パラメータ t を用いて次のように表される：

$$x = -7t + 10, \quad y = 2t - 3, \quad z = t.$$

さらに，これをベクトル表示すれば次のようになる：

$$\begin{pmatrix} x \\ y \\ z \end{pmatrix} = \begin{pmatrix} 10 \\ -3 \\ 0 \end{pmatrix} + t \begin{pmatrix} -7 \\ 2 \\ 1 \end{pmatrix} \quad (t \text{ は任意定数}).$$

◆**問 3.6** 次の連立 1 次方程式が解をもてば，それを求めよ．

(1) $\begin{cases} x+4y-3z=1 \\ x+3y-z=-2 \\ 3x+5y+5z=0 \end{cases}$ (2) $\begin{cases} x+2y-z=3 \\ 2x+3y-5z=9 \\ 3x+8y+z=7 \end{cases}$

(3) $\begin{cases} x-y+2z=4 \\ x+y+z=1 \\ 3x+y+4z=6 \end{cases}$

このように，掃き出し法を用いると連立 1 次方程式を効率的に解くことができる．最後に，掃き出し法を用いて計算をするときに，注意しなければならない場合を取り上げてこの節を終える．

例題 3.3

次の連立 1 次方程式が解をもてば，それを求めよ．

(i) $\begin{cases} x-2y+z=0 \\ -2x+4y+z=1 \\ 3x-5y+2z=1 \end{cases}$ (ii) $\begin{cases} x-y+2z=4 \\ 2x-2y+z=2 \\ -x+y+3z=6 \end{cases}$

【解説】 (i) これまで通りに，

$$第 2 式+第 1 式\times 2, \quad 第 3 式-第 1 式\times 3$$

として掃き出し法を行うと第 2 式の第 2 列目の成分がゼロになっている．このときは，第 2 式と第 3 式の交換（**ピボット選択**）を行い，通常通りの計算を続ける．

x	y	z	
1	−2	1	0
−2	4	1	1
3	−5	2	1
1	−2	1	0
0	0	3	1 ←
0	1	−1	1 ←

（1） 第1式＋第2式×2

（2） 第3式÷3

（3） 第1式＋第3式，第2式＋第3式

x	y	z	
1	−2	1	0
0	1	−1	1
0	0	3	1
1	0	−1	2
0	1	−1	1
0	0	3	1

〈右側に続く〉

1	0	−1	2
0	1	−1	1
0	0	1	$\frac{1}{3}$
1	0	0	$\frac{7}{3}$
0	1	0	$\frac{4}{3}$
0	0	1	$\frac{1}{3}$

よって，求める解は

$$x=\frac{7}{3},\quad y=\frac{4}{3},\quad z=\frac{1}{3}$$

である．

（ii） これまで通りに，

第2式－第1式×2，　第3式＋第1式

として掃き出し法を行うと右の表のようになる．

ところが，変数 y に対応する第2列目の第2式以下がすべてゼロになっているから，変数 y と z の並ぶ順番を変更する（ピボット選択，次ページの「注意」を参照）．その後，通常通り計算を続ける．

x	y	z	
1	−1	2	4
2	−2	1	2
−1	1	3	6
1	−1	2	4
0	0	−3	−6
0	0	5	10

（1） 第2式÷(−3)

（2） 第3式－第2式×5

（3） 第1式－第2式×2

x	z	y						
1	2	−1	4		1	2	−1	4
0	−3	0	−6		0	1	0	2
0	5	0	10		0	0	0	0
1	2	−1	4		1	0	−1	0
0	1	0	2		0	1	0	2
0	5	0	10		0	0	0	0

変数 y と z を並べ替えたことに注意すると，

$$x - y = 0, \quad z = 2$$

を得る．よって，求める解は，パラメータ t を用いてベクトル表示すれば

$$\begin{pmatrix} x \\ y \\ z \end{pmatrix} = \begin{pmatrix} 0 \\ 0 \\ 2 \end{pmatrix} + t \begin{pmatrix} 1 \\ 1 \\ 0 \end{pmatrix} \quad (t \text{ は任意定数}).$$

■

▶ **注意**　連立 1 次方程式においては，式を並べる順番を変更することができるので，掃き出し法では行を入れ替えることができる．また

$$\begin{cases} 2x + y = 5 \\ 3x + 4y = 1 \end{cases} \longrightarrow \begin{cases} y + 2x = 5 \\ 4y + 3x = 1 \end{cases}$$

のように，変数の並ぶ順番を変更することができるので，掃き出し法では（最終列を除き）列を入れ替えることができる．この場合，表の上部に並んでいる変数についても，順番を変更することを忘れてはならない．

◆ **問 3.7**　次の連立 1 次方程式が解をもてば，それを求めよ．

$$\begin{cases} 3y + 3z - 2w = -4 \\ x + y + 2z + 3w = 2 \\ x + 2y + 3z + 2w = 1 \\ 2x + 4y + 6z + 5w = 1 \end{cases}$$

3.4　逆行列

2 次正方行列の場合と同様に（➡ p. 6），n 次正方行列についても**逆行列**が定義される．

定義 3.1

n 次正方行列 A に対して，

$$AX = XA = E$$

をみたす n 次正方行列 X を A の逆行列といい，A^{-1} で表す．また，A が逆行列をもつとき，A は**正則**であるという．

逆行列は存在するとすれば，ただ 1 つである．すなわち，$AX = XA = E$ と $AY = YA = E$ をみたす X と Y があったとき，$X = Y$ が成り立つ．実際，

$$X = XE = X(AY) = (XA)Y = EY = Y$$

である．

◆**問 3.8** 次が成り立つことを示せ．

(1) A が正則ならば，逆行列 A^{-1} も正則であり，

$$(A^{-1})^{-1} = A.$$

(2) A, B がともに n 次の正則行列ならば，積 AB も n 次の正則行列であり，

$$(AB)^{-1} = B^{-1}A^{-1}.$$

定義 3.1 によると，逆行列を見つけるためには $AX = E$ と $XA = E$ を同時にみたす X を探さなければならない．しかし，実際には $AX = E$ をみたす X，あるいは，$XA = E$ をみたす X のどちらか一方を求めれば十分である．つまり，$AX = E$ または $XA = E$ のうちのどちらかが成り立てば，もう一方の式も成り立つことが知られている．

以下では，行列 A の逆行列とは $AX = E$ をみたす行列 X であると考えて，それを掃き出し法で求める方法を述べる．まず，簡単な例題から始めよう．

例題 3.4

行列

$$A=\begin{pmatrix}1 & 2\\ 3 & 9\end{pmatrix}$$

の逆行列を求めよ．

【解説】　$AX=E$ をみたす X を求めればよい．

$$X=\begin{pmatrix}x & z\\ y & w\end{pmatrix}$$

とおくと

$$\begin{pmatrix}1 & 2\\ 3 & 9\end{pmatrix}\begin{pmatrix}x & z\\ y & w\end{pmatrix}=\begin{pmatrix}1 & 0\\ 0 & 1\end{pmatrix}$$

である．これは，2 つの連立 1 次方程式

$$\begin{pmatrix}1 & 2\\ 3 & 9\end{pmatrix}\begin{pmatrix}x\\ y\end{pmatrix}=\begin{pmatrix}1\\ 0\end{pmatrix},\quad \begin{pmatrix}1 & 2\\ 3 & 9\end{pmatrix}\begin{pmatrix}z\\ w\end{pmatrix}=\begin{pmatrix}0\\ 1\end{pmatrix}$$

をそれぞれ解くことと同じである．しかし，2 つの方程式の左辺に同じ行列 A が現れることに注目すれば掃き出し法の表を 1 つにまとめることができる．あとは，通常の掃き出し法と同様の操作を行えばよい．

(1)　第 2 行 − 第 1 行 × 3

(2)　第 2 行 ÷ 3

(3)　第 1 行 − 第 2 行 × 2

1	2	1	0
3	9	0	1
1	2	1	0
0	3	−3	1
1	2	1	0
0	1	−1	$\frac{1}{3}$
1	0	3	$-\frac{2}{3}$
0	1	−1	$\frac{1}{3}$

上の操作は，2 つの連立 1 次方程式を同時に解いているのである．よって，次の行列が A の逆行列である：

$$\frac{1}{3}\begin{pmatrix}9 & -2\\ -3 & 1\end{pmatrix}.$$

掃き出し法によって行列 A の逆行列 A^{-1} を求める場合，逆行列が存在するならば，右の関係が成り立っている．

$$A \mid E \;\Updownarrow\; \text{掃き出し法} \;\; E \mid A^{-1}$$

例題 3.5

次の行列に逆行列があれば求めよ．

(i) $\begin{pmatrix} 2 & 1 & -2 \\ 1 & 1 & -1 \\ 2 & 3 & -1 \end{pmatrix}$　(ii) $\begin{pmatrix} 1 & -1 & 2 \\ 1 & 1 & 1 \\ 3 & 1 & 4 \end{pmatrix}$

(iii) $\begin{pmatrix} 1 & 2 & -1 \\ 2 & 4 & 3 \\ -1 & -2 & 5 \end{pmatrix}$

【解説】 (i)　掃き出し法を用いる．表は右のようになる．

(1)　第1行と第2行を交換

(2)　第2行 − 第1行 × 2，
　　第3行 − 第1行 × 2

(3)　第2行 ÷ (−1)

(4)　第1行 − 第2行，
　　第3行 − 第2行

(5)　第1行 + 第3行

2	1	−2	1	0	0
1	1	−1	0	1	0
2	3	−1	0	0	1
1	1	−1	0	1	0
2	1	−2	1	0	0
2	3	−1	0	0	1
1	1	−1	0	1	0
0	−1	0	1	−2	0
0	1	1	0	−2	1
1	1	−1	0	1	0
0	1	0	−1	2	0
0	1	1	0	−2	1
1	0	−1	1	−1	0
0	1	0	−1	2	0
0	0	1	1	−4	1
1	0	0	2	−5	1
0	1	0	−1	2	0
0	0	1	1	−4	1

よって，求める逆行列は

$$\begin{pmatrix} 2 & -5 & 1 \\ -1 & 2 & 0 \\ 1 & -4 & 1 \end{pmatrix}$$

である．

(ii) 掃き出し法を用いる．表は右のようになる．

(1) 第 2 行 − 第 1 行，
第 3 行 − 第 1 行 × 3

(2) 第 3 行 − 第 2 行 × 2

ここで，左側の第 3 行がすべて 0 になった．この場合は左側の行列を単位行列に変形できないので，逆行列はない．

1	−1	2	1	0	0
1	1	1	0	1	0
3	1	4	0	0	1
1	−1	2	1	0	0
0	2	−1	−1	1	0
0	4	−2	−3	0	1
1	−1	2	1	0	0
0	2	−1	−1	1	0
0	0	0	−1	−2	1

(iii) 掃き出し法を用いる．表は右のようになる．

(1) 第 2 行 − 第 1 行 × 2，
第 3 行 + 第 1 行

ここで，左側の第 2 列の第 2 行以下がすべて 0 になった．この場合は左側の行列を単位行列に変形できないので，逆行列はない．

1	2	−1	1	0	0
2	4	3	0	1	0
−1	−2	5	0	0	1
1	2	−1	1	0	0
0	0	5	−2	1	0
0	0	4	1	0	1

■

連立 1 次方程式を解くときと違い，(ii) や (iii) のように，対角成分の下側がすべて 0 にできたとき，同時に，対角成分で 0 になるものが 1 つでも現れる場合は，その時点で逆行列がないと判断してよいことに注意しよう．そのような場合には，以後どんなにがんばっても左側の行列を単位行列に変形することはできないのである．

◆**問 3.9** 次の行列に逆行列があれば求めよ．

(1) $\begin{pmatrix} 1 & -1 & 2 \\ 1 & 1 & 1 \\ 3 & 1 & 4 \end{pmatrix}$　(2) $\begin{pmatrix} 1 & 2 & 3 \\ 1 & 3 & 4 \\ 2 & 4 & 7 \end{pmatrix}$

(3) $\begin{pmatrix} 1 & 2 & 0 \\ 2 & 4 & 2 \\ 5 & 7 & 3 \end{pmatrix}$

3.5　行列の基本変形とランク

今までに，掃き出し法による連立1次方程式の解法と逆行列の計算法を説明してきた．それらをまとめると次のようになる．

- **行に関する操作**

　(1)　2つの行を入れ替える．

　(2)　ある行に0でない数を掛ける．

　(3)　ある行に他の行を定数倍したものを加える．

これまで見てきたように，連立1次方程式や逆行列の計算においては，主として行に関する操作を利用する．

▶ **注意**　連立1次方程式を解く場合，例外的に行う「列の入れ替え（ピボット選択，例題3.3，➡ p. 86）」を除き，行に関する操作しか利用してはいけない．その理由は，連立1次方程式の変数をきちんと書いて行う方法（例題3.1，➡ p. 81）に戻って考えればわかるだろう．

ここでは，列に関しても同様の操作を考えてみよう．

- **列に関する操作**

　(1)　2つの列を入れ替える．

　(2)　ある列に0でない数を掛ける．

　(3)　ある列に他の列を定数倍したものを加える．

上の操作をそれぞれ，**行に関する基本変形**，**列に関する基本変形**という．

次に，これらの行と列に関する6通りの基本変形を，行列を用いて表すことを考えよう．簡単のため，3次正方行列の場合を例にとって説明をする（一般には，基本変形を受ける行列 A は正方行列でなくてもよい）．

$$A = \begin{pmatrix} a_{11} & a_{12} & a_{13} \\ a_{21} & a_{22} & a_{23} \\ a_{31} & a_{32} & a_{33} \end{pmatrix}$$

に，単位行列を左側から掛けても，右側から掛けても行列 A は変わらない：

$$\begin{pmatrix} 1 & 0 & 0 \\ 0 & 1 & 0 \\ 0 & 0 & 1 \end{pmatrix}\begin{pmatrix} a_{11} & a_{12} & a_{13} \\ a_{21} & a_{22} & a_{23} \\ a_{31} & a_{32} & a_{33} \end{pmatrix} = \begin{pmatrix} a_{11} & a_{12} & a_{13} \\ a_{21} & a_{22} & a_{23} \\ a_{31} & a_{32} & a_{33} \end{pmatrix}$$

$$\begin{pmatrix} a_{11} & a_{12} & a_{13} \\ a_{21} & a_{22} & a_{23} \\ a_{31} & a_{32} & a_{33} \end{pmatrix}\begin{pmatrix} 1 & 0 & 0 \\ 0 & 1 & 0 \\ 0 & 0 & 1 \end{pmatrix} = \begin{pmatrix} a_{11} & a_{12} & a_{13} \\ a_{21} & a_{22} & a_{23} \\ a_{31} & a_{32} & a_{33} \end{pmatrix}$$

これより，単位行列を少しばかり修正した行列を考えて，それを A の左側から，あるいは，右側から掛けると A が少しだけ変形されることが期待される(左側と右側の違いによって，変形結果は異なる)．

（1） 単位行列 E の第 1 行（列）と第 2 行（列）を入れ替えた

$$J = \begin{pmatrix} 0 & 1 & 0 \\ 1 & 0 & 0 \\ 0 & 0 & 1 \end{pmatrix}$$

を考える．この行列 J を A の左側から掛けると

$$\begin{pmatrix} 0 & 1 & 0 \\ 1 & 0 & 0 \\ 0 & 0 & 1 \end{pmatrix}\begin{pmatrix} a_{11} & a_{12} & a_{13} \\ a_{21} & a_{22} & a_{23} \\ a_{31} & a_{32} & a_{33} \end{pmatrix} = \begin{pmatrix} a_{21} & a_{22} & a_{23} \\ a_{11} & a_{12} & a_{13} \\ a_{31} & a_{32} & a_{33} \end{pmatrix}$$

となる．つまり，A の第 1 行と第 2 行が交換される．次に，J を A の右側から掛けると，

$$\begin{pmatrix} a_{11} & a_{12} & a_{13} \\ a_{21} & a_{22} & a_{23} \\ a_{31} & a_{32} & a_{33} \end{pmatrix}\begin{pmatrix} 0 & 1 & 0 \\ 1 & 0 & 0 \\ 0 & 0 & 1 \end{pmatrix} = \begin{pmatrix} a_{12} & a_{11} & a_{13} \\ a_{22} & a_{21} & a_{23} \\ a_{32} & a_{31} & a_{33} \end{pmatrix}$$

となり，A の第 1 列と第 2 列が交換されることがわかる．

◆**問 3.10** 行列 J を A の左側，あるいは，右側から掛けたとき，上のように A が変形されることを確かめよ．

（2） 単位行列の対角成分の1つ，例えば (3, 3) 成分を定数 c にした

$$Q = \begin{pmatrix} 1 & 0 & 0 \\ 0 & 1 & 0 \\ 0 & 0 & c \end{pmatrix}$$

を考える．行列 Q を A の左側から，あるいは，右側から掛けてみると

$$\begin{pmatrix} 1 & 0 & 0 \\ 0 & 1 & 0 \\ 0 & 0 & c \end{pmatrix}\begin{pmatrix} a_{11} & a_{12} & a_{13} \\ a_{21} & a_{22} & a_{23} \\ a_{31} & a_{32} & a_{33} \end{pmatrix} = \begin{pmatrix} a_{11} & a_{12} & a_{13} \\ a_{21} & a_{22} & a_{23} \\ ca_{31} & ca_{32} & ca_{33} \end{pmatrix},$$

$$\begin{pmatrix} a_{11} & a_{12} & a_{13} \\ a_{21} & a_{22} & a_{23} \\ a_{31} & a_{32} & a_{33} \end{pmatrix}\begin{pmatrix} 1 & 0 & 0 \\ 0 & 1 & 0 \\ 0 & 0 & c \end{pmatrix} = \begin{pmatrix} a_{11} & a_{12} & ca_{13} \\ a_{21} & a_{22} & ca_{23} \\ a_{31} & a_{32} & ca_{33} \end{pmatrix}$$

となり，行列 A の第3行，あるいは，第3列がそれぞれ c 倍されることがわかる．

（3） 単位行列の非対角成分の1つ，例えば，(3, 1) 成分を定数 c にした

$$K = \begin{pmatrix} 1 & 0 & 0 \\ 0 & 1 & 0 \\ c & 0 & 1 \end{pmatrix}$$

を考える．行列 K を A の左側から掛けてみる．すると，

$$\begin{pmatrix} 1 & 0 & 0 \\ 0 & 1 & 0 \\ c & 0 & 1 \end{pmatrix}\begin{pmatrix} a_{11} & a_{12} & a_{13} \\ a_{21} & a_{22} & a_{23} \\ a_{31} & a_{32} & a_{33} \end{pmatrix} = \begin{pmatrix} a_{11} & a_{12} & a_{13} \\ a_{21} & a_{22} & a_{23} \\ a_{31} + ca_{11} & a_{32} + ca_{12} & a_{33} + ca_{13} \end{pmatrix}$$

を得る．つまり，行列 A の第1行が c 倍されて A の第3行に加えられることがわかる．また，行列 K を A の右側から掛けてみると

$$\begin{pmatrix} a_{11} & a_{12} & a_{13} \\ a_{21} & a_{22} & a_{23} \\ a_{31} & a_{32} & a_{33} \end{pmatrix}\begin{pmatrix} 1 & 0 & 0 \\ 0 & 1 & 0 \\ c & 0 & 1 \end{pmatrix} = \begin{pmatrix} a_{11} + ca_{13} & a_{12} & a_{13} \\ a_{21} + ca_{23} & a_{22} & a_{23} \\ a_{31} + ca_{33} & a_{32} & a_{33} \end{pmatrix}$$

となり，行列 A の第3列が c 倍されて A の第1列に加えられることがわかる．

上で述べた (1)〜(3) は，行あるいは列に関する操作の (1)〜(3) に対応していることがわかる．これらの 3 種類の行列を，一般的な形でまとめておこう．

$$
\begin{array}{c}
\qquad\qquad\qquad\qquad\text{第 } i \text{ 列} \qquad\qquad\qquad \text{第 } j \text{ 列} \\
J_n(i,\,j) = \left(\begin{array}{ccccccccccc}
1 & & & \vdots & & & & \vdots & & & \\
 & \ddots & & \vdots & & & & \vdots & & & \\
 & & 1 & \vdots & & & & \vdots & & & \\
\cdots & \cdots & \cdots & 0 & \cdots & \cdots & \cdots & 1 & \cdots & \cdots & \cdots \\
 & & & \vdots & 1 & & & \vdots & & & \\
 & & & \vdots & & \ddots & & \vdots & & & \\
 & & & \vdots & & & 1 & \vdots & & & \\
\cdots & \cdots & \cdots & 1 & \cdots & \cdots & \cdots & 0 & \cdots & \cdots & \cdots \\
 & & & \vdots & & & & \vdots & 1 & & \\
 & & & \vdots & & & & \vdots & & \ddots & \\
 & & & \vdots & & & & \vdots & & & 1
\end{array}\right)
\begin{array}{l}
\\ \\ \\ \text{第 } i \text{ 行} \\ \\ \\ \\ \text{第 } j \text{ 行} \\ \\ \\ \\
\end{array}
\end{array}
$$

$J_n(i,\,j)$ は，n 次単位行列の第 i 行（列）と第 j 行（列）とを交換した行列である．$m \times n$ 行列 A に対して $J_m(i,\,j)$ を左から掛けると，A の第 i 行と第 j 行とが交換される．また，$J_n(i,\,j)$ を右から掛けると A の第 i 列と第 j 列とが交換される．

$$
\begin{array}{c}
\qquad\qquad\qquad\text{第 } i \text{ 列} \\
Q_n(i;\,c) = \left(\begin{array}{ccccccc}
1 & & & \vdots & & & \\
 & \ddots & & \vdots & & & \\
 & & 1 & \vdots & & & \\
\cdots & \cdots & \cdots & c & \cdots & \cdots & \cdots \\
 & & & \vdots & 1 & & \\
 & & & \vdots & & \ddots & \\
 & & & \vdots & & & 1
\end{array}\right)
\begin{array}{l}
\\ \\ \\ \text{第 } i \text{ 行} \\ \\ \\ \\
\end{array}
\end{array}
$$

$Q_n(i;\,c)$ は，n 次単位行列の $(i,\,i)$ 成分を 0 でない数 c に変えた行列である．$m \times n$ 行列 A に対して $Q_m(i;\,c)$ を左から掛けると，A の第 i 行が c 倍される．また，$Q_n(i;\, c)$ を右から掛けると，A の第 i 列が c 倍される．

$$K_n(i,\, j;\, c) = \begin{pmatrix} 1 & & & & \vdots & & \\ & \ddots & & & \vdots & & \\ \cdots\cdots & & 1 & \cdots & c & \cdots\cdots & \\ & & & \ddots & \vdots & & \\ & & & & 1 & & \\ & & & & \vdots & \ddots & \\ & & & & \vdots & & 1 \end{pmatrix} \begin{matrix} \\ \\ \text{第 } i \text{ 行} \\ \\ \\ \\ \\ \end{matrix}$$

（第 j 列）

$K_n(i,\, j;\, c)$ は，n 次単位行列の $(i,\, j)$ 成分 $(i \neq j)$ を数 c に変えた行列である．$m \times n$ 行列 A に対し $K_m(i,\, j;\, c)$ を左から掛けると，A の第 i 行に第 j 行の c 倍が加わる．また，$K_n(i,\, j;\, c)$ を右から掛けると，A の第 j 列に第 i 列の c 倍が加わる．

上の3種類の行列 $J_n(i,\, j)$, $Q_n(i;\, c)$, $K_n(i,\, j;\, c)$ は逆行列をもち，それらは

$$J_n(i,\, j)^{-1} = J_n(i,\, j), \quad Q_n(i;\, c)^{-1} = Q_n\left(i;\, \frac{1}{c}\right),$$
$$K_n(i,\, j;\, c)^{-1} = K_n(i,\, j;\, -c)$$

で与えられる．

◆**問 3.11**　次の行列

$$J_3(1,\, 2) = \begin{pmatrix} 0 & 1 & 0 \\ 1 & 0 & 0 \\ 0 & 0 & 1 \end{pmatrix}, \quad Q_3(3;\, c) = \begin{pmatrix} 1 & 0 & 0 \\ 0 & 1 & 0 \\ 0 & 0 & c \end{pmatrix},$$
$$K_3(3,\, 1;\, c) = \begin{pmatrix} 1 & 0 & 0 \\ 0 & 1 & 0 \\ c & 0 & 1 \end{pmatrix}$$

の逆行列が，それぞれ

$$J_3(1,\, 2), \quad Q_3\left(3;\, \frac{1}{c}\right), \quad K_3(3,\, 1;\, -c)$$

で与えられることを確かめよ．

上で述べた 3 種類の正方行列を**基本行列**という．これらは必ず逆行列をもつので正則である（➡ p. 88）．行列 A に対して，A の左側から基本行列を掛けることにより，A の行に関する基本変形が実行できる．また，A の右側から基本行列を掛けることにより，A の列に関する基本変形が実行できる．

行に関する基本変形は，左側から基本行列を掛けるため，**左基本変形**とよばれることもある．同様に，列に関する基本変形は，**右基本変形**とよばれる．左基本変形および右基本変形の両方を合わせて，単に**基本変形**という．基本変形を用いると，どんな行列 A であっても，例えば次のように変形できる：

$$A = \begin{pmatrix} a_{11} & a_{12} & a_{13} & \cdots & a_{1n} \\ a_{21} & a_{22} & a_{23} & \cdots & a_{2n} \\ a_{31} & a_{32} & a_{33} & \cdots & a_{3n} \\ \vdots & \vdots & \vdots & & \vdots \\ a_{m1} & a_{m2} & a_{m3} & \cdots & a_{mn} \end{pmatrix} \xrightarrow{(1)} \begin{pmatrix} 1 & a_{12}' & a_{13}' & \cdots & a_{1n}' \\ a_{21} & a_{22} & a_{23} & \cdots & a_{2n} \\ a_{31} & a_{32} & a_{33} & \cdots & a_{3n} \\ \vdots & \vdots & \vdots & & \vdots \\ a_{m1} & a_{m2} & a_{m3} & \cdots & a_{mn} \end{pmatrix}$$

$$\xrightarrow{(2)} \begin{pmatrix} 1 & a_{12}' & a_{13}' & \cdots & a_{1n}' \\ 0 & a_{22}' & a_{23}' & \cdots & a_{2n}' \\ 0 & a_{32}' & a_{33}' & \cdots & a_{3n}' \\ \vdots & \vdots & \vdots & & \vdots \\ 0 & a_{m2}' & a_{m3}' & \cdots & a_{mn}' \end{pmatrix} \xrightarrow{(3)} \left(\begin{array}{c|cccc} 1 & 0 & 0 & \cdots & 0 \\ \hline 0 & a_{22}' & a_{23}' & \cdots & a_{2n}' \\ 0 & a_{32}' & a_{33}' & \cdots & a_{3n}' \\ \vdots & \vdots & \vdots & & \vdots \\ 0 & a_{m2}' & a_{m3}' & \cdots & a_{mn}' \end{array}\right)$$

$$\xrightarrow{(4)} \left(\begin{array}{c|cccc} 1 & 0 & 0 & \cdots & 0 \\ \hline 0 & 1 & a_{23}'' & \cdots & a_{2n}'' \\ 0 & a_{32}' & a_{33}' & \cdots & a_{3n}' \\ \vdots & \vdots & \vdots & & \vdots \\ 0 & a_{m2}' & a_{m3}' & \cdots & a_{mn}' \end{array}\right) \xrightarrow{(5)} \left(\begin{array}{c|cccc} 1 & 0 & 0 & \cdots & 0 \\ \hline 0 & 1 & a_{23}'' & \cdots & a_{2n}'' \\ 0 & 0 & a_{33}'' & \cdots & a_{3n}'' \\ \vdots & \vdots & \vdots & & \vdots \\ 0 & 0 & a_{m3}'' & \cdots & a_{mn}'' \end{array}\right)$$

$$\xrightarrow{(6)} \left(\begin{array}{cc|ccc} 1 & 0 & 0 & \cdots & 0 \\ 0 & 1 & 0 & \cdots & 0 \\ \hline 0 & 0 & a_{33}'' & \cdots & a_{3n}'' \\ \vdots & \vdots & \vdots & & \vdots \\ 0 & 0 & a_{m3}'' & \cdots & a_{mn}'' \end{array}\right) \longrightarrow \cdots \longrightarrow \widetilde{A}$$

〈各操作は次ページに示してある〉

(1) 第1行 $\div a_{11}$

(2) 第 i 行 $-$ 第1行 $\times a_{i1}$

(3) 第 j 列 $-$ 第1列 $\times a_{1j}{}'$

(4) 第2行 $\div a_{22}{}'$

(5) 第 i 行 $-$ 第2行 $\times a_{i2}{}'$

(6) 第 j 列 $-$ 第2列 $\times a_{2j}{}''$

このように次々に変形すれば，最終的には

$$\widetilde{A} = \begin{pmatrix} 1 & 0 & \cdots & 0 & 0 & \cdots & 0 \\ 0 & \ddots & & \vdots & \vdots & & \vdots \\ \vdots & & \ddots & 0 & \vdots & & \vdots \\ 0 & \cdots & 0 & 1 & 0 & \cdots & 0 \\ 0 & \cdots & \cdots & 0 & 0 & \cdots & 0 \\ \vdots & & & \vdots & \vdots & & \vdots \\ 0 & \cdots & \cdots & 0 & 0 & \cdots & 0 \end{pmatrix} \quad \left(\begin{array}{l}\text{□部分は単位行列} \\ \text{の形になっている}\end{array}\right)$$

のような0と1だけからなる形の行列に変形できると思われる．上の変形で行う操作を行列によって表すことを，次の例題を通して考えてみよう．

例題 3.6

行列

$$A = \begin{pmatrix} 2 & -1 & 1 \\ 1 & 1 & 2 \end{pmatrix}$$

は，適当な行列 L と R を用いて

$$LAR = \widetilde{A}, \quad \widetilde{A} = \begin{pmatrix} 1 & 0 & 0 \\ 0 & 1 & 0 \end{pmatrix}$$

のように変形できるという．L と R を求めよ．

【解説】　A に対して，基本変形

（1）　第 1 行と第 2 行を交換

（2）　第 2 行 − 第 1 行 × 2

（3）　第 2 列 − 第 1 列

（4）　第 3 列 − 第 1 列 × 2

（5）　第 2 行 ÷ (−3)

（6）　第 3 列 − 第 2 列

を次々に行えば $\tilde{A}$ のような形の行列に変形できることはすぐにわかる．問題は L と R を求めることである．

まず，操作 (1) を与える行列 L_1 は，

$$L_1 = J_2(1,\, 2) = \begin{pmatrix} 0 & 1 \\ 1 & 0 \end{pmatrix}$$

2	−1	1
1	1	2
1	1	2
2	−1	1
1	1	2
0	−3	−3
1	0	2
0	−3	−3
1	0	0
0	−3	−3
1	0	0
0	1	1
1	0	0
0	1	0

であり，L_1A は

$$L_1A = A_1, \quad A_1 = \begin{pmatrix} 1 & 1 & 2 \\ 2 & -1 & 1 \end{pmatrix}.$$

同様に，A_1 に対して (2) の操作を行うことは，

$$L_2 = K_2(2,\, 1;\, -2) = \begin{pmatrix} 1 & 0 \\ -2 & 1 \end{pmatrix}$$

を用いることであるから，L_2A_1 は

$$L_2A_1 = A_2, \quad A_2 = \begin{pmatrix} 1 & 1 & 2 \\ 0 & -3 & -3 \end{pmatrix}$$

と書ける．$A_1 = L_1A$ であるから，

$$L_2L_1A = A_2$$

となる．さらに，行列 A_2 に対して，操作 (3) を行う．これは，行列

$$R_3 = K_3(1,\, 2;\, -1) = \begin{pmatrix} 1 & -1 & 0 \\ 0 & 1 & 0 \\ 0 & 0 & 1 \end{pmatrix}$$

によって

$$A_2R_3 = \begin{pmatrix} 1 & 0 & 2 \\ 0 & -3 & -3 \end{pmatrix}$$

のように書ける．$A_2 = L_2L_1A$ であるから，

$$L_2L_1AR_3 = A_3, \quad A_3 = \begin{pmatrix} 1 & 0 & 2 \\ 0 & -3 & -3 \end{pmatrix}$$

となる．同様に考えて操作 (4)~(6) を行うと，結局

$$L_5L_2L_1AR_3R_4R_6 = \begin{pmatrix} 1 & 0 & 0 \\ 0 & 1 & 0 \end{pmatrix} = \widetilde{A}$$

となることがわかる．ただし，各操作を与える行列は

$$R_4 = K_3(1,\,3;\,-2) = \begin{pmatrix} 1 & 0 & -2 \\ 0 & 1 & 0 \\ 0 & 0 & 1 \end{pmatrix},$$

$$L_5 = Q_2\left(2;\,-\frac{1}{3}\right) = \begin{pmatrix} 1 & 0 \\ 0 & -\frac{1}{3} \end{pmatrix},$$

$$R_6 = K_3(2,\,3;\,-1) = \begin{pmatrix} 1 & 0 & 0 \\ 0 & 1 & -1 \\ 0 & 0 & 1 \end{pmatrix}$$

である．したがって，

$$L = L_5L_2L_1 = \frac{1}{3}\begin{pmatrix} 0 & 3 \\ -1 & 2 \end{pmatrix}, \quad R = R_3R_4R_6 = \begin{pmatrix} 1 & -1 & -1 \\ 0 & 1 & -1 \\ 0 & 0 & 1 \end{pmatrix}$$

とおくと，

$$LAR = \widetilde{A}$$

が成り立つ．ここで，L_1, L_2, L_5 は行に関する操作 (1), (2), (5) に対応しており，R_3, R_4, R_6 は列に関する操作 (3), (4), (6) に対応している．■

上で述べたことからわかるように，どんな行列 A に対しても，基本変形を次々に行うことにより，$\widetilde{A}$ の形の行列に変形できる．$\widetilde{A}$ を A の**ランク標準形**という．証明は省略するが，$\widetilde{A}$ に現れる 1 の個数は，基本変形の仕方によらず，与えられた行列 A に「固有の数」であることが知られている．そこで，$\widetilde{A}$ に現れる 1 の個数を行列の**階数**または**ランク**という．例題 3.6 の行列 A の場合だと，ランクは 2 である．以上をまとめると，次の定理を得る．

定理 3.1

$m \times n$ 行列 A に対して，適当な m 次正則行列 L と n 次正則行列 R を用いて

$$LAR = \widetilde{A}, \quad \widetilde{A} = \left(\begin{array}{cccc|ccc} 1 & 0 & \cdots & 0 & 0 & \cdots & 0 \\ 0 & \ddots & & \vdots & \vdots & & \vdots \\ \vdots & & \ddots & 0 & \vdots & & \vdots \\ 0 & \cdots & 0 & 1 & 0 & \cdots & 0 \\ \hline 0 & & \cdots\cdots & 0 & 0 & \cdots & 0 \\ \vdots & & & \vdots & \vdots & & \vdots \\ 0 & & \cdots\cdots & 0 & 0 & \cdots & 0 \end{array}\right)$$

とできる．L と R は，それぞれ，行に関する基本変形，列に関する基本変形を表す基本行列の積として具体的に与えられる．また，$\widetilde{A}$ を A のランク標準形といい，$\widetilde{A}$ に現れる 1 の個数を A のランクという．

行列 A のランク は $r(A)$，$\operatorname{rank} A$ などの記号を用いて表される．例えば，例題 3.6 の場合であれば，$r(A) = 2$ あるいは $\operatorname{rank} A = 2$ と表される．

また，上の定理における L と R を求める計算は，実際には逆行列を求めるのと同様の計算である．ここでは，例題 3.6 の行列 A に対して行った (1)〜(6) の操作に対応する計算を示す（行列変形の表は次ページに示す）．

	2	−1	1	1	0	L
	1	1	2	0	1	L
R	1	0	0			
R	0	1	0			
R	0	0	1			

1	1	2	0	1
2	−1	1	1	0
1	0	0		
0	1	0		
0	0	1		

1	1	2	0	1
0	−3	−3	1	−2
1	0	0		
0	1	0		
0	0	1		

〈右側に続く〉

1	0	0	0	1
0	−3	−3	1	−2
1	−1	−2		
0	1	0		
0	0	1		

1	0	0	0	1
0	1	1	$-\frac{1}{3}$	$\frac{2}{3}$
1	−1	−2		
0	1	0		
0	0	1		

1	0	0	0	1
0	1	0	$-\frac{1}{3}$	$\frac{2}{3}$
1	−1	−1		
0	1	−1		
0	0	1		

これより，例題 3.6 と同じ次の結果を得る：

$$L = \frac{1}{3}\begin{pmatrix} 0 & 3 \\ -1 & 2 \end{pmatrix}, \quad R = \begin{pmatrix} 1 & -1 & -1 \\ 0 & 1 & -1 \\ 0 & 0 & 1 \end{pmatrix}.$$

▶ **注意**　行列をランク標準形に変形する行列 L と R の選び方は何通りもある．例えば，上の例題 3.6 の場合では，

$$L = \frac{1}{3}\begin{pmatrix} 1 & 1 \\ -2 & 1 \end{pmatrix}, \quad R = \begin{pmatrix} 0 & 0 & 1 \\ 0 & 1 & 1 \\ 1 & 0 & -1 \end{pmatrix}$$

としても，$LAR = \widetilde{A}$ を得る．これは，どんな順番で行基本変形と列基本変形を行ったのかによる違いである．大切なことは，どのような順番で基本変形を行っても，最終的に得られるランク標準形はただ 1 通りに決まるということである．

このことから，行列のランクには何か別の数学的な意味があると予想される．実際，5.2 節で行列のランクの意味を改めて考えることにする．

▶ **注意**　逆行列を求める場合は行に関する基本変形のみを用いていたが，ランク標準形への変形を行う場合は列に関する基本変形も利用する．その違いが上の計算方法（「表」）に反映されている．これまでに学んだ計算方法をまとめると，次のようになる．

(1)　連立 1 次方程式の解法では，ピボット選択による変数交換のケースを除き，行に関する基本変形のみを利用する．

(2)　逆行列の計算においては，行に関する基本変形のみを利用する．

(3)　行列をランク標準形へ変形するときは，行に関する基本変形と列に関する基本変形の両方を利用する．

(1)〜(3) は同じような計算だが，その違いを理解し混同しないように注意しよう．

◆ **問 3.12**　行列

$$A = \begin{pmatrix} 1 & 2 & 3 \\ 1 & 2 & 3 \\ 1 & 2 & 3 \end{pmatrix}$$

は，適当な正則行列 L と R を用いて

$$LAR = \widetilde{A}, \quad \widetilde{A} = \begin{pmatrix} 1 & 0 & 0 \\ 0 & 0 & 0 \\ 0 & 0 & 0 \end{pmatrix}$$

のように変形できるという．L と R を求めよ．

例題 3.7

行列

$$\begin{pmatrix} 1 & -2 & 1 & 1 & 1 \\ 2 & -3 & 1 & 1 & 0 \\ 0 & 1 & -1 & 1 & 2 \\ -1 & 1 & 0 & 0 & 1 \end{pmatrix}$$

のランクを求めよ．

【解説】 ランク標準形に変形する行列を求めるのではなく，単に行列のランクを求めるだけならば，行基本変形のみを用いて次のような方針で計算するとよい．

(1) 第2行 − 第1行 × 2,
　　第4行 + 第1行

(2) 第3行 − 第2行,
　　第4行 + 第2行

(3) 第3行 ÷ 2

1	−2	1	1	1
2	−3	1	1	0
0	1	−1	1	2
−1	1	0	0	1
1	−2	1	1	1
0	1	−1	−1	−2
0	1	−1	1	2
0	−1	1	1	2
1	−2	1	1	1
0	1	−1	−1	−2
0	0	0	2	4
0	0	0	0	0
1	−2	1	1	1
0	1	−1	−1	−2
0	0	0	1	2
0	0	0	0	0

この時点で，与えられた行列のランクは3であると予想できる．実際，列変形のみを用いてさらに計算を続けると，

(1) 第2列 + 第1列 × 2,
　　第3列 − 第1列,
　　第4列 − 第1列,
　　第5列 − 第1列

(2) 第3列 + 第2列，第4列 + 第2列，第5列 + 第2列 × 2

(3) 第3列と第4列を交換

(4) 第5列 − 第3列 × 2

1	0	0	0	0
0	1	−1	−1	−2
0	0	0	1	2
0	0	0	0	0
1	0	0	0	0
0	1	0	0	0
0	0	0	1	2
0	0	0	0	0

1	0	0	0	0
0	1	0	0	0
0	0	1	0	2
0	0	0	0	0
1	0	0	0	0
0	1	0	0	0
0	0	1	0	0
0	0	0	0	0

となる．したがって，この行列のランクは3である．■

上の例題において行変形のみを用いて得られた行列は，**階段行列**とよばれる次の形の行列であり，そのランクは r である．

$$\left.\begin{pmatrix} 1 & & & & & & & & \\ 0 & 0 & 1 & & & & * & & \\ & & & 0 & 1 & & & & \\ & & & & & 0 & 1 & & \\ & & & & & & 0 & 1 & \\ 0 & & & \cdots & \cdots & \cdots & & & 0 \\ \vdots & & & & & & & & \vdots \\ 0 & & & \cdots & \cdots & \cdots & & & 0 \end{pmatrix}\right. \begin{array}{l} \left.\begin{array}{l} \\ \\ \\ \\ \\ \end{array}\right\} \text{この行数が } r \\ \\ \\ \\ \end{array}$$

例えば，次の 2 つの階段行列のランクは，それぞれ 2, 3 である．

$$\begin{pmatrix} 1 & 2 & 8 & 2 \\ 0 & 0 & 1 & -1 \\ 0 & 0 & 0 & 0 \end{pmatrix}, \quad \begin{pmatrix} 1 & 3 & 1 & 2 & 3 & 7 \\ 0 & 1 & 4 & -1 & 1 & 1 \\ 0 & 0 & 1 & 3 & 5 & 2 \\ 0 & 0 & 0 & 0 & 0 & 0 \end{pmatrix}$$

◆**問 3.13**　次の行列を階段行列に変形し，ランクを求めよ．

(1) $\begin{pmatrix} 1 & 2 & 3 & 4 \\ 3 & 8 & 5 & 6 \\ 1 & 6 & -5 & -8 \end{pmatrix}$　　(2) $\begin{pmatrix} -3 & -2 & 1 \\ 5 & 7 & 4 \\ -1 & 3 & 4 \end{pmatrix}$

(3) $\begin{pmatrix} 1 & 1 & 2 \\ -1 & 4 & 1 \\ -2 & 3 & -1 \\ -1 & 9 & 4 \end{pmatrix}$

行列のランクは，数学的にいろいろな意味をもつ（➡ p. 159）．今はとりあえず，行列のランクとは，行列を次々に基本変形していき 0 と 1 だけからなるランク標準形へ変形したときに，その中に現れる 1 の個数であると理解して，先に進むことにしよう．

3.6 連立1次方程式の解の構造

ここでは，連立1次方程式 $A\boldsymbol{x} = \boldsymbol{b}$ を具体的に解くことではなく，解の存在やその個数を判定する条件を考えてみよう．簡単のため，A は正則行列（➡ p. 88）であるとする．つまり，A は逆行列をもち，$A\boldsymbol{x} = \boldsymbol{b}$ の解は

$$\boldsymbol{x} = A^{-1}\boldsymbol{b}$$

で与えられているとしよう．

ところで，3.4節の例題3.4と3.5（➡ p. 89, 90）で見たように，掃き出し法においては，A に何回か行基本変形を行うことによって A を単位行列に変形している．つまり，いくつかの基本行列の積からなる正則行列 L を用いて

$$LA = E$$

と変形している．よって，A の逆行列は $A^{-1} = L$ であり，$A\boldsymbol{x} = \boldsymbol{b}$ の解は

$$\boldsymbol{x} = A^{-1}\boldsymbol{b} = L\boldsymbol{b}$$

で与えられる．これは，連立1次方程式の解が掃き出し法によって求められることを保証している．掃き出し法を，連立1次方程式を解くための便利な計算法としてだけでなく，基本行列を左側から掛ける「同値変形」として理解しておくことが大切である．

最後に，行列のランクを用いて，連立1次方程式の解の種類を分類した定理3.2と，解の形を表現した定理3.3を紹介して終わることにする．3.2節で述べたように，連立1次方程式は

$$\begin{cases} \text{解をもたない} \\ \text{解をもつ} \quad \begin{cases} \text{ただ1つの解をもつ} & \text{（任意定数がない）} \\ \text{解を無数にもつ} & \text{（任意定数がある）} \end{cases} \end{cases}$$

のように分類される．次の定理を用いると，連立1次方程式が解をもつかどうかを判定できる．

定理 3.2（連立 1 次方程式の解の分類定理）

（i） 連立 1 次方程式

$$
(3.4) \qquad \begin{cases} a_{11}x_1 + a_{12}x_2 + \cdots + a_{1n}x_n = b_1 \\ a_{21}x_1 + a_{22}x_2 + \cdots + a_{2n}x_n = b_2 \\ \qquad\vdots \\ a_{m1}x_1 + a_{m2}x_2 + \cdots + a_{mn}x_n = b_m \end{cases} \qquad (A\boldsymbol{x} = \boldsymbol{b})
$$

が解をもつための必要十分条件は，2 つの行列

$$
A = \begin{pmatrix} a_{11} & a_{12} & \cdots & a_{1n} \\ a_{21} & a_{22} & \cdots & a_{2n} \\ \vdots & \vdots & & \vdots \\ a_{m1} & a_{m2} & \cdots & a_{mn} \end{pmatrix},
$$

$$
B = \begin{pmatrix} a_{11} & a_{12} & \cdots & a_{1n} & b_1 \\ a_{21} & a_{22} & \cdots & a_{2n} & b_2 \\ \vdots & \vdots & & \vdots & \vdots \\ a_{m1} & a_{m2} & \cdots & a_{mn} & b_m \end{pmatrix} = \left(\begin{array}{c|c} \boxed{\quad A \quad} & \begin{matrix} b_1 \\ b_2 \\ \vdots \\ b_m \end{matrix} \end{array} \right)
$$

のランクが等しい，すなわち，$r(A) = r(B)$ が成り立つことである．A を**係数行列**，A に列ベクトル $\boldsymbol{b}$ を加えた B を**拡大係数行列**という．

（ii） 連立 1 次方程式 (3.4) が解をもつとき，それは $n - r(A)$ 個の任意定数を含む解をもつ．すなわち，

- $r(A) = n$ ならば，連立 1 次方程式 (3.4) はただ 1 つの解をもつ．
- $r(A) < n$ ならば，連立 1 次方程式 (3.4) は無数の解をもつ．

この定理の証明は他の書物に譲ることにして，ここでは，定理 3.2 の意味を理解するために，次の簡単な連立 1 次方程式を例にとって考えてみよう．

$$
\begin{cases} x + y - 2z + 2w = a \\ x + 2y - z + w = b \\ x - y - 4z + 4w = c \end{cases}
$$

これは，4変数の連立1次方程式で，見かけの式は3つである．この方程式が解をもつために a, b, c がみたすべき条件を調べる．この方程式を掃き出し法で解いてみよう．

(1)　第2行 − 第1行

　　第3行 − 第1行

(2)　第3行 + 第2列 × 2

(3)　第1行 − 第2行

1	1	−2	2	a
1	2	−1	1	b
1	−1	−4	4	c
1	1	−2	2	a
0	1	1	−1	$b-a$
0	−2	−2	2	$c-a$
1	1	−2	2	a
0	1	1	−1	$b-a$
0	0	0	0	$-3a+2b+c$
1	0	−3	3	$2a-b$
0	1	1	−1	$b-a$
0	0	0	0	$-3a+2b+c$

これより，

$$\begin{cases} x \qquad -3z+3w = 2a-b \\ \qquad y+\ z-\ w = b-a \\ \qquad\qquad\quad 0 = -3a+2b+c \end{cases}$$

よって，$-3a+2b+c \neq 0$ のとき，与えられた方程式は解をもたない．一方，$-3a+2b+c=0$ のとき，与えられた3つの方程式は次の2つの式

$$\begin{cases} x \qquad -3z+3w = 2a-b \\ \qquad y+\ z-\ w = b-a \end{cases}$$

からなる連立1次方程式と同値であり，2つの任意定数 t, t' を含む解

$$\begin{cases} x = 3t-3t'+(2a-b) \\ y = -t+t'+(b-a) \\ z = t \\ w = t' \end{cases}$$

すなわち，

$$\begin{pmatrix} x \\ y \\ z \\ w \end{pmatrix} = \begin{pmatrix} 2a-b \\ b-a \\ 0 \\ 0 \end{pmatrix} + t\begin{pmatrix} 3 \\ -1 \\ 1 \\ 0 \end{pmatrix} + t'\begin{pmatrix} -3 \\ 1 \\ 0 \\ 1 \end{pmatrix}$$

をもつ．

この結果をふまえた上で，係数行列 A と拡大係数行列 B のランクを調べてみよう．A と B のランクを別々に計算してもよいのだが，A と B の形がたった1列異なるだけであるから，A と B を並べて同時に計算を行うとよい．

1	1	−2	2	1	1	−2	2	a
1	2	−1	1	1	2	−1	1	b
1	−1	−4	4	1	−1	−4	4	c
1	1	−2	2	1	1	−2	2	a
0	1	1	−1	0	1	1	−1	$b-a$
0	−2	−2	2	0	−2	−2	2	$c-a$
1	1	−2	2	1	1	−2	2	a
0	1	1	−1	0	1	1	−1	$b-a$
0	0	0	0	0	0	0	0	$-3a+2b+c$

前節で述べた階段行列の性質（➡ p.105）より，$-3a+2b+c=0$ のとき $r(A)=r(B)$ が成り立つことがわかる．すなわち，定理3.2における $r(A)=r(B)$ とは，掃き出し法を用いて連立1次方程式を解いたときに方程式が解をもつための条件（この例の場合には $-3a+2b+c=0$ であること）を言い換えたものであるということがわかる．このとき，$r(A)=r(B)=2$ であり，方程式の式の個数は実は2つだったことになる．つまり，この方程式は見かけ上は3つの式からなっていたのだが，実は2つの式しかなかったのである（独立な式は2つであるといってもよい）．その結果として，**解の自由度**，すなわち，解に含まれる任意定数の個数は

変数の個数 − （独立な）式の個数

により，

$$n-r(A)=4-2=2$$

であることがわかる．要するに，$r(A)$ は，与えられた方程式の（見かけ上でない）本当に必要な独立した式の個数を意味しているのである．

この例をよく眺めると，掃き出し法を用いて，一般的な形の連立 1 次方程式を解くということは，式 (3.4) を

$$
(3.5)\quad \begin{cases} x_1 \qquad\qquad + a_{1\,r+1}{}'x_{r+1} + \cdots + a_{1n}{}'x_n = b_1{}' \\ \quad x_2 \qquad + a_{2\,r+1}{}'x_{r+1} + \cdots + a_{2n}{}'x_n = b_2{}' \\ \qquad \ddots \qquad\qquad \vdots \\ \qquad\quad x_r + a_{r\,r+1}{}'x_{r+1} + \cdots + a_{rn}{}'x_n = b_r{}' \\ \qquad\qquad\qquad\qquad 0 = b_{r+1}{}' \\ \qquad\qquad\qquad\qquad 0 = b_{r+2}{}' \\ \qquad\qquad\qquad\qquad \vdots \\ \qquad\qquad\qquad\qquad 0 = b_m{}' \end{cases}
$$

の形の方程式へ変形することだと気がつくだろう．ここで，$r = r(A)$ である．

▶ **注意**　正確には，連立 1 次方程式の解法では，変数の並ぶ順番を変更する（ピボット選択，例題 3.3，➡ p. 86）こともあるので，変数の並びは必ずしも $x_1, x_2, \ldots, x_n$ のような順番通りにそろっていないこともありうる．

これより，もしも $b_{r+1}{}', b_{r+2}{}', \ldots, b_m{}'$ の中に 1 つでも 0 でないものがあれば，$r(A) \neq r(B)$ となるため，連立 1 次方程式 (3.5) は解をもたないことになる．

一方，$r(A) = r(B)$ ならば，すべての $b_{r+1}{}', b_{r+2}{}', \ldots, b_m{}'$ が 0 になり，(3.5) は解をもつ．このとき，(3.5) は r $(= r(A))$ 個の式からなる連立 1 次方程式となり，その解は

$$
(3.6)\quad \begin{cases} x_1 = b_1{}' - a_{1\,r+1}{}'t_{r+1} - \cdots - a_{1n}{}'t_n \\ x_2 = b_2{}' - a_{2\,r+1}{}'t_{r+1} - \cdots - a_{2n}{}'t_n \\ \quad \vdots \\ x_r = b_r{}' - a_{r\,r+1}{}'t_{r+1} - \cdots - a_{rn}{}'t_n \\ x_{r+1} = t_{r+1} \\ x_{r+2} = t_{r+2} \\ \quad \vdots \\ x_n = t_n \end{cases}
$$

すなわち,

$$\begin{pmatrix} x_1 \\ x_2 \\ \vdots \\ x_r \\ x_{r+1} \\ x_{r+2} \\ \vdots \\ x_n \end{pmatrix} = \begin{pmatrix} b_1{}' \\ b_2{}' \\ \vdots \\ b_r{}' \\ 0 \\ 0 \\ \vdots \\ 0 \end{pmatrix} + t_{r+1} \begin{pmatrix} -a_{1\,r+1}{}' \\ -a_{2\,r+1}{}' \\ \vdots \\ -a_{r\,r+1}{}' \\ 1 \\ 0 \\ \vdots \\ 0 \end{pmatrix} + \cdots + t_n \begin{pmatrix} -a_{1n}{}' \\ -a_{2n}{}' \\ \vdots \\ -a_{rn}{}' \\ 0 \\ \vdots \\ 0 \\ 1 \end{pmatrix}$$

で与えられることがわかる．ここで，$t_{r+1}, \ldots, t_n$ は任意定数であって，その個数は $n - r = n - r(A)$ である．以上により，次の定理が成り立つ．

定理 3.3（連立 1 次方程式の解の構造定理）

連立 1 次方程式

$$\text{(3.7)} \qquad \begin{cases} a_{11}x_1 + \ a_{12}x_2 + \cdots + \ a_{1n}x_n = b_1 \\ a_{21}x_1 + \ a_{22}x_2 + \cdots + \ a_{2n}x_n = b_2 \\ \qquad\qquad\qquad \vdots \\ a_{m1}x_1 + a_{m2}x_2 + \cdots + a_{mn}x_n = b_m \end{cases} \qquad (A\boldsymbol{x} = \boldsymbol{b})$$

が解をもてば，それは次の形で与えられる：

$$\boldsymbol{x} = \boldsymbol{b}' + t_{r+1}\boldsymbol{a}_{r+1}{}' + \cdots + t_n\boldsymbol{a}_n{}' \quad (t_{r+1}, \ldots, t_n \text{ は任意定数}).$$

ここで，$r = r(A)$（A は連立 1 次方程式 (3.7) の係数行列）であって，

$$\boldsymbol{x} = \begin{pmatrix} x_1 \\ x_2 \\ \vdots \\ x_r \\ x_{r+1} \\ x_{r+2} \\ \vdots \\ x_n \end{pmatrix}, \ \boldsymbol{b}' = \begin{pmatrix} b_1{}' \\ b_2{}' \\ \vdots \\ b_r{}' \\ 0 \\ 0 \\ \vdots \\ 0 \end{pmatrix}, \ \boldsymbol{a}_{r+1}{}' = \begin{pmatrix} -a_{1\,r+1}{}' \\ -a_{2\,r+1}{}' \\ \vdots \\ -a_{r\,r+1}{}' \\ 1 \\ 0 \\ \vdots \\ 0 \end{pmatrix}, \ \ldots, \ \boldsymbol{a}_n' = \begin{pmatrix} -a_{1n}{}' \\ -a_{2n}{}' \\ \vdots \\ -a_{rn}{}' \\ 0 \\ \vdots \\ 0 \\ 1 \end{pmatrix}$$

である．これより，

任意定数の個数（解の自由度）＝変数の個数 n − 独立な式の個数 $r(A)$

が成り立つ．とくに，(3.7) において定数項がすべて 0 となる連立1次方程式

$$
(3.8)\qquad \begin{cases} a_{11}x_1 + a_{12}x_2 + \cdots + a_{1n}x_n = 0 \\ a_{21}x_1 + a_{22}x_2 + \cdots + a_{2n}x_n = 0 \\ \qquad\vdots \\ a_{m1}x_1 + a_{m2}x_2 + \cdots + a_{mn}x_n = 0 \end{cases}
$$

は解をもち，それは

$$
\boldsymbol{x} = t_{r+1}\boldsymbol{a}_{r+1}' + \cdots + t_n\boldsymbol{a}_n'
$$

で与えられる．ここで $r = r(A)$ である．

◆**問 3.14**　次の連立1次方程式が解をもつかどうか調べよ．

$$
\begin{cases} x - 2y + 3z = a \\ 2x + y + z = b \\ x + 3y - 2z = c \end{cases}
$$

◆**問 3.15**　$\boldsymbol{x}_0$ は，連立1次方程式 $A\boldsymbol{x} = \boldsymbol{b}$ の解の1つであるとする．このとき，$A\boldsymbol{x} = \boldsymbol{b}$ の任意の解は，

$$
\boldsymbol{x} = \boldsymbol{x}_0 + \boldsymbol{x}'
$$

の形で表されることを示せ．ここで，$\boldsymbol{x}'$ は $A\boldsymbol{x} = \boldsymbol{0}$ の解である．

練習問題

3.1　次の連立1次方程式が解をもてば，それを求めよ．

(1) $\begin{cases} x_1 + x_2 + x_3 = 0 \\ 4x_1 + x_2 + 2x_3 = 0 \\ 3x_1 - 3x_2 - x_3 = 0 \end{cases}$　　(2) $\begin{cases} 5x_1 + 2x_2 + 2x_3 - x_4 = 2 \\ 2x_1 + x_2 + 2x_3 = 1 \\ 3x_1 + x_2 - x_4 = 0 \\ 2x_1 + x_2 + x_3 = -1 \end{cases}$

(3) $\begin{cases} 3x_2 + 3x_3 - 2x_4 = 2 \\ x_1 + x_2 + 2x_3 + 3x_4 = 0 \\ x_1 + 2x_2 + 3x_3 + 2x_4 = 1 \\ x_1 + 3x_2 + 4x_3 + 2x_4 = 1 \end{cases}$

(4) $\begin{cases} x_1 - 3x_2 - x_3 + 2x_4 = 3 \\ -x_1 + 3x_2 + 2x_3 - 2x_4 = 1 \\ -x_1 + 3x_2 + 4x_3 - 2x_4 = 9 \\ 2x_1 - 6x_2 - 5x_3 + 4x_4 = -6 \end{cases}$

(5) $\begin{cases} x_1 - 2x_2 + 3x_4 = 2 \\ x_1 - 2x_2 + x_3 + 2x_4 + x_5 = 2 \\ 2x_1 - 4x_2 + x_3 + 5x_4 + 2x_5 = 5 \end{cases}$

3.2 次の行列に逆行列があれば求めよ.

(1) $\begin{pmatrix} 2 & 1 & 0 \\ 6 & 4 & -1 \\ -5 & -3 & 1 \end{pmatrix}$ (2) $\begin{pmatrix} 1 & -2 & -1 & -1 \\ 2 & 3 & 5 & -5 \\ 3 & 1 & 4 & 2 \\ 1 & 5 & 6 & 0 \end{pmatrix}$

(3) $\begin{pmatrix} 1 & -1 & 1 & -1 \\ -1 & 0 & 0 & 0 \\ 1 & 0 & 1 & -1 \\ -1 & 0 & -1 & 0 \end{pmatrix}$

3.3 正方行列 A が次のようにブロック分けされているとする.

$$A = \begin{pmatrix} B & C \\ O & D \end{pmatrix}$$

ただし, B, D は正則な正方行列, O は零行列とする. このとき, A の逆行列を B, C, D を用いて具体的に表せ.

3.4 次の行列のランクを求めよ.

(1) $\begin{pmatrix} 1 & 2 & 3 & 4 \\ 5 & 6 & 7 & 8 \\ 9 & 10 & 11 & 12 \end{pmatrix}$ (2) $\begin{pmatrix} 1 & x & x \\ x & 1 & x \\ x & x & 1 \end{pmatrix}$

(3) $\begin{pmatrix} a & b & b & b \\ a & b & a & a \\ a & a & b & a \\ b & b & b & a \end{pmatrix}$

3.5　次の連立1次方程式が解をもつように a の値を定め，解を求めよ．

(1) $\begin{cases} x - 3y + 4z = -2 \\ 5x + 2y + 3z = a \\ 4x - y + 5z = 3 \end{cases}$　　(2) $\begin{cases} x + 2y + 3z + 4w = 2 \\ 3x + y - z - 3w = 1 \\ 4x + 3y + 2z + w = a \\ 7x + 5y + 3z + w = 5 \end{cases}$

3.6　次の行列 A をランク標準形 $\tilde{A}$ に変形せよ．また，行列 A を $\tilde{A}$ に変形する行列 L と R $(\tilde{A} = LAR)$ を求めよ．

(1) $A = \begin{pmatrix} 1 & 4 \\ 2 & 5 \\ 3 & 6 \end{pmatrix}$　　(2) $A = \begin{pmatrix} 1 & 2 & 1 & 4 \\ 2 & 4 & 3 & 5 \\ -1 & -2 & 0 & -7 \end{pmatrix}$

第 4 章

行　列　式

第 1 章で，最も簡単な 2 次の行列式についてふれた．しかし，行列式の性質を一通り紹介してはいない．ここでは，改めて 2 次と 3 次の行列式の関係を調べた後，n 次の行列式を帰納的に定義する．また，行列式の計算規則を述べ，その計算方法を説明し，最後に行列式の応用について述べる．

4.1　2 次と 3 次の行列式

1.1 節（➡ p. 7）で見たように，2 次の行列式は次のように定義される．

定義 4.1

2 次正方行列

$$A = \begin{pmatrix} a_{11} & a_{12} \\ a_{21} & a_{22} \end{pmatrix}$$

の行列式を

$$\det A = |A| = \begin{vmatrix} a_{11} & a_{12} \\ a_{21} & a_{22} \end{vmatrix} = a_{11}a_{22} - a_{12}a_{21}$$

と定義する．

行列

$$A = \begin{pmatrix} a_{11} & a_{12} \\ a_{21} & a_{22} \end{pmatrix}$$

に対して，列ベクトルを

$$\boldsymbol{a}_1 = \begin{pmatrix} a_{11} \\ a_{21} \end{pmatrix}, \quad \boldsymbol{a}_2 = \begin{pmatrix} a_{12} \\ a_{22} \end{pmatrix}$$

とおくと，$A = (\boldsymbol{a}_1 \ \ \boldsymbol{a}_2)$ と書けるので，行列式は $\det(\boldsymbol{a}_1, \boldsymbol{a}_2)$ と書くこともできる．

以下では，行列式が連立 1 次方程式の解法研究の中から生まれたという，歴史的な流れに沿って説明する．

さて，連立 1 次方程式

$$\begin{cases} a_1x + b_1y = p_1 \\ a_2x + b_2y = p_2 \end{cases}$$

を加減法で解いてみよう．

$$\begin{array}{lrl} & b_2 \cdot a_1x + b_2 \cdot b_1y &= b_2 \cdot p_1 \\ - & b_1 \cdot a_2x + b_1 \cdot b_2y &= b_1 \cdot p_2 \\ \hline & (b_2a_1 - b_1a_2)x \qquad & = b_2p_1 - b_1p_2 \end{array}$$

であるから，$a_1b_2 - a_2b_1 \neq 0$ のとき

$$x = \frac{p_1b_2 - p_2b_1}{a_1b_2 - a_2b_1}$$

となる．同様にして，

$$y = \frac{a_1p_2 - a_2p_1}{a_1b_2 - a_2b_1}$$

を得る．この結果を行列式を用いて書くと，**クラメルの公式**を得る：

$$x = \frac{\det(\boldsymbol{p}, \boldsymbol{b})}{\det(\boldsymbol{a}, \boldsymbol{b})} = \frac{\begin{vmatrix} p_1 & b_1 \\ p_2 & b_2 \end{vmatrix}}{\begin{vmatrix} a_1 & b_1 \\ a_2 & b_2 \end{vmatrix}}, \quad y = \frac{\det(\boldsymbol{a}, \boldsymbol{p})}{\det(\boldsymbol{a}, \boldsymbol{b})} = \frac{\begin{vmatrix} a_1 & p_1 \\ a_2 & p_2 \end{vmatrix}}{\begin{vmatrix} a_1 & b_1 \\ a_2 & b_2 \end{vmatrix}}.$$

ただし，

$$\boldsymbol{a} = \begin{pmatrix} a_1 \\ a_2 \end{pmatrix}, \quad \boldsymbol{b} = \begin{pmatrix} b_1 \\ b_2 \end{pmatrix}, \quad \boldsymbol{p} = \begin{pmatrix} p_1 \\ p_2 \end{pmatrix}.$$

次に，3 次の行列式について考えるために，3 変数の連立 1 次方程式

$$\begin{cases} a_1x + b_1y + c_1z = p_1 \\ a_2x + b_2y + c_2z = p_2 \\ a_3x + b_3y + c_3z = p_3 \end{cases} \tag{4.1}$$

を加減法で解いてみよう．式 (4.1) において，第 1 式 $\times c_2 -$ 第 2 式 $\times c_1$ により，z を消去すると，

$$(a_1c_2 - a_2c_1)x + (b_1c_2 - b_2c_1)y = c_2p_1 - c_1p_2$$

を得る．同様に，第 1 式 $\times c_3 -$ 第 3 式 $\times c_1$ により，

$$(a_1c_3 - a_3c_1)x + (b_1c_3 - b_3c_1)y = c_3p_1 - c_1p_3$$

を得る．この 2 式から y を消去すると

$$\begin{aligned} &\{(a_1c_2 - a_2c_1)(b_1c_3 - b_3c_1) - (a_1c_3 - a_3c_1)(b_1c_2 - b_2c_1)\}x \\ &\quad = (c_2p_1 - c_1p_2)(b_1c_3 - b_3c_1) - (c_3p_1 - c_1p_3)(b_1c_2 - b_2c_1) \end{aligned}$$

となる．（分母が 0 にならないものと仮定して）かなり長い計算をすると，

$$x = \frac{p_1b_2c_3 + p_2b_3c_1 + p_3b_1c_2 - p_1b_3c_2 - p_2b_1c_3 - p_3b_2c_1}{a_1b_2c_3 + a_2b_3c_1 + a_3b_1c_2 - a_1b_3c_2 - a_2b_1c_3 - a_3b_2c_1}$$

となる．同様にして，

$$y = \frac{a_1p_2c_3 + a_2p_3c_1 + a_3p_1c_2 - a_1p_3c_2 - a_2p_1c_3 - a_3p_2c_1}{a_1b_2c_3 + a_2b_3c_1 + a_3b_1c_2 - a_1b_3c_2 - a_2b_1c_3 - a_3b_2c_1},$$

$$z = \frac{a_1b_2p_3 + a_2b_3p_1 + a_3b_1p_2 - a_1b_3p_2 - a_2b_1p_3 - a_3b_2p_1}{a_1b_2c_3 + a_2b_3c_1 + a_3b_1c_2 - a_1b_3c_2 - a_2b_1c_3 - a_3b_2c_1}$$

を得る．

◆ **問 4.1**　上の結果が正しいことを確かめよ．

この結果から，3 次正方行列

$$A = (\boldsymbol{a}\ \ \boldsymbol{b}\ \ \boldsymbol{c}) = \begin{pmatrix} a_1 & b_1 & c_1 \\ a_2 & b_2 & c_2 \\ a_3 & b_3 & c_3 \end{pmatrix}$$

の行列式を

$$\begin{aligned} \det A &= \det(\boldsymbol{a},\ \boldsymbol{b},\ \boldsymbol{c}) = |A| \\ &= a_1b_2c_3 + a_2b_3c_1 + a_3b_1c_2 - a_1b_3c_2 - a_2b_1c_3 - a_3b_2c_1 \end{aligned}$$

のように定義すれば，3 変数の連立 1 次方程式 (4.1) に対しても，2 変数の連立 1 次方程式と同様な次の**クラメルの公式**

$$x = \frac{\det(\boldsymbol{p},\ \boldsymbol{b},\ \boldsymbol{c})}{\det(\boldsymbol{a},\ \boldsymbol{b},\ \boldsymbol{c})}, \quad y = \frac{\det(\boldsymbol{a},\ \boldsymbol{p},\ \boldsymbol{c})}{\det(\boldsymbol{a},\ \boldsymbol{b},\ \boldsymbol{c})}, \quad z = \frac{\det(\boldsymbol{a},\ \boldsymbol{b},\ \boldsymbol{p})}{\det(\boldsymbol{a},\ \boldsymbol{b},\ \boldsymbol{c})}$$

が成り立つことがわかる．このようにして，3 次の行列式の定義を得る．

定義 4.2

3 次正方行列

$$A = \begin{pmatrix} a_{11} & a_{12} & a_{13} \\ a_{21} & a_{22} & a_{23} \\ a_{31} & a_{32} & a_{33} \end{pmatrix}$$

の行列式は次のように定義される：

$$\begin{aligned} \det A = |A| = {} & a_{11}a_{22}a_{33} + a_{21}a_{32}a_{13} + a_{31}a_{12}a_{23} \\ & - a_{11}a_{32}a_{23} - a_{21}a_{12}a_{33} - a_{31}a_{22}a_{13}. \end{aligned}$$

この定義は次ページの図式のように覚えておくとよい．これを**サルスの方法**という．この方法は，3 次正方行列に対してのみ使える．

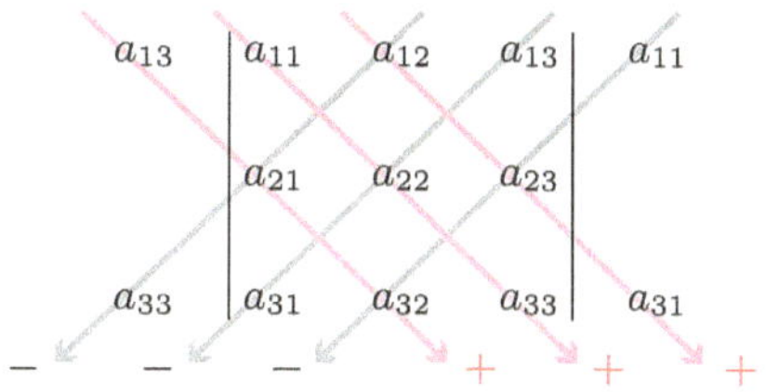

例えば，

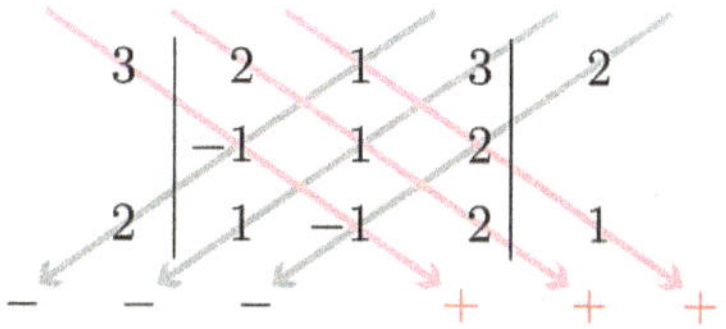

$$A = \begin{pmatrix} 2 & 1 & 3 \\ -1 & 1 & 2 \\ 1 & -1 & 2 \end{pmatrix}$$

の行列式 $\det A$ は次のようにして計算される：

$$\begin{aligned} \det A &= 3 \cdot (-1) \cdot (-1) + 2 \cdot 1 \cdot 2 + 1 \cdot 2 \cdot 1 \\ &\quad - 2 \cdot (-1) \cdot 1 - 1 \cdot 1 \cdot 3 - (-1) \cdot 2 \cdot 2 \\ &= 3 + 4 + 2 + 2 - 3 + 4 = 12. \end{aligned}$$

次に，3 次の行列式が 2 次の行列式を用いて表されることを示そう．それは，一般の n 次の行列式を帰納的に定義するときの手がかりになる．

$$\begin{aligned} &a_{11}a_{22}a_{33} + a_{21}a_{32}a_{13} + a_{31}a_{12}a_{23} \\ &\qquad - a_{11}a_{32}a_{23} - a_{21}a_{12}a_{33} - a_{31}a_{22}a_{13} \\ &\quad = a_{11}(a_{22}a_{33} - a_{23}a_{32}) - a_{12}(a_{21}a_{33} - a_{23}a_{31}) + a_{13}(a_{21}a_{32} - a_{22}a_{31}) \end{aligned}$$

であるから

$$\begin{vmatrix} a_{11} & a_{12} & a_{13} \\ a_{21} & a_{22} & a_{23} \\ a_{31} & a_{32} & a_{33} \end{vmatrix} = a_{11} \begin{vmatrix} a_{22} & a_{23} \\ a_{32} & a_{33} \end{vmatrix} - a_{12} \begin{vmatrix} a_{21} & a_{23} \\ a_{31} & a_{33} \end{vmatrix} + a_{13} \begin{vmatrix} a_{21} & a_{22} \\ a_{31} & a_{32} \end{vmatrix}$$

となることがわかる．

◆**問 4.2** 次の式が成り立つことを示せ.

$$\begin{vmatrix} a_{11} & a_{12} & a_{13} \\ a_{21} & a_{22} & a_{23} \\ a_{31} & a_{32} & a_{33} \end{vmatrix} = -a_{21}\begin{vmatrix} a_{12} & a_{13} \\ a_{32} & a_{33} \end{vmatrix} + a_{22}\begin{vmatrix} a_{11} & a_{13} \\ a_{31} & a_{33} \end{vmatrix} - a_{23}\begin{vmatrix} a_{11} & a_{12} \\ a_{31} & a_{32} \end{vmatrix}$$

$$= a_{31}\begin{vmatrix} a_{12} & a_{13} \\ a_{22} & a_{23} \end{vmatrix} - a_{32}\begin{vmatrix} a_{11} & a_{13} \\ a_{21} & a_{23} \end{vmatrix} + a_{33}\begin{vmatrix} a_{11} & a_{12} \\ a_{21} & a_{22} \end{vmatrix}.$$

4.2 n 次の行列式

これまでに，2 次と 3 次の行列式を考えてきた．同様に考えると，n 変数の連立 1 次方程式の解を求める計算の過程から，n 次の行列式の定義式（展開式）が得られることが期待される．しかし，変数の数が増えるにつれて，その計算の労力は大変になっていくと思われる．したがって，n 次の行列式を定義するためには，今までとは違う方法を用いなければならない．この節では一般の n 次の行列式を $n-1$ 次の行列式によって定義することを考えよう．

まず，n 次正方行列から，$n-1$ 次正方行列をつくり出す話から始めよう．n 次正方行列 A から，第 i 行と第 j 列を取り除くと，$n-1$ 次正方行列が得られるが，これを A_{ij} と表すことにしよう．例えば，3 次正方行列

$$A = \begin{pmatrix} a_{11} & a_{12} & a_{13} \\ a_{21} & a_{22} & a_{23} \\ a_{31} & a_{32} & a_{33} \end{pmatrix} \tag{4.2}$$

から，第 1 行と第 2 列を取り除くと

$$A_{12} = \begin{pmatrix} a_{21} & a_{23} \\ a_{31} & a_{33} \end{pmatrix}$$

である．同様に

$$\begin{pmatrix} a_{11} & a_{12} & a_{13} \\ a_{21} & a_{22} & a_{23} \\ a_{31} & a_{32} & a_{33} \end{pmatrix}, \quad \begin{pmatrix} a_{11} & a_{12} & a_{13} \\ a_{21} & a_{22} & a_{23} \\ a_{31} & a_{32} & a_{33} \end{pmatrix}, \quad \begin{pmatrix} a_{11} & a_{12} & a_{13} \\ a_{21} & a_{22} & a_{23} \\ a_{31} & a_{32} & a_{33} \end{pmatrix}$$

により

$$A_{21}=\begin{pmatrix} a_{12} & a_{13} \\ a_{32} & a_{33} \end{pmatrix},\quad A_{22}=\begin{pmatrix} a_{11} & a_{13} \\ a_{31} & a_{33} \end{pmatrix},\quad A_{33}=\begin{pmatrix} a_{11} & a_{12} \\ a_{21} & a_{22} \end{pmatrix}$$

などがわかる．上の 3 次正方行列 A の行列式は，2 次正方行列 $A_{11}, A_{12}, \ldots$ の行列式を用いて計算されるのである．実際，前節の結果（問 4.2）から，

$$\begin{aligned} |A| &= a_{11}|A_{11}| - a_{12}|A_{12}| + a_{13}|A_{13}| \\ &= -a_{21}|A_{21}| + a_{22}|A_{22}| - a_{23}|A_{23}| \\ &= a_{31}|A_{31}| - a_{32}|A_{32}| + a_{33}|A_{33}| \end{aligned}$$

が成り立つことがわかる．上式は，

$$\begin{aligned} |A| &= a_{11}(-1)^{1+1}|A_{11}| + a_{12}(-1)^{1+2}|A_{12}| + a_{13}(-1)^{1+3}|A_{13}| \\ &= a_{21}(-1)^{2+1}|A_{21}| + a_{22}(-1)^{2+2}|A_{22}| + a_{23}(-1)^{2+3}|A_{23}| \\ &= a_{31}(-1)^{3+1}|A_{31}| + a_{32}(-1)^{3+2}|A_{32}| + a_{33}(-1)^{3+3}|A_{33}| \end{aligned}$$

と書いておくと，規則性が見えやすくなる（右辺の各項は，a_{ij} の指標 i, j に対応して，$a_{ij}(-1)^{i+j}|A_{ij}|$ として与えられている）．ここで，右辺の各 $|A_{ij}|$ は A から第 i 行と第 j 列を取り除いて得られる $n-1$ 次正方行列 A_{ij} の行列式であり，A の**小行列式**とよばれる．これを手がかりとして，n 次の行列式を $n-1$ 次の行列式を利用して，次のように定義しよう．

定義 4.3

行列 $A=(a_{ij})$ は n 次正方行列であるとし，i は $1 \leqq i \leqq n$ をみたす整数とする．このとき，A の行列式を

$$|A| = a_{i1}(-1)^{i+1}|A_{i1}| + a_{i2}(-1)^{i+2}|A_{i2}| + \cdots + a_{in}(-1)^{i+n}|A_{in}|$$

で定義する．ここで，右辺の $|A_{ij}|$ は A から第 i 行と第 j 列を取り除いて得ら

れる $n-1$ 次正方行列 A_{ij} の行列式であり，A の小行列式とよばれる．

$$|A_{ij}| = \begin{vmatrix} a_{11} & \cdots & a_{1j} & \cdots & a_{1n} \\ \vdots & & \vdots & & \vdots \\ a_{i1} & \cdots & a_{ij} & \cdots & a_{in} \\ \vdots & & \vdots & & \vdots \\ a_{n1} & \cdots & a_{nj} & \cdots & a_{nn} \end{vmatrix}$$

上の定義の中に現れる符号 $(-1)^{i+j}$ は，a_{ij} の場所（行数の i と列数の j）によって決まるものであり，チェスボードルールに従っていると覚えておくとよいだろう．また，符号 $(-1)^{i+j}$ と小行列式 $|A_{ij}|$ を用いて

$$\begin{pmatrix} + & - & + & - & \cdots \\ - & + & - & + & \cdots \\ + & - & + & - & \cdots \\ - & + & - & + & \cdots \\ & & \cdots & & \end{pmatrix}$$

$$\Delta_{ij} = (-1)^{i+j}\,|A_{ij}|$$

と定義する．これを A の (i, j) **余因子**という．余因子を用いると，定義 4.3 は次のように書ける．

行列式の行に関する余因子展開公式

$$\begin{vmatrix} a_{11} & a_{12} & \cdots & a_{1n} \\ \vdots & \vdots & & \vdots \\ a_{i1} & a_{i2} & \cdots & a_{in} \\ \vdots & \vdots & & \vdots \\ a_{n1} & a_{n2} & \cdots & a_{nn} \end{vmatrix} = a_{i1}\Delta_{i1} + a_{i2}\Delta_{i2} + \cdots + a_{in}\Delta_{in}$$

多くの線形代数の教科書では，行列式を別の方法で定義し，この展開公式を行列式の**余因子展開定理**として紹介している．本書では，これを行列式の定義として採用する（列に関する余因子展開公式もある．➡ p. 127）．

定義 4.3 を繰り返し用いれば，3 次の行列式を利用して 4 次の行列式が，4 次の行列式を利用して 5 次の行列式が定義され，そしてついには，一般の n 次の行列式が定義されることがわかる．このようにして，一般の n 次の行列式を帰納的に定義したのであるが，この定義には問題がある．それは，定義 4.3 にもとづいて行列式を計算したときに，その値が i（展開する行）の選び方によって変わることがあるのではないかという点である．3 次の行列式の場合には，121 ページで示したように，そのようなことがないことはすでに確かめられている．証明は難しいので示さないが，一般の n 次の行列式についても同様に i の選び方によらないことが知られている（参考文献 [3]）．

例題 4.1

次の行列式の値を求めよ．

（1） $|A| = \begin{vmatrix} -1 & 1 & 0 \\ 0 & 0 & 1 \\ 0 & -1 & 0 \end{vmatrix}$　　（2） $|A| = \begin{vmatrix} 0 & 1 & 0 & 0 \\ -1 & 0 & 1 & 0 \\ 0 & -1 & 0 & 1 \\ 0 & 0 & -1 & 0 \end{vmatrix}$

【解】（1） $|A|$ の第 2 行に注目して，定義 4.3 を用いると

$$\begin{aligned} |A| &= a_{21}(-1)^{2+1}\,|A_{21}| + a_{22}(-1)^{2+2}\,|A_{22}| + a_{23}(-1)^{2+3}\,|A_{23}| \\ &= 0\cdot(-1)\cdot|A_{21}| + 0\cdot 1\cdot|A_{22}| + 1\cdot(-1)\cdot|A_{23}| \\ &= -\begin{vmatrix} -1 & 1 \\ 0 & -1 \end{vmatrix} = -1. \end{aligned}$$

（2） $|A|$ の第 1 行に注目して，定義 4.3 を用いると

$$
\begin{aligned}
|A| &= a_{11}(-1)^{1+1}|A_{11}| + a_{12}(-1)^{1+2}|A_{12}| \\
&\qquad + a_{13}(-1)^{1+3}|A_{13}| + a_{14}(-1)^{1+4}|A_{14}| \\
&= 0\cdot 1\cdot |A_{11}| + 1\cdot(-1)\cdot|A_{12}| + 0\cdot 1\cdot|A_{13}| + 0\cdot(-1)\cdot|A_{14}| \\
&= -\begin{vmatrix} -1 & 1 & 0 \\ 0 & 0 & 1 \\ 0 & -1 & 0 \end{vmatrix} = -1
\end{aligned}
$$

((1) の結果を用いた). ■

◆**問 4.3** 次の行列式の値を求めよ.

(1) $\begin{vmatrix} 0 & 2 & -1 \\ 1 & 1 & 1 \\ 1 & -1 & 2 \end{vmatrix}$ (2) $\begin{vmatrix} 3 & 1 & -1 \\ 4 & 0 & 1 \\ 2 & 1 & 1 \end{vmatrix}$ (3) $\begin{vmatrix} -1 & 1 & 2 & 0 \\ 0 & 3 & 2 & 1 \\ 1 & 0 & 0 & 2 \\ 3 & 1 & -1 & 2 \end{vmatrix}$

4.3 行列式の基本性質

前節で定義された n 次の行列式は，いろいろな計算規則をみたす．ここでは，それらをまとめて述べておこう．詳しい証明については，参考文献 [3] に譲る．読者は，2 次または 3 次の行列式について，以下の性質が成り立つことを具体的な計算によって確かめてみるとよい．

(1) （列に関する加法性）第 j 列が 2 つの列ベクトルの和である行列式は，それぞれの列ベクトルを第 j 列とする 2 つの行列式の和になる：

$$
\begin{vmatrix} a_{11} & a_{1j}{}' + a_{1j}{}'' & a_{1n} \\ \vdots & \vdots & \vdots \\ a_{n1} & a_{nj}{}' + a_{nj}{}'' & a_{nn} \end{vmatrix}
= \begin{vmatrix} a_{11} & a_{1j}{}' & a_{1n} \\ \vdots & \vdots & \vdots \\ a_{n1} & a_{nj}{}' & a_{nn} \end{vmatrix} + \begin{vmatrix} a_{11} & a_{1j}{}'' & a_{1n} \\ \vdots & \vdots & \vdots \\ a_{n1} & a_{nj}{}'' & a_{nn} \end{vmatrix}.
$$

(2) （列に関するスカラー倍）ある列を λ 倍すると，行列式の値は λ 倍になる：

$$\begin{vmatrix} a_{11} & \lambda a_{1j} & a_{1n} \\ \vdots & \vdots & \vdots \\ a_{n1} & \lambda a_{nj} & a_{nn} \end{vmatrix} = \lambda \begin{vmatrix} a_{11} & a_{1j} & a_{1n} \\ \vdots & \vdots & \vdots \\ a_{n1} & a_{nj} & a_{nn} \end{vmatrix}.$$

（3）　どれか 2 つの列を交換すると，行列式の符号が変わる．すなわち，第 j 列と第 k 列を交換したとき，

$$\begin{vmatrix} a_{11} & a_{1k} & a_{1j} & a_{1n} \\ \vdots & \vdots & \vdots & \vdots \\ a_{n1} & a_{nk} & a_{nj} & a_{nn} \end{vmatrix} = - \begin{vmatrix} a_{11} & a_{1j} & a_{1k} & a_{1n} \\ \vdots & \vdots & \vdots & \vdots \\ a_{n1} & a_{nj} & a_{nk} & a_{nn} \end{vmatrix}.$$

（4）　単位行列 E の行列式の値は 1 である．すなわち，

$$|E| = 1.$$

上の（1）〜（3）を利用すると，次のような計算規則を導くことができる．

（5）　同じ列が 2 つあるときは，行列式の値は 0 になる．すなわち，第 j 列と第 k 列が等しいとき，

$$\begin{vmatrix} a_{11} & b_1 & b_1 & a_{1n} \\ \vdots & \vdots & \vdots & \vdots \\ a_{n1} & b_n & b_n & a_{nn} \end{vmatrix} = 0.$$

実際，上の行列式において，第 j 列と第 k 列を入れ替えると，（3）により

$$\begin{vmatrix} a_{11} & b_1 & b_1 & a_{1n} \\ \vdots & \vdots & \vdots & \vdots \\ a_{n1} & b_n & b_n & a_{nn} \end{vmatrix} = - \begin{vmatrix} a_{11} & b_1 & b_1 & a_{1n} \\ \vdots & \vdots & \vdots & \vdots \\ a_{n1} & b_n & b_n & a_{nn} \end{vmatrix}$$

を得る．右辺を左辺に移項すれば，（5）が成り立つことはすぐにわかる．

（6）　ある列を定数倍して他の列に加えても行列式の値はかわらない．すなわち，第 k 列を λ 倍して第 j 列に加えてもその値は変わらない：

$$\begin{vmatrix} a_{11} & a_{1j} & a_{1k} & a_{1n} \\ \vdots & \vdots & \vdots & \vdots \\ a_{n1} & a_{nj} & a_{nk} & a_{nn} \end{vmatrix} = \begin{vmatrix} a_{11} & a_{1j} + \lambda a_{1k} & a_{1k} & a_{1n} \\ \vdots & \vdots & \vdots & \vdots \\ a_{n1} & a_{nj} + \lambda a_{nk} & a_{nk} & a_{nn} \end{vmatrix}.$$

なぜなら，(1) と (2) より，

$$\begin{vmatrix} a_{11} & a_{1j}+\lambda a_{1k} & a_{1k} & a_{1n} \\ \vdots & \vdots & \vdots & \vdots \\ a_{n1} & a_{nj}+\lambda a_{nk} & a_{nk} & a_{nn} \end{vmatrix}$$

$$= \begin{vmatrix} a_{11} & a_{1j} & a_{1k} & a_{1n} \\ \vdots & \vdots & \vdots & \vdots \\ a_{n1} & a_{nj} & a_{nk} & a_{nn} \end{vmatrix} + \lambda \begin{vmatrix} a_{11} & a_{1k} & a_{1k} & a_{1n} \\ \vdots & \vdots & \vdots & \vdots \\ a_{n1} & a_{nk} & a_{nk} & a_{nn} \end{vmatrix}$$

である．ここで，上式の右辺の第2項は，(5) により0である．よって，(6) が成り立つ．

次に，行の操作に関する性質を述べる．そのために，行列の行ベクトルと列ベクトルを入れ替える操作を考える．行列 A の行ベクトルと列ベクトルを入れ替えて得られる行列を A の**転置行列**といい，${}^tA$ で表す．2 次正方行列ならば

$$A = \begin{pmatrix} a_1 & b_1 \\ a_2 & b_2 \end{pmatrix}$$

に対して，

$${}^tA = \begin{pmatrix} a_1 & a_2 \\ b_1 & b_2 \end{pmatrix}$$

▶ **注意** 転置行列は，A^T のように表されることもある．また，$A=(a_{ij})$ に対して ${}^tA=(a_{ji})$ と表される．

転置行列の行列式について，次の性質が成り立つ．

(7) （行列式の転置不変性）行列式の行と列を入れ替えてもその値は変わらない．すなわち，

$$|{}^tA| = |A|$$

◆**問 4.4** 2 次と 3 次正方行列について，上の性質 (7) が成り立つことを確かめよ．

上の性質 (7) によって行に関する場合と同様に，次の公式が成り立つ．

行列式の列に関する余因子展開公式

$$\begin{vmatrix} a_{11} & \cdots & a_{1j} & \cdots & a_{1n} \\ a_{21} & \cdots & a_{2j} & \cdots & a_{2n} \\ \vdots & & \vdots & & \vdots \\ a_{n1} & \cdots & a_{nj} & \cdots & a_{nn} \end{vmatrix} = a_{1j}\Delta_{1j} + a_{2j}\Delta_{2j} + \cdots + a_{nj}\Delta_{nj}.$$

例えば，3 次の行列式であれば

$$\begin{vmatrix} a_{11} & a_{12} & a_{13} \\ a_{21} & a_{22} & a_{23} \\ a_{31} & a_{32} & a_{33} \end{vmatrix} = a_{11}\begin{vmatrix} a_{22} & a_{23} \\ a_{32} & a_{33} \end{vmatrix} - a_{21}\begin{vmatrix} a_{12} & a_{13} \\ a_{32} & a_{33} \end{vmatrix} + a_{31}\begin{vmatrix} a_{12} & a_{13} \\ a_{22} & a_{23} \end{vmatrix}$$

$$= -a_{12}\begin{vmatrix} a_{21} & a_{23} \\ a_{31} & a_{33} \end{vmatrix} + a_{22}\begin{vmatrix} a_{11} & a_{13} \\ a_{31} & a_{33} \end{vmatrix} - a_{32}\begin{vmatrix} a_{11} & a_{13} \\ a_{21} & a_{23} \end{vmatrix}$$

$$= a_{13}\begin{vmatrix} a_{21} & a_{22} \\ a_{31} & a_{32} \end{vmatrix} - a_{23}\begin{vmatrix} a_{11} & a_{12} \\ a_{31} & a_{32} \end{vmatrix} + a_{33}\begin{vmatrix} a_{11} & a_{12} \\ a_{21} & a_{22} \end{vmatrix}.$$

性質 (7) により，行に対しても (1)～(6) と同様の操作が可能になる．

(1′) （行に関する加法性）第 i 行が 2 つの行ベクトルの和である行列式は，それぞれの行ベクトルを第 i 行とする 2 つの行列式の和になる：

$$\begin{vmatrix} a_{11} & \cdots & a_{1n} \\ \cdots & \cdots & \cdots \\ a_{i1}' + a_{i1}'' & \cdots & a_{in}' + a_{in}'' \\ \cdots & \cdots & \cdots \\ a_{n1} & \cdots & a_{nn} \end{vmatrix} = \begin{vmatrix} a_{11} & \cdots & a_{1n} \\ \cdots & \cdots & \cdots \\ a_{i1}' & \cdots & a_{in}' \\ \cdots & \cdots & \cdots \\ a_{n1} & \cdots & a_{nn} \end{vmatrix} + \begin{vmatrix} a_{11} & \cdots & a_{1n} \\ \cdots & \cdots & \cdots \\ a_{i1}'' & \cdots & a_{in}'' \\ \cdots & \cdots & \cdots \\ a_{n1} & \cdots & a_{nn} \end{vmatrix}.$$

(2′) （行に関するスカラー倍）ある行を λ 倍すると，行列式の値は λ 倍になる：

$$\begin{vmatrix} a_{11} & \cdots & a_{1n} \\ \cdots & \cdots & \cdots \\ \lambda a_{i1} & \cdots & \lambda a_{in} \\ \cdots & \cdots & \cdots \\ a_{n1} & \cdots & a_{nn} \end{vmatrix} = \lambda \begin{vmatrix} a_{11} & \cdots & a_{1n} \\ \cdots & \cdots & \cdots \\ a_{i1} & \cdots & a_{in} \\ \cdots & \cdots & \cdots \\ a_{n1} & \cdots & a_{nn} \end{vmatrix}.$$

(3′) どれか2つの行を交換すると符号がかわる．すなわち，第 j 行と第 k 行を交換したとき，

$$\begin{vmatrix} a_{11} & \cdots & a_{1n} \\ \multicolumn{3}{c}{\cdots\cdots\cdots} \\ a_{j1} & \cdots & a_{jn} \\ \multicolumn{3}{c}{\cdots\cdots\cdots} \\ a_{k1} & \cdots & a_{kn} \\ \multicolumn{3}{c}{\cdots\cdots\cdots} \\ a_{n1} & \cdots & a_{nn} \end{vmatrix} = - \begin{vmatrix} a_{11} & \cdots & a_{1n} \\ \multicolumn{3}{c}{\cdots\cdots\cdots} \\ a_{k1} & \cdots & a_{kn} \\ \multicolumn{3}{c}{\cdots\cdots\cdots} \\ a_{j1} & \cdots & a_{jn} \\ \multicolumn{3}{c}{\cdots\cdots\cdots} \\ a_{n1} & \cdots & a_{nn} \end{vmatrix}.$$

(5′) 同じ行が2つあるときは，行列式の値は0になる．すなわち，第 j 行と第 k 行が等しいとき，

$$\begin{vmatrix} a_{11} & \cdots & a_{1n} \\ \multicolumn{3}{c}{\cdots\cdots\cdots} \\ b_1 & \cdots & b_n \\ \multicolumn{3}{c}{\cdots\cdots\cdots} \\ b_1 & \cdots & b_n \\ \multicolumn{3}{c}{\cdots\cdots\cdots} \\ a_{n1} & \cdots & a_{nn} \end{vmatrix} = 0.$$

(6′) ある行を何倍かして，他の行に加えても行列式の値は変わらない．すなわち，第 k 行を λ 倍して第 j 行に加えても行列式の値は変わらない：

$$\begin{vmatrix} a_{11} & \cdots & a_{1n} \\ \multicolumn{3}{c}{\cdots\cdots\cdots} \\ a_{j1} & \cdots & a_{jn} \\ \multicolumn{3}{c}{\cdots\cdots\cdots} \\ a_{k1} & \cdots & a_{kn} \\ \multicolumn{3}{c}{\cdots\cdots\cdots} \\ a_{n1} & \cdots & a_{nn} \end{vmatrix} = \begin{vmatrix} a_{11} & \cdots & a_{1n} \\ \multicolumn{3}{c}{\cdots\cdots\cdots\cdots\cdots} \\ a_{j1} + \lambda a_{k1} & \cdots & a_{jn} + \lambda a_{kn} \\ \multicolumn{3}{c}{\cdots\cdots\cdots\cdots\cdots} \\ a_{k1} & \cdots & a_{kn} \\ \multicolumn{3}{c}{\cdots\cdots\cdots\cdots\cdots} \\ a_{n1} & \cdots & a_{nn} \end{vmatrix}.$$

4.4 行列式の計算法

ここでは，行列式の値を計算する実践的な方法を説明する．まず，行列式の余因子展開公式（➡ p. 121，定義 4.3）を用いる方法から始める．

例題 4.2

行列式

$$|A| = \begin{vmatrix} 1 & -1 & 2 \\ 1 & 2 & 3 \\ 0 & 1 & 2 \end{vmatrix}$$

の値を求めよ．

【解】 行列式の第 1 列に 0 があることに注目して，$|A|$ を第 1 列で余因子展開すると，

$$\begin{aligned} |A| &= a_{11}\Delta_{11} + a_{21}\Delta_{21} + a_{31}\Delta_{31} \\ &= 1 \cdot \Delta_{11} + 1 \cdot \Delta_{21} + 0 \cdot \Delta_{31} \\ &= 1 \cdot (-1)^{1+1} \begin{vmatrix} 2 & 3 \\ 1 & 2 \end{vmatrix} + 1 \cdot (-1)^{2+1} \begin{vmatrix} -1 & 2 \\ 1 & 2 \end{vmatrix} \\ &= 1 \cdot 1 \cdot 1 + 1 \cdot (-1) \cdot (-4) = 5. \end{aligned}$$

■

コラム 行列式は連立 1 次方程式の解法の研究の中から生まれた概念である．歴史的には，ライプニッツの手紙（1678）の中に初めてそのアイデアが登場したとされている．しかし，ライプニッツとほぼ同時期に，日本の和算家関孝和が，彼の著書「解伏題之法」(1683）において行列式の理論を独自に展開していた事実は注目すべきことである．

上の例題 4.2 の解答をみればわかるように，0 が現れる成分に関する余因子は計算する必要がない．したがって，0 がたくさん現れる行や列に関する余因子展開を行うと，行列式の計算は早く正確にできる．この計算方法を利用すると，次が示せる．

命題 4.1

$$\begin{vmatrix} a_{11} & a_{12} & a_{13} & \cdots & a_{1n} \\ 0 & a_{22} & a_{23} & \cdots & a_{2n} \\ 0 & 0 & a_{33} & \cdots & a_{3n} \\ \vdots & \vdots & \ddots & \ddots & \vdots \\ 0 & 0 & \cdots & 0 & a_{nn} \end{vmatrix} = a_{11}a_{22}a_{33}\cdots a_{nn}$$

が成り立つ．

上の命題は，列についての余因子展開を，第 1 列から順次行えば容易に示すことができる．同様に，

$$\begin{vmatrix} a_{11} & 0 & 0 & \cdots & 0 \\ a_{21} & a_{22} & 0 & \cdots & 0 \\ a_{13} & a_{32} & a_{33} & \ddots & \vdots \\ \vdots & \vdots & \vdots & \ddots & 0 \\ a_{n1} & a_{n2} & a_{n3} & \cdots & a_{nn} \end{vmatrix} = a_{11}a_{22}a_{33}\cdots a_{nn}$$

が成り立つことも示せる．

行列式の基本性質と上の命題 4.1 を利用すれば，次のような計算ができる．

例題 4.3

次の行列式の値を求めよ．

$$\begin{vmatrix} 2 & 1 & -1 \\ 1 & 2 & 3 \\ -1 & 4 & 2 \end{vmatrix}.$$

【解】 行列を階段行列に変形するとき（➡ p. 103，例題 3.7）と同様に行う．

$$\begin{vmatrix} 2 & 1 & -1 \\ 1 & 2 & 3 \\ -1 & 4 & 2 \end{vmatrix} = -\begin{vmatrix} 1 & 2 & 3 \\ 2 & 1 & -1 \\ -1 & 4 & 2 \end{vmatrix} \quad (\text{第 2 行と第 1 行を交換})$$

$$= -\begin{vmatrix} 1 & 2 & 3 \\ 2-2\cdot 1 & 1-2\cdot 2 & -1-2\cdot 3 \\ -1 & 4 & 2 \end{vmatrix} \quad (\text{第 2 行} - \text{第 1 行} \times 2)$$

$$= -\begin{vmatrix} 1 & 2 & 3 \\ 0 & -3 & -7 \\ -1 & 4 & 2 \end{vmatrix}$$

$$= -\begin{vmatrix} 1 & 2 & 3 \\ 0 & -3 & -7 \\ -1+1 & 4+2 & 2+3 \end{vmatrix} \quad (\text{第 3 行} + \text{第 1 行})$$

$$= -\begin{vmatrix} 1 & 2 & 3 \\ 0 & -3 & -7 \\ 0 & 6 & 5 \end{vmatrix}$$

$$= -\begin{vmatrix} 1 & 2 & 3 \\ 0 & -3 & -7 \\ 0 & 6+2\cdot(-3) & 5+2\cdot(-7) \end{vmatrix} \quad (\text{第 3 行} + \text{第 2 行} \times 2)$$

$$= -\begin{vmatrix} 1 & 2 & 3 \\ 0 & -3 & -7 \\ 0 & 0 & -9 \end{vmatrix} = -1\cdot(-3)\cdot(-9) = -27.$$

この計算方法も，行列式を計算するオーソドックスな方法である．一般には，例題 4.2 と 4.3 で述べた方法を適当に組み合わせて計算を進める．

◆ **問 4.5**　次の行列式の値を求めよ．

(1) $\begin{vmatrix} 1 & 1 & 2 \\ 3 & 1 & 4 \\ 2 & 1 & 5 \end{vmatrix}$　(2) $\begin{vmatrix} 3 & -3 & 2 \\ 1 & 4 & 1 \\ 2 & 1 & 2 \end{vmatrix}$　(3) $\begin{vmatrix} 1 & 1 & 1 & 1 \\ -1 & 1 & 1 & -1 \\ -1 & -1 & 1 & 1 \\ -1 & 1 & -1 & 1 \end{vmatrix}$

定理 4.1

正方行列 A が次のようにブロック分けされているとする.

$$A = \left(\begin{array}{c|c} B & C \\ \hline O & D \end{array}\right).$$

ただし, B, D は正方行列, O はゼロ行列とする. このとき, 次が成り立つ:

$$\det A = \det B \cdot \det D.$$

定理 4.1 を証明する方法としては, いろいろなものが知られており, 中には非常に巧みなものもある. ここでは, 簡単なケースについて定理 4.1 が成り立つことを確かめておこう. A が 4 次正方行列で, B が 2 次正方行列のときを考える. 行列式の第 1 列に関する余因子展開を行うと

$$\left|\begin{array}{cc|cc} b_{11} & b_{12} & c_{11} & c_{12} \\ b_{21} & b_{22} & c_{21} & c_{22} \\ \hline 0 & 0 & d_{11} & d_{12} \\ 0 & 0 & d_{21} & d_{22} \end{array}\right| = b_{11}\begin{vmatrix} b_{22} & c_{21} & c_{22} \\ 0 & d_{11} & d_{12} \\ 0 & d_{21} & d_{22} \end{vmatrix} - b_{21}\begin{vmatrix} b_{12} & c_{11} & c_{12} \\ 0 & d_{11} & d_{12} \\ 0 & d_{21} & d_{22} \end{vmatrix}$$

$$= b_{11}b_{22}\begin{vmatrix} d_{11} & d_{12} \\ d_{21} & d_{22} \end{vmatrix} - b_{21}b_{12}\begin{vmatrix} d_{11} & d_{12} \\ d_{21} & d_{22} \end{vmatrix}$$

$$= (b_{11}b_{22} - b_{21}b_{12})\begin{vmatrix} d_{11} & d_{12} \\ d_{21} & d_{22} \end{vmatrix} = \begin{vmatrix} b_{11} & b_{12} \\ b_{21} & b_{22} \end{vmatrix}\begin{vmatrix} d_{11} & d_{12} \\ d_{21} & d_{22} \end{vmatrix}.$$

よって, この場合には定理 4.1 が成り立つことがわかる.

◆**問 4.6**　行列式の第 1 列に関する余因子展開公式と上の結果を利用して, A が 5 次正方行列で, B が 3 次正方行列のときに, 定理 4.1 が成り立つことを示せ.

◆**問 4.7**　定理 4.1 を用いて次の行列式の値を求めよ.

(1) $\begin{vmatrix} 1 & 3 & 4 & 2 \\ -1 & 1 & 3 & 1 \\ 0 & 0 & 1 & -1 \\ 0 & 0 & 1 & 2 \end{vmatrix}$　　(2) $\begin{vmatrix} 2 & -1 & 4 & 1 & 1 \\ 3 & 3 & 1 & 1 & 6 \\ 1 & 3 & -2 & -5 & 1 \\ 0 & 0 & 0 & 2 & -1 \\ 0 & 0 & 0 & 2 & 1 \end{vmatrix}$

最後に，行列式の積に関する公式を紹介する．n 次正方行列 A と B の積 AB は n 次正方行列になる．このとき，AB の行列式について次が成り立つ．

定理 4.2

次数が等しい正方行列 A, B に対して次が成り立つ：

$$\det(AB) = \det A \cdot \det B$$

2 次正方行列の場合に，定理 4.2 が正しいことはすでに問 1.5（➡ p. 7）で確かめた．ここでは，同じ 2 次正方行列の場合ではあるが，一般の n 次正方行列に対しても通用する考え方で証明を与える．

【証明】 簡単のため $n=2$ の場合で考える．

$$A = \begin{pmatrix} a_{11} & a_{12} \\ a_{21} & a_{22} \end{pmatrix}, \quad B = \begin{pmatrix} b_{11} & b_{12} \\ b_{21} & b_{22} \end{pmatrix}$$

とすると

$$AB = \begin{pmatrix} a_{11}b_{11} + a_{12}b_{21} & a_{11}b_{12} + a_{12}b_{22} \\ a_{21}b_{11} + a_{22}b_{21} & a_{21}b_{12} + a_{22}b_{22} \end{pmatrix}$$

である．計算の見通しをよくするために

$$c_1 = a_{11}b_{12} + a_{12}b_{22}, \quad c_2 = a_{21}b_{12} + a_{22}b_{22}$$

とおき，行列式の列に関する加法性とスカラー倍に関する性質を用いると

$$\begin{aligned}
\det(AB) &= \begin{vmatrix} a_{11}b_{11} + a_{12}b_{21} & c_1 \\ a_{21}b_{11} + a_{22}b_{21} & c_2 \end{vmatrix} = b_{11}\begin{vmatrix} a_{11} & c_1 \\ a_{21} & c_2 \end{vmatrix} + b_{21}\begin{vmatrix} a_{12} & c_1 \\ a_{22} & c_2 \end{vmatrix} \\
&= b_{11}\begin{vmatrix} a_{11} & a_{11}b_{12} + a_{12}b_{22} \\ a_{21} & a_{21}b_{12} + a_{22}b_{22} \end{vmatrix} + b_{21}\begin{vmatrix} a_{12} & a_{11}b_{12} + a_{12}b_{22} \\ a_{22} & a_{21}b_{12} + a_{22}b_{22} \end{vmatrix} \\
&= b_{11}b_{12}\begin{vmatrix} a_{11} & a_{11} \\ a_{21} & a_{21} \end{vmatrix} + b_{11}b_{22}\begin{vmatrix} a_{11} & a_{12} \\ a_{21} & a_{22} \end{vmatrix} \\
&\quad + b_{21}b_{12}\begin{vmatrix} a_{12} & a_{11} \\ a_{22} & a_{21} \end{vmatrix} + b_{21}b_{22}\begin{vmatrix} a_{12} & a_{12} \\ a_{22} & a_{22} \end{vmatrix}.
\end{aligned}$$

最後の式の第 1 項と第 4 項の行列式は，2 つの列が一致しているので，ともに 0 である．よって，第 3 項の行列式の 2 つの列を交換すると，その符号が変わり

$$\begin{aligned}\det(AB) &= b_{11}b_{22}\begin{vmatrix} a_{11} & a_{12} \\ a_{21} & a_{22} \end{vmatrix} - b_{21}b_{12}\begin{vmatrix} a_{11} & a_{12} \\ a_{21} & a_{22} \end{vmatrix} \\ &= (b_{11}b_{22} - b_{21}b_{12})\begin{vmatrix} a_{11} & a_{12} \\ a_{21} & a_{22} \end{vmatrix} \\ &= (\det B)(\det A) = \det A \cdot \det B\end{aligned}$$

となることがわかる． ■

◆**問 4.8** 行列

$$A = \begin{pmatrix} a & b \\ -b & a \end{pmatrix}, \quad B = \begin{pmatrix} c & d \\ -d & c \end{pmatrix}$$

に定理 4.2 を利用して，次の等式が成り立つことを示せ．

$$(ac - bd)^2 + (ad + bc)^2 = (a^2 + b^2)(c^2 + d^2).$$

4.5 行列式の応用

この節では，行列式の応用として 2 つの事項を取り上げる．

4.5.1 逆行列の存在条件 n 次正方行列 A が逆行列をもつための必要十分条件を調べよう．1.1 節（➡ p. 6, 7）で述べたことから，2 次正方行列

$$A = \begin{pmatrix} a & b \\ c & d \end{pmatrix}$$

に対して

$$\widetilde{A} = \begin{pmatrix} d & -b \\ -c & a \end{pmatrix}$$

とおくと

$$A\widetilde{A} = \widetilde{A}A = |A|\,E$$

が成り立つ．よって，$\det A = |A| \neq 0$ ならば，A は逆行列をもち

$$A^{-1} = \frac{1}{|A|}\widetilde{A}$$

である．一般の n 次正方行列に対しても次の定理が成り立つ．

定理 4.3

n 次正方行列 A が逆行列をもつための必要十分条件は $|A| \neq 0$ である．

▶ **補足**　n 次正方行列 $A = (a_{ij})$ の (i, j) 余因子を Δ_{ij} とする．これを (i, j) 成分とする行列 $\Delta = (\Delta_{ij})$ の転置行列 ${}^t\Delta$ を A の**余因子行列**という．例えば，A が 2 次正方行列のとき，その余因子行列は

$${}^t\Delta = \begin{pmatrix} a_{22} & -a_{12} \\ -a_{21} & a_{11} \end{pmatrix}$$

である．余因子行列を用いると，定理 4.3 を証明することができる．しかし，(3 次以上の) 余因子行列は，この定理の証明以外に利用されることがめったにないので，ここでは説明を省略する（➡ p. 141，練習問題 4.8）．

証明の代りに定理 4.3 の基本的な使い方を具体例を通して説明する．

例題 4.4

次の行列 A が逆行列をもたないとき，a, b 間の関係式を求めよ．

$$A = \begin{pmatrix} b & 0 & -1 \\ 0 & a & b \\ a & -1 & 2 \end{pmatrix}.$$

【解】 $\det A = |A| = 0$ であればよい．$|A|$ を第1列で余因子展開すると

$$|A| = b \cdot (-1)^{1+1} \cdot \begin{vmatrix} a & b \\ -1 & 2 \end{vmatrix} + a \cdot (-1)^{3+1} \cdot \begin{vmatrix} 0 & -1 \\ a & b \end{vmatrix}$$
$$= b(2a+b) + a^2 = (a+b)^2$$

であるから，$a+b=0$ でなければならない．

◆**問 4.9** 次の行列が逆行列をもつためには，a はどんな条件を満たしていなければならないか．

(1) $\begin{pmatrix} 3 & 2 & -1 \\ -1 & a & -1 \\ 2 & -1 & 2 \end{pmatrix}$　　(2) $\begin{pmatrix} 1 & 0 & -1 & 0 \\ -1 & a & 0 & 1 \\ 0 & -1 & a & 1 \\ 1 & 0 & 1 & 0 \end{pmatrix}$

例題 4.5

次の連立1次方程式が自明な解[1] $x_1 = x_2 = x_3 = 0$ 以外の解をもつように，λ の値を定めよ．

$$\begin{cases} \lambda x_1 \qquad\qquad\qquad - 2x_3 = 0 \\ -x_1 + (1-\lambda)x_2 + \quad x_3 = 0 \\ -x_1 \qquad\qquad\qquad + \lambda x_3 = 0 \end{cases} \tag{4.3}$$

【解】 連立1次方程式 (4.3) は，

$$A\boldsymbol{x} = \boldsymbol{0}, \quad A = \begin{pmatrix} \lambda & 0 & -2 \\ -1 & 1-\lambda & 1 \\ -1 & 0 & \lambda \end{pmatrix}, \quad \boldsymbol{x} = \begin{pmatrix} x_1 \\ x_2 \\ x_3 \end{pmatrix}$$

と書ける．このとき，$\det A = |A| \neq 0$ であると仮定すると，定理 4.3 より A は逆行列 A^{-1} をもつ．よって，$A\boldsymbol{x} = \boldsymbol{0}$ の両辺に左側から A^{-1} を掛けると

$$\boldsymbol{x} = A^{-1}\boldsymbol{0} = \boldsymbol{0}$$

[1] 連立1次方程式 $A\boldsymbol{x} = \boldsymbol{b}$ において，(4.3) のように $\boldsymbol{b} = \boldsymbol{0}$ ならば，$\boldsymbol{x} = \boldsymbol{0}$ は連立1次方程式 $A\boldsymbol{x} = \boldsymbol{0}$ の解である．この解を**自明な解**という．

となり，$|A| \neq 0$ であれば，(4.3) は自明な解 $x_1 = x_2 = x_3 = 0$ 以外の解をもたないことがわかる．ゆえに，$|A| = 0$ でなければならない．$|A|$ を第 1 行に関する余因子展開（➡ p. 127）によって計算すると

$$|A| = \begin{vmatrix} \lambda & 0 & -2 \\ -1 & 1-\lambda & 1 \\ -1 & 0 & \lambda \end{vmatrix} = \lambda \begin{vmatrix} 1-\lambda & 1 \\ 0 & \lambda \end{vmatrix} - 2 \begin{vmatrix} -1 & 1-\lambda \\ -1 & 0 \end{vmatrix}$$

$$= \lambda^2(1-\lambda) - 2(1-\lambda) = -(\lambda-1)(\lambda^2-2)$$

である．したがって，$\lambda = 1, \pm\sqrt{2}$ である．■

◆**問 4.10**　次の連立 1 次方程式について，以下の各問に答えよ．

(4.4)
$$\begin{pmatrix} 7-\lambda & 3 \\ 1 & 5-\lambda \end{pmatrix} \begin{pmatrix} x \\ y \end{pmatrix} = \begin{pmatrix} 0 \\ 0 \end{pmatrix}$$

（1） (4.4) が自明な解 $x = y = 0$ 以外の解をもつように，λ の値を定めよ．

（2） （1）で求めた λ に対して，(4.4) の解を求めよ．

4.5.2　面積と体積　1.4 節（➡ p. 24）で見たように，平面上の 2 つのベクトル $\boldsymbol{a} = (a_1, a_2)$ と $\boldsymbol{b} = (b_1, b_2)$ でつくられる**平行四辺形の面積** S は

$$S = |\det(\boldsymbol{a}, \boldsymbol{b})| = |a_1 b_2 - a_2 b_1|$$

で与えられていた．つまり，2 次の行列式は平行四辺形の（符号付きの）面積だった．この事実から類推して，3 次の行列式は空間内の 3 つのベクトル $\boldsymbol{a} = (a_1, a_2, a_3)$，$\boldsymbol{b} = (b_1, b_2, b_3)$，$\boldsymbol{c} = (c_1, c_2, c_3)$ でつくられる平行 6 面体の（符号付きの）体積を表すと考えられる．

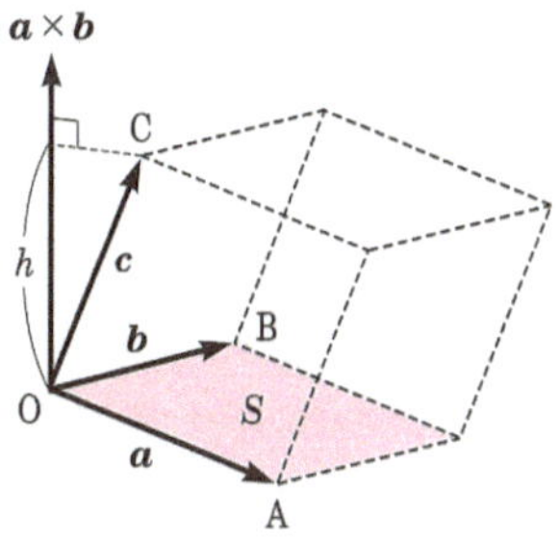

2.1 節（➡ p. 53）で述べたように，空間内の 2 つのベクトル $\boldsymbol{a}$ と $\boldsymbol{b}$ でつくられる平行四辺形の面積は $S = |\boldsymbol{a} \times \boldsymbol{b}|$ であり，$\boldsymbol{a} \times \boldsymbol{b}$ は，$\boldsymbol{a}$ と $\boldsymbol{b}$ によって定められる平面に対して垂直で，

その向きは $\boldsymbol{a}, \boldsymbol{b}$ と右手系をなすことがわかっている．また，例題 2.2 の解答で述べたように，点 C から $\boldsymbol{a}$ と $\boldsymbol{b}$ によって定められる平面におろした垂線の長さ h は，

$$h = \frac{|\langle \boldsymbol{a} \times \boldsymbol{b},\, \boldsymbol{c} \rangle|}{|\boldsymbol{a} \times \boldsymbol{b}|}$$

となる．したがって，空間内の 3 つのベクトル $\boldsymbol{a}, \boldsymbol{b}, \boldsymbol{c}$ でつくられる**平行 6 面体の体積** V は

$$V = Sh = |\langle \boldsymbol{a} \times \boldsymbol{b},\, \boldsymbol{c} \rangle|$$

で与えられることがわかる．$\langle \boldsymbol{a} \times \boldsymbol{b},\, \boldsymbol{c} \rangle$ を計算すると，

$$\begin{aligned}
\langle \boldsymbol{a} \times \boldsymbol{b},\, \boldsymbol{c} \rangle &= (a_2b_3 - a_3b_2)c_1 + (a_3b_1 - a_1b_3)c_2 + (a_1b_2 - a_2b_1)c_3 \\
&= a_1b_2c_3 + a_2b_3c_1 + a_3b_1c_2 - a_1b_3c_2 - a_2b_1c_3 - a_3b_2c_1 \\
&= \det(\boldsymbol{a},\, \boldsymbol{b},\, \boldsymbol{c})
\end{aligned}$$

を得る．よって，求める体積は，

$$V = |\det(\boldsymbol{a},\, \boldsymbol{b},\, \boldsymbol{c})|$$

で与えられる．

◆ **問 4.11** $\boldsymbol{a} = (-1,\, 1,\, 0)$，$\boldsymbol{b} = (1,\, 0,\, 2)$，$\boldsymbol{c} = (0,\, 2,\, -1)$ でつくられる平行 6 面体の体積を求めよ．

▶ **発展** 1.8 節で述べたように，平面は「縦」と「横」の 2 方向に広がる 2 次元の世界であり，その中の方向の異なる 1 次独立な 2 つのベクトル $\boldsymbol{a}_1, \boldsymbol{a}_2$ がつくる平行四辺形の面積は

$$|\det(\boldsymbol{a}_1,\, \boldsymbol{a}_2)|$$

である．また，空間は「縦」，「横」，「高さ」の 3 方向に広がる 3 次元の世界であり，その中の方向の異なる 3 つのベクトル $\boldsymbol{a}_1, \boldsymbol{a}_2, \boldsymbol{a}_3$ がつくる平行 6 面体の体積は，

$$|\det(\boldsymbol{a}_1,\, \boldsymbol{a}_2,\, \boldsymbol{a}_3)|$$

であることもわかった．詳しくは次章で説明するが，一般に，n 次元の空間を考えることができ，その中で n 個の 1 次独立なベクトル $\boldsymbol{a}_1, \boldsymbol{a}_2, \ldots, \boldsymbol{a}_n$ のつくる平行 $2n$ 面体を考えることができる．これはもはや目に見える図形ではないが，**平行 $2n$ 面体の体積**を

$$|\det(\boldsymbol{a}_1, \boldsymbol{a}_2, \ldots, \boldsymbol{a}_n)|$$

で定義することができる．

練習問題

4.1 次の行列式の値を求めよ．

(1) $\begin{vmatrix} 1 & 1 & 2 \\ 0 & 3 & 1 \\ 2 & -1 & 1 \end{vmatrix}$ (2) $\begin{vmatrix} 4 & 1 & 1 \\ 3 & 3 & 2 \\ 8 & 2 & 4 \end{vmatrix}$ (3) $\begin{vmatrix} 3 & 2 & 3 \\ 8 & 6 & 9 \\ 5 & 4 & 7 \end{vmatrix}$

(4) $\begin{vmatrix} 0 & 2 & 1 & -1 \\ 3 & -3 & 0 & 1 \\ 1 & 0 & 2 & -1 \\ -1 & -1 & 1 & 0 \end{vmatrix}$ (5) $\begin{vmatrix} 3 & 2 & 4 & 1 \\ -2 & 1 & -2 & 1 \\ 2 & -2 & 3 & -1 \\ 1 & 1 & 3 & 2 \end{vmatrix}$

(6) $\begin{vmatrix} -3 & 2 & 4 & 1 & 1 \\ 2 & 1 & -2 & 1 & 6 \\ 0 & 0 & 2 & -5 & 1 \\ 0 & 0 & -1 & 2 & 0 \\ 0 & 0 & 1 & -4 & 1 \end{vmatrix}$ (7) $\begin{vmatrix} 0 & 0 & 0 & 1 & 0 \\ 0 & 0 & 1 & 0 & -1 \\ 0 & 1 & 0 & -1 & 0 \\ 1 & 0 & -1 & 0 & 0 \\ 0 & -1 & 0 & 0 & 0 \end{vmatrix}$

4.2 次の x についての方程式を解け．

(1) $\begin{vmatrix} 6-x & -1 & 5 \\ -3 & 2-x & -3 \\ -7 & 1 & -6-x \end{vmatrix} = 0$ (2) $\begin{vmatrix} 2-x & 5 & -4 \\ 3 & 4-x & -4 \\ 2 & 6 & -5-x \end{vmatrix} = 0$

4.3 次の連立 1 次方程式について，以下の各問に答えよ．

$$\begin{pmatrix} 2-\lambda & 1 & 1 \\ 2 & 3-\lambda & 2 \\ 1 & 1 & 2-\lambda \end{pmatrix} \begin{pmatrix} x \\ y \\ z \end{pmatrix} = \begin{pmatrix} 0 \\ 0 \\ 0 \end{pmatrix} \tag{4.5}$$

（1） (4.5) が自明な解 $x=y=z=0$ 以外の解をもつように，λ の値を定めよ．

（2） （1）で求めた λ に対して，(4.5) の解を求めよ．

4.4 空間内の 3 点 $\mathrm{A}(a_1,\, a_2,\, a_3)$, $\mathrm{B}(b_1,\, b_2,\, b_3)$, $\mathrm{C}(c_1,\, c_2,\, c_3)$ を通る平面の 1 次方程式は次式で与えられることを示せ．

$$\begin{vmatrix} x & a_1 & b_1 & c_1 \\ y & a_2 & b_2 & c_2 \\ z & a_3 & b_3 & c_3 \\ 1 & 1 & 1 & 1 \end{vmatrix} = 0.$$

4.5 正方行列 A とその転置行列 ${}^tA$ が ${}^tA=-A$ をみたすとき，A を**交代行列**という．交代行列について以下の各問に答えよ．

（1） 2 次および 3 次の交代行列は，どのような形の行列であるか．

（2） n を奇数とするとき，n 次交代行列 A の行列式は 0 であることを示せ．

4.6（クラメルの公式） 3 変数の連立 1 次方程式

$$\begin{cases} a_{11}x_1 + a_{12}x_2 + a_{13}x_3 = b_1 \\ a_{21}x_1 + a_{22}x_2 + a_{23}x_3 = b_2 \\ a_{31}x_1 + a_{32}x_2 + a_{33}x_3 = b_3 \end{cases} \tag{4.6}$$

に関するクラメルの公式を次の手順に従って導け．

（1） ベクトルを用いて

$$\boldsymbol{a}_1 = \begin{pmatrix} a_{11} \\ a_{21} \\ a_{31} \end{pmatrix}, \quad \boldsymbol{a}_2 = \begin{pmatrix} a_{12} \\ a_{22} \\ a_{32} \end{pmatrix}, \quad \boldsymbol{a}_3 = \begin{pmatrix} a_{13} \\ a_{23} \\ a_{33} \end{pmatrix}, \quad \boldsymbol{b} = \begin{pmatrix} b_1 \\ b_2 \\ b_3 \end{pmatrix}$$

とおくと，

$$x_1\boldsymbol{a}_1 + x_2\boldsymbol{a}_2 + x_3\boldsymbol{a}_3 = \boldsymbol{b}$$

と書けることを示せ．

（2） 次が成り立つことを示せ．

$$\det(\boldsymbol{b},\, \boldsymbol{a}_2,\, \boldsymbol{a}_3) = x_1 \det(\boldsymbol{a}_1,\, \boldsymbol{a}_2,\, \boldsymbol{a}_3).$$

(3) $\det(\boldsymbol{a}_1, \boldsymbol{a}_2, \boldsymbol{a}_3) \neq 0$ ならば

$$x_1 = \frac{\det(\boldsymbol{b}, \boldsymbol{a}_2, \boldsymbol{a}_3)}{\det(\boldsymbol{a}_1, \boldsymbol{a}_2, \boldsymbol{a}_3)} \quad x_2 = \frac{\det(\boldsymbol{a}_1, \boldsymbol{b}, \boldsymbol{a}_3)}{\det(\boldsymbol{a}_1, \boldsymbol{a}_2, \boldsymbol{a}_3)},$$
$$x_3 = \frac{\det(\boldsymbol{a}_1, \boldsymbol{a}_2, \boldsymbol{b})}{\det(\boldsymbol{a}_1, \boldsymbol{a}_2, \boldsymbol{a}_3)}$$

が成り立つことを示せ.

▶ **注意** この議論を用いると，一般の n 変数の場合も同様の公式が成り立つことがわかるだろう．クラメルの公式は，理論的なものであって，掃き出し法のような実用的なものではない．また，連立 1 次方程式の掃き出し法による解法が行に関する操作であったのに対して，クラメルの公式による解法が列に関する操作であることに注意しよう.

4.7 次の式が成り立つことを示せ.

$$\begin{vmatrix} 1 & 1 & 1 \\ x_1 & x_2 & x_3 \\ {x_1}^2 & {x_2}^2 & {x_3}^2 \end{vmatrix} = (x_2 - x_1)(x_3 - x_1)(x_3 - x_2)$$

▶ **注意** 一般に

$$\begin{vmatrix} 1 & 1 & \cdots & 1 \\ x_1 & x_2 & \cdots & x_n \\ {x_1}^2 & {x_2}^2 & \cdots & {x_n}^2 \\ \vdots & \vdots & \ddots & \vdots \\ {x_1}^{n-1} & {x_2}^{n-1} & \cdots & {x_n}^{n-1} \end{vmatrix} = \prod_{1 \leqq i < j \leqq n} (x_j - x_i)$$

が成り立つことが知られている（**ヴァンデルモンドの行列式**）．ただし，記号 $\displaystyle\prod_{1 \leqq i < j \leqq n}$ は，$1 \leqq i < j \leqq n$ をみたすすべての i, j に関して与えられる各項 $x_j - x_i$ について積をとることを意味する.

4.8 3 次正方行列 $A = (a_{ij})$ の余因子行列を $\tilde{A}$ で表す．すなわち,

$$\tilde{A} = {}^t(\Delta_{ij})$$

ただし，Δ_{ij} は A の (i, j) 余因子である.

(1) 行列式の行に関する余因子展開公式より

$$\begin{aligned}|A| &= a_{11}\varDelta_{11} + a_{12}\varDelta_{12} + a_{13}\varDelta_{13} \\ &= a_{21}\varDelta_{21} + a_{22}\varDelta_{22} + a_{23}\varDelta_{23} \\ &= a_{31}\varDelta_{31} + a_{32}\varDelta_{32} + a_{33}\varDelta_{33}\end{aligned}$$

が成り立つことを確かめよ．

(2) A の第 1 行を第 2 行で置き換えて得られる行列

$$A' = \begin{pmatrix} a_{21} & a_{22} & a_{23} \\ a_{21} & a_{22} & a_{23} \\ a_{31} & a_{32} & a_{33} \end{pmatrix}$$

を考える．$\det A' = |A'|$ を第 1 行に関して余因子展開することにより

$$a_{21}\varDelta_{11} + a_{22}\varDelta_{12} + a_{23}\varDelta_{13} = 0$$

となることを示せ．

(3) $A\tilde{A} = |A|\,E$ が成り立つことを示し，$\det A = |A| \neq 0$ ならば

$$A^{-1} = \frac{1}{|A|}\tilde{A}$$

が成り立つことを示せ．

(4) 行列式の列に関する余因子展開公式を利用して，$\tilde{A}A = |A|\,E$ が成り立つことを示し，$\det A = |A| \neq 0$ ならば

$$A^{-1} = \frac{1}{|A|}\tilde{A}$$

が成り立つことを示せ．

▶ **注意**　この証明は A が一般の n 次正方行列の場合にも通用する．

第5章

線形代数の基本概念

線形代数は，数学に限らず，自然科学・工学・社会科学など様々な分野で広く利用されている．ここでは，いろいろな分野においても時々使われるいくつかの用語や基本的な概念について，その意味を説明する．それらは線形代数の理論面での基礎であると同時に，線形代数の学習の最大の難所と思われる．細部にこだわって悩むよりも，具体的な計算方法を学びながら大筋の流れを把握して先に進んだほうがよいだろう．

5.1 ベクトル空間

日常，なにげなく使っている言葉でも，いざその意味を改めて考えてみるとわからないものがある．例えば，「時間とは何でしょうか？」と小さい子供から質問されたとき，明確に答えることのできる人はいないだろう．しかし，時間に対する感覚は，小さい子供から大人まで誰でももっているものである．「空間」，もっと堅苦しく，「ベクトル空間」という言葉も，さしあたっては，このような意味において感覚的にとらえておけば問題ないと思われる．線形代数の学習が進んで行くにつれて，それらは自然に理解されていくものであり，言葉の意味がすぐにわからなくてもあまり心配することはないだろう．

さて，ベクトル空間という言葉の意味を理解するために，平面上のベクトル

について考えてみよう．まずいえることは，基本的な演算である**加法**

$$\boldsymbol{a}+\boldsymbol{b}$$

および，**スカラー**[1]**倍**

$$c\boldsymbol{a} \quad (\text{ただし，}c\text{ は実数})$$

が自由にできる．例えば，$\boldsymbol{a}=(-2,1)$ と $\boldsymbol{b}=(4,3)$ に対して，

$$\boldsymbol{a}+\boldsymbol{b}=\begin{pmatrix}-2\\1\end{pmatrix}+\begin{pmatrix}4\\3\end{pmatrix}=\begin{pmatrix}2\\4\end{pmatrix},\quad 3\boldsymbol{a}=3\begin{pmatrix}-2\\1\end{pmatrix}=\begin{pmatrix}-6\\3\end{pmatrix}$$

のように計算することができる．

さて，平面上のベクトルに対して加法とスカラー倍という計算を行うとき，次の演算規則を無意識のうちに自由に利用しているのは間違いないだろう．

$$[1]\quad \begin{aligned}&\boldsymbol{x}+\boldsymbol{y}=\boldsymbol{y}+\boldsymbol{x}, && (\boldsymbol{x}+\boldsymbol{y})+\boldsymbol{z}=\boldsymbol{x}+(\boldsymbol{y}+\boldsymbol{z}),\\ &\alpha(\boldsymbol{x}+\boldsymbol{y})=\alpha\boldsymbol{x}+\alpha\boldsymbol{y}, && (\alpha+\beta)\boldsymbol{x}=\alpha\boldsymbol{x}+\beta\boldsymbol{x},\\ &1\boldsymbol{x}=\boldsymbol{x}, && \alpha(\beta\boldsymbol{x})=(\alpha\beta)\boldsymbol{x}.\end{aligned}$$

ここで，$\boldsymbol{x},\boldsymbol{y},\boldsymbol{z}$ はベクトルで，α,β はスカラー（実数）である．

多くの大学 1 年生は「こんなことは言われなくてもわかっている」とか，「いったい何のことだかよくわからない」と感じるだろう．もっともなことである．ここで述べたいことは，上の演算規則を知っているかどうかではなく，加法とスカラー倍が自由にできる世界があるということである．すなわち，

「加法」と「スカラー倍」が定義され，それらに関して上記のような
演算が自由にできる舞台

がある．この舞台を**ベクトル空間（線形空間）**というのである．見方を変えて言えば，「ベクトルとは何でしょうか？」と尋ねられたときは，「ベクトルとは

---

1) スカラー (scalar) とは，向きをもたない量のことをいう．大きさと向きをもつベクトルに対比する概念である．例えば速度が向きも含むベクトルであるのに対し，その絶対値である速さは向きをもたないスカラーである．他にも時間や温度などはスカラーである．

上の 6 つの演算規則をみたすものである」と答えればよいということである．つまり，平面上の「矢印」のように，「向き」と「大きさ」をもつものをベクトルと見なすという考え方から，

「加法」と「スカラー倍」という演算ができるものなら，何であってもベ**クトル**と見なしてもよい．

という考え方へ移行するのである．ただし，このような演算を自由に行うためには，上の 6 つの規則の他に，普通の数の世界でいう「0」に相当する特別なものがあるということも保証されていなければならないだろう．そこで，

［2］ 特別なベクトル $\mathbf{0}$ があり，$\mathbf{0}+\boldsymbol{x}=\boldsymbol{x}$ がどんなベクトル $\boldsymbol{x}$ に対しても成り立つ．

どんなベクトル $\boldsymbol{x}$ に対しても $-\boldsymbol{x}$ があり，$\boldsymbol{x}+(-\boldsymbol{x})=\mathbf{0}$ が成り立つ．

の 2 つも規則として付け加えておこう．

こうして，加法とスカラー倍が自由にできるものなら何でもベクトルと見なすことにしたのだが，大学 1 年生には高等学校で学んだ矢印以外のものをベクトルとして想像することは難しいと思われる．さしあたっては，ベクトルとは今までに学んできた平面ベクトルや空間ベクトルのようなものであるとイメージして（規則［1］,［2］をあえて覚えることなく）先へ進んでよい．ただし，ある対象をベクトルとみなすことができるかどうかを証明するためには，上の 8 つの規則（［1］,［2］）が成立することを確かめる必要がある．

コラム 中国語では，ベクトルを「向量」と書く．ちなみに行列は「矩陣」，行列式は「行列式」である．また，数の概念を発明したのはアラビア人だと言われている．ただし，「0」の概念を発見したのはインド人であり，人類史上最大の発見であるという人もいる．それだけ「ゼロ」の概念に到達するのは困難であったということだろう．「0」の概念がなければ，「負の数」という概念も生まれなかっただろう．

◆**問 5.1** n 個の実数の組からなるものの集まり（集合）

$$\mathbf{R}^n = \{(x_1, x_2, \ldots, x_n) \mid x_1, x_2, \ldots, x_n \text{ は実数}\}$$

がベクトル空間であることを確かめよ．つまり，2 つの組 $\boldsymbol{a} = (a_1, a_2, \ldots, a_n)$ および $\boldsymbol{b} = (b_1, b_2, \ldots, b_n)$ に対して，加法とスカラー倍

$$\boldsymbol{a} + \boldsymbol{b} = \begin{pmatrix} a_1 + b_1 \\ a_2 + b_2 \\ \vdots \\ a_n + b_n \end{pmatrix}, \quad c\boldsymbol{a} = \begin{pmatrix} ca_1 \\ ca_2 \\ \vdots \\ ca_n \end{pmatrix} \quad (c \text{ は実数})$$

が定義され，上の 8 つの規則（[1]，[2]）が成立していることを示せ．

$n \geqq 4$ のとき，n 個の実数からなる組 $(x_1, x_2, \ldots, x_n)$ は，もはや矢印で示せるような具体的に目で見える対象ではない．しかし，それらの集まりに対して加法とスカラー倍という演算が定義され，それらが上記の 8 つの規則をみたしているという意味で，n 個の実数からなる組をベクトルと考えてよいのである．このような意味において，$\mathbf{R}^n$ を**数ベクトル空間**とよぶ．例えば，2 個の実数からなる組 (x_1, x_2) の集まりは数ベクトル空間 $\mathbf{R}^2$ であり，平面を表す．

▶ **発展** 実数の場合と同様に，n 個の複素数からなる組をベクトルと考えることもできる．このとき，「スカラー」も複素数になる．このようなベクトルを**複素ベクトル**という（➡ p. 234，付録 B）．本書では，主として実数の場合のベクトル（**実ベクトル**という）を扱う．

◆**問 5.2** ベクトル空間の例として，どのようなものが考えられるだろうか？ つまり，何らかの方法によって，加法とスカラー倍という演算が定義され，それらに関する演算が自由にできるような対象としては，どんなものがあるか例をあげよ．

本書では，主に数ベクトル空間 $\mathbf{R}^n$ を例にとりながらいろいろな事項を説明していくが，そのうちのほとんどは数ベクトル空間に限らず一般的なベクトル空間においても通用する．それゆえ，以下では数ベクトル空間を想定して読み進んでも全く問題ない．

次に，「部分空間」という用語について説明しよう．これは，読んで字のごとく，ベクトル空間全体の中の「一部分」をさす．

例えば，右図のような，平面上の直線 $y = 2x$ を考えてみよう．この直線が，平面 $\mathbf{R}^2$ の一部分であることは明らかだろう．この直線が，

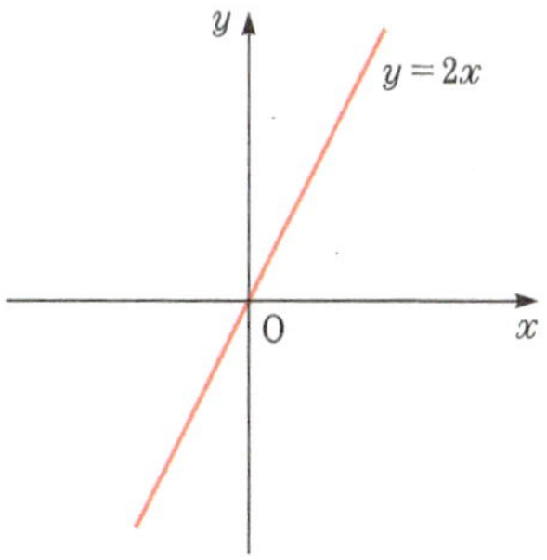

$$W = \{s\boldsymbol{v} \mid \boldsymbol{v} = (1,\ 2),\ s \text{ は実数}\}$$

のように表せることに注意すれば，W の 2 つのベクトル $s_1\boldsymbol{v}$ と $s_2\boldsymbol{v}$ を加えあわせた

$$s_1\boldsymbol{v} + s_2\boldsymbol{v} = (s_1 + s_2)\boldsymbol{v}$$

が，やはり W の中（すなわち，直線上）にあることがわかるだろう．また，W のベクトル $s_3\boldsymbol{v}$ を c 倍（c は実数）したベクトルがやはり W の中にあることも

$$c(s_3\boldsymbol{v}) = (cs_3)\boldsymbol{v}$$

より明らかだろう．すなわち，W の中に限って加法とスカラー倍という演算を行ったとき，得られる結果もまた「W の中にある」ということがわかる．このことは，数学的な専門用語を用いて

W は加法とスカラー倍に関して**閉じている**

と言われる．この例からわかるように，部分空間（線形部分空間）とは，全体空間の一部分であって，加法とスカラー倍に関して閉じているものをさす．直観的なイメージとしては，全体空間の中の一部分であり，無限に広がる平らな直線的・平面的図形を思い浮かべれば十分だろう．ただし，注意すべきことは，

部分空間は，零ベクトル $\mathbf{0}$ を必ず含む

という点である．例えば，原点を通らない直線は平面 $\mathbf{R}^2$ の部分空間ではない．

以上を踏まえて，部分空間の定義を次のように与える．

定義 5.1

次の条件をみたす W を**部分空間**という．

（0） $\mathbf{0}$ は W に含まれる：$\mathbf{0} \in W$.

（1） $\boldsymbol{u}_1$，$\boldsymbol{u}_2$ が W 上のベクトルならば，$\boldsymbol{u}_1 + \boldsymbol{u}_2$ も W 上のベクトルである：

$$\boldsymbol{u}_1,\ \boldsymbol{u}_2 \in W \Longrightarrow \boldsymbol{u}_1 + \boldsymbol{u}_2 \in W.$$

（2） $\boldsymbol{u}_3$ が W 上のベクトルならば，$c\boldsymbol{u}_3$ も W 上のベクトルである：

$$\boldsymbol{u}_3 \in W \Longrightarrow c\boldsymbol{u}_3 \in W \quad (c \text{ はスカラー}).$$

▶ **注意** 論理的には，条件（0）は条件（1）と（2）に含まれている（条件（0）を条件（1）と（2）から導いてみるとよい）．しかし，（1）と（2）を与えただけで（0）の成立を見抜くことは初学者にとってやや難しいので，ここでは，あえて条件（0）も部分空間の定義に含めた．

例題 5.1

$\mathbf{R}^3$ 内の平面

$$W = \{(x,\ y,\ z) \mid 2x + y - z = 0\}$$

が $\mathbf{R}^3$ の部分空間であることを示せ．

【解】 $\mathbf{0} = (0,\ 0,\ 0)$ が W に含まれていることは明らか．

$\boldsymbol{u}_1 = (x_1,\ y_1,\ z_1)$ と $\boldsymbol{u}_2 = (x_2,\ y_2,\ z_2)$ を W 上のベクトルとすると，

$$2x_1 + y_1 - z_1 = 0, \quad 2x_2 + y_2 - z_2 = 0$$

が成り立っている．両辺の和をとると，上式は次のようにまとめられる：

$$2(x_1 + x_2) + (y_1 + y_2) - (z_1 + z_2) = 0.$$

この式から，$\boldsymbol{u}_1 + \boldsymbol{u}_2$ も W 上のベクトルであることがわかる．

$\boldsymbol{u}_3 = (x_3,\ y_3,\ z_3)$ を W 上のベクトルとすると，$2x_3 + y_3 - z_3 = 0$ より

$$2(cx_3) + (cy_3) - (cz_3) = 0 \quad (c \text{ は実数})$$

となるので，$c\boldsymbol{u}_3$ も W 上のベクトルである．

よって，与えられた平面 W は $\mathbf{R}^3$ の部分空間である．

◆**問 5.3** $\mathbf{R}^3$ 上の点の集合

$$W = \{(x,\ y,\ z) \mid x + y - z = 0,\ 3x - y + 2z = 0\}$$

について以下の各問に答えよ．

（1） W が $\mathbf{R}^3$ の部分空間であることを示せ．

（2） W はどのような図形であるか．

上の例題 5.1 では，$\mathbf{R}^3$ の部分空間の例として，原点を通る平面

$$2x + y - z = 0$$

を取り上げた．この平面を 1 次方程式でなく，ベクトル方程式の形で表してみよう．平面上の 2 点 A(1, 0, 2) と B(0, 1, 1) をとると，平面上の任意のベクトル $\boldsymbol{p}$ は

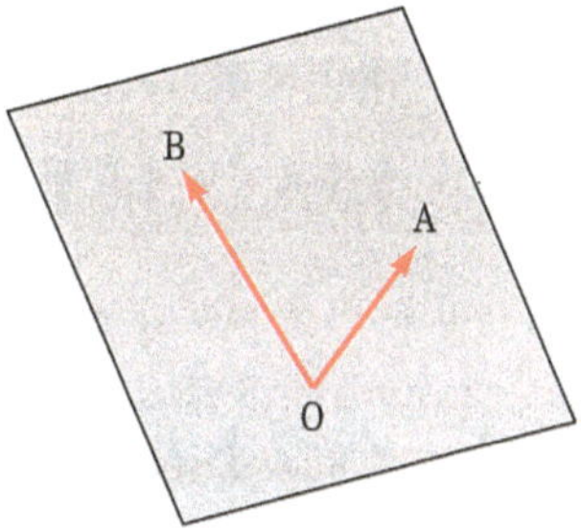

$$\boldsymbol{p} = s\,\overrightarrow{\mathrm{OA}} + t\,\overrightarrow{\mathrm{OB}} \quad (s,\ t \text{ は実数})$$

で表される．よって，この平面は 2 つのベクトル $\overrightarrow{\mathrm{OA}}$ と $\overrightarrow{\mathrm{OB}}$ を組み合わせたベクトル方程式の形（➡ p. 56）で表される．したがって，$\mathbf{R}^3$ 内の原点を通る

平面である部分空間 W は

$$W = \{s\,\overrightarrow{\mathrm{OA}} + t\,\overrightarrow{\mathrm{OB}} \mid s,\ t \text{ は実数}\}$$

と表されることがわかる．

一般に，k 個のベクトル $\boldsymbol{v}_1, \boldsymbol{v}_2, \ldots, \boldsymbol{v}_k$ を組み合わせてつくられる部分空間として

$$W = \{s_1\boldsymbol{v}_1 + s_2\boldsymbol{v}_2 + \cdots + s_k\boldsymbol{v}_k \mid s_1,\ s_2,\ \ldots,\ s_k \text{ は実数}\}$$

を考えることができる．W は $\boldsymbol{v}_1, \boldsymbol{v}_2, \ldots, \boldsymbol{v}_k$ の**張る部分空間**とよばれ，

$$W = \mathrm{span}\{\boldsymbol{v}_1,\ \boldsymbol{v}_2,\ \ldots,\ \boldsymbol{v}_k\}$$

と表す．例えば，例題 5.1 の平面は

$$W = \mathrm{span}\{\overrightarrow{\mathrm{OA}},\ \overrightarrow{\mathrm{OB}}\}$$

のように表される．

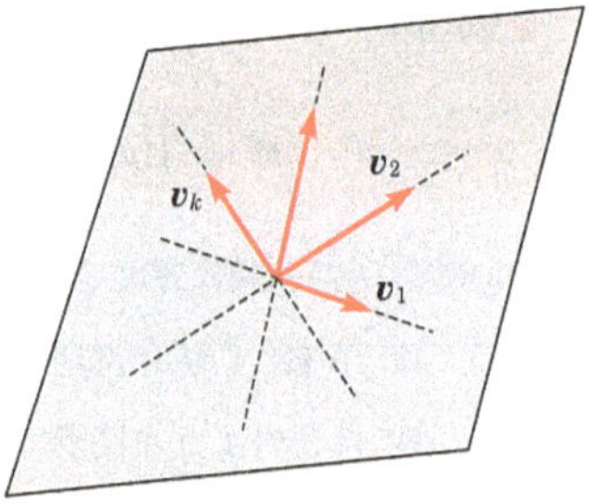

一般的な k 個のベクトル $\boldsymbol{v}_1, \boldsymbol{v}_2, \ldots, \boldsymbol{v}_k$ の張る部分空間については，いくつかの「骨」で張られた「うちわ」をイメージするとよいだろう．つまり，うちわ W を支えている骨組みが $\boldsymbol{v}_1, \boldsymbol{v}_2, \ldots, \boldsymbol{v}_k$ で，うちわの面が張られている部分空間なのである．

5.2 ベクトルの 1 次独立性と行列のランク

この節では，線形代数の理論上の出発点となるベクトルの 1 次独立性について説明する．1.7 節（➡ p. 34）で述べたように，いくつかのベクトルが 1 次独立であるとは，大まかに言うと，それぞれのベクトルが異なる方向を向いていることを意味する．平面ベクトルの場合と同様に，これを数学的にきちんと表現すれば，次のようになる．

定義 5.2

ベクトル空間上の k 個のベクトル $\boldsymbol{a}_1, \boldsymbol{a}_2, \ldots, \boldsymbol{a}_k$ は，次の条件をみたすとき **1次独立（線形独立）** であるという：

$$s_1\boldsymbol{a}_1 + s_2\boldsymbol{a}_2 + \cdots + s_k\boldsymbol{a}_k = \boldsymbol{0} \quad \Longrightarrow \quad s_1 = s_2 = \cdots = s_k = 0$$

定義5.2は，k 個のベクトルが異なる方向を向いているということを数学的に正確に表現したものであり，どんな空間においても通用する定義である．しかし，この定義は多くの大学1年生にとって理解しにくいようである．定義5.2の意味がよく理解できない場合は，1.7節をもう1度読み直して復習してほしい（➡ p. 34）．それでもわからない場合は，「ベクトルが異なる方向を向いていることを1次独立という」あるいは，「1つのベクトルを残りのベクトルの1次結合（和とスカラー倍の組み合わせ）で表すことができないとき，1次独立という」と覚えて先に進んでさしつかえない．

第1章で見たように，平面内のベクトルの1次独立性を直観的に判断するのは簡単だが，空間内のベクトルになると容易ではない．空間ベクトルを紙の上に書くのは難しいからである．

例題 5.2

ベクトル $\boldsymbol{a}_1 = (1, 2, -1)$，$\boldsymbol{a}_2 = (2, 1, 0)$，$\boldsymbol{a}_3 = (0, -1, 1)$ は1次独立であることを示せ．

【解】 $$s_1\boldsymbol{a}_1 + s_2\boldsymbol{a}_2 + s_3\boldsymbol{a}_3 = \boldsymbol{0} \Longrightarrow s_1 = s_2 = s_3 = 0$$

が成り立つことを示せばよい．$\boldsymbol{a}_1, \boldsymbol{a}_2, \boldsymbol{a}_3$ を列ベクトルとする行列を A とするとき，$s_1\boldsymbol{a}_1 + s_2\boldsymbol{a}_2 + s_3\boldsymbol{a}_3 = \boldsymbol{0}$ は s_1, s_2, s_3 の連立1次方程式

$$(5.1) \qquad A\begin{pmatrix} s_1 \\ s_2 \\ s_3 \end{pmatrix} = \boldsymbol{0}, \quad A = (\boldsymbol{a}_1 \ \ \boldsymbol{a}_2 \ \ \boldsymbol{a}_3) = \begin{pmatrix} 1 & 2 & 0 \\ 2 & 1 & -1 \\ -1 & 0 & 1 \end{pmatrix}$$

と見ることができる．A の行列式を第 1 行に関する余因子展開（➡ p. 122）によって計算すると

$$\det A = |A| = \begin{vmatrix} 1 & 2 & 0 \\ 2 & 1 & -1 \\ -1 & 0 & 1 \end{vmatrix} = 1 \cdot \begin{vmatrix} 1 & -1 \\ 0 & 1 \end{vmatrix} - 2 \cdot \begin{vmatrix} 2 & -1 \\ -1 & 1 \end{vmatrix} = -1 \neq 0$$

であるから，定理 4.3（➡ p. 135）より A は逆行列 A^{-1} をもつ．よって，式 (5.1) の両辺に A^{-1} を左から掛けると

$$\begin{pmatrix} s_1 \\ s_2 \\ s_3 \end{pmatrix} = A^{-1}\mathbf{0} = \mathbf{0}$$

となり，$s_1 = s_2 = s_3 = 0$ を得る．ゆえに，$\boldsymbol{a}_1, \boldsymbol{a}_2, \boldsymbol{a}_3$ は 1 次独立である． ■

$\mathbf{R}^3$ 上のベクトル $\boldsymbol{a}_1, \boldsymbol{a}_2, \boldsymbol{a}_3$ が異なる方向を向いていることを，頭の中でイメージして直観的に把握できる人は少ないだろう．しかし，上のような機械的な計算を通して，3 つのベクトルが異なる方向を向いていることを確かめるのは，努力すれば誰でもできるようになる．ここに，定義 5.2 の意義がある．

上の例題の解答を見ればわかるように，$\mathbf{R}^3$ 上の 3 個のベクトル $\boldsymbol{a}_1, \boldsymbol{a}_2, \boldsymbol{a}_3$ が 1 次独立であるかどうかは，これらを並べてつくられる行列 $A = (\boldsymbol{a}_1\ \boldsymbol{a}_2\ \boldsymbol{a}_3)$ の行列式 $\det A$ の値が 0 でないかどうかで決まる．一般に，$\mathbf{R}^n$ 上の n 個のベクトルの 1 次独立性に関しては，次の定理が成り立つことが知られている．

定理 5.1

$\mathbf{R}^n$ 上の n 個のベクトル $\boldsymbol{a}_1, \boldsymbol{a}_2, \ldots, \boldsymbol{a}_n$ が 1 次独立であるための必要十分条件は，

$$\det(\boldsymbol{a}_1, \boldsymbol{a}_2, \ldots, \boldsymbol{a}_n) \neq 0$$

である．

系 5.1

$\mathbf{R}^n$ 上の n 個の1次独立なベクトル $\boldsymbol{a}_1, \boldsymbol{a}_2, \ldots, \boldsymbol{a}_n$ を並べて得られる行列 $A = (\boldsymbol{a}_1 \ \ \boldsymbol{a}_2 \ \ \ldots \ \ \boldsymbol{a}_n)$ は正則である（逆行列をもつ）．

▶ **補足** 例題5.2と同様に考えると，定理5.1の「十分条件」

$$\det(\boldsymbol{a}_1, \boldsymbol{a}_2, \ldots, \boldsymbol{a}_n) \neq 0 \quad \Longrightarrow \quad \boldsymbol{a}_1, \boldsymbol{a}_2, \ldots, \boldsymbol{a}_n \text{ は1次独立}$$

を証明することができる（意欲的な読者は試みてみるとよい）．しかし，この逆である「必要条件」を示すのはやや難しい．実際，

$$\boldsymbol{a}_1, \boldsymbol{a}_2, \ldots, \boldsymbol{a}_n \text{ は1次独立} \quad \Longrightarrow \quad \det(\boldsymbol{a}_1, \boldsymbol{a}_2, \ldots, \boldsymbol{a}_n) \neq 0$$

は連立1次方程式の解の構造定理（定理3.3，p. 111）を用いて示される．

◆**問 5.4** $\mathbf{R}^4$ 上のベクトル $\boldsymbol{a}_1 = (0, 0, 1, -1)$，$\boldsymbol{a}_2 = (1, 1, -1, 0)$，$\boldsymbol{a}_3 = (0, 1, 1, -1)$，$\boldsymbol{a}_4 = (0, 1, -1, 0)$ が1次独立であることを示せ．

さて，上の例題5.2では，$\mathbf{R}^3$ 上の3つのベクトル $\boldsymbol{a}_1 = (1, 2, -1)$，$\boldsymbol{a}_2 = (2, 1, 0)$，$\boldsymbol{a}_3 = (0, -1, 1)$ が1次独立であることを示した．このとき $\boldsymbol{a}_1, \boldsymbol{a}_2, \boldsymbol{a}_3$ のうちの一部，例えば $\boldsymbol{a}_2, \boldsymbol{a}_3$ が1次独立なことは明らかだろう．方向の異なるベクトルの中からいくつかのベクトルを選んだとき，その中に方向が同じものがあるはずはないだろう．

また，3次の正方行列 P が逆行列をもつ（正則である）とき，P によって変換されたベクトル $P\boldsymbol{a}_1, P\boldsymbol{a}_2, P\boldsymbol{a}_3$ も1次独立である．これは，直観的には次のように考えてみるとよいだろう．$P\boldsymbol{a}_1, P\boldsymbol{a}_2, P\boldsymbol{a}_3$ のうちの一部，例えば $P\boldsymbol{a}_1, P\boldsymbol{a}_2$ が同じ方向になってしまったとしよう．このとき，$\boldsymbol{a}_1, \boldsymbol{a}_2$ のつくる平行四辺形を P で移して得られる図形は $P\boldsymbol{a}_1, P\boldsymbol{a}_2$ でつくられるが，これは平行四辺形ではなく線分につぶされている．つぶれてしまったものを逆に戻すこと（P の逆変換）は不可能であり，P が逆行列をもつことに反する．

▶ **補足**　P が正則行列，つまり，逆行列をもつための条件として，P の行列式が 0 でないということはよく知られている（定理 4.3，p. 135）．これは P が正則であるということを行列式によって特徴付けたものである．しかし，P が逆行列をもつということの本質は，方向の異なるベクトルの組は，P によって方向の異なるベクトルの組に移されることにあるといってよい．ちなみに，P が正則であるとき，$P\boldsymbol{a}_1$, $P\boldsymbol{a}_2$, $P\boldsymbol{a}_3$ が 1 次独立であることは次のようにして証明できる．

$$s_1P\boldsymbol{a}_1 + s_2P\boldsymbol{a}_2 + s_3P\boldsymbol{a}_3 = \boldsymbol{0} \quad (s_1,\ s_2,\ s_3 \text{ は実数})$$

とおく．P は逆行列をもつので，上式の両辺に P^{-1} を左から掛けると，

$$s_1P^{-1}P\boldsymbol{a}_1 + s_2P^{-1}P\boldsymbol{a}_2 + s_3P^{-1}P\boldsymbol{a}_3 = P^{-1}\boldsymbol{0}$$

より，

$$s_1\boldsymbol{a}_1 + s_2\boldsymbol{a}_2 + s_3\boldsymbol{a}_3 = \boldsymbol{0}.$$

$\boldsymbol{a}_1$, $\boldsymbol{a}_2$, $\boldsymbol{a}_3$ は 1 次独立なので，$s_1 = s_2 = s_3 = 0$ である．したがって，$P\boldsymbol{a}_1$, $P\boldsymbol{a}_2$, $P\boldsymbol{a}_3$ は 1 次独立である．この議論に行列式が全く現れていないことに注意してほしい．

コラム　加法とスカラー倍ができるものならば，何であってもベクトルとみなしてもよいということは上で述べた通りである．では，実際にどんなものがベクトルと考えられるのだろうか？ 意外と思われるかもしれないが，私たちが日頃聞いている「音」はベクトルとみなせる．「合唱」という言葉から想像されるように，音は重ね合わせ（加法）ができる．また，テレビやステレオのボリュームを調整して音の大きさを 2 倍にしたり，半分にしたりすることができるように，音をスカラー倍することもできる．このように，音をベクトルとみなすことができる．

証明は省略するが，一般に次の事実が成り立つことが知られている．

命題 5.1

k 個のベクトル $\boldsymbol{a}_1, \boldsymbol{a}_2, \ldots, \boldsymbol{a}_k$ が 1 次独立であるとき，この内の任意の ℓ 個のベクトル $\boldsymbol{a}_{i_1}, \boldsymbol{a}_{i_2}, \ldots, \boldsymbol{a}_{i_\ell}$ は 1 次独立である．

命題 5.2

P を正則行列とするとき，

$$\boldsymbol{a}_1, \boldsymbol{a}_2, \ldots, \boldsymbol{a}_k \text{ は 1 次独立} \iff P\boldsymbol{a}_1, P\boldsymbol{a}_2, \ldots, P\boldsymbol{a}_k \text{ は 1 次独立}$$

例題 5.2 では，$\mathbf{R}^3$ 上の 3 個のベクトルが 1 次独立であるかどうかを調べたが，その目標は，$\mathbf{R}^n$ 上の n 個のベクトルが 1 次独立であるかを調べることにある．次に，もう 1 歩だけ話を進めて，$\mathbf{R}^n$ 上の k 個（$k \neq n$ でもよい）のベクトルが与えられたときにはどうすればよいか考えてみよう．

例題 5.3

$\mathbf{R}^4$ 上の 5 個のベクトル

$$\boldsymbol{a}_1 = \begin{pmatrix} 1 \\ 2 \\ -1 \\ 3 \end{pmatrix}, \quad \boldsymbol{a}_2 = \begin{pmatrix} 0 \\ 1 \\ 1 \\ 0 \end{pmatrix}, \quad \boldsymbol{a}_3 = \begin{pmatrix} 1 \\ 1 \\ -3 \\ 1 \end{pmatrix},$$

$$\boldsymbol{a}_4 = \begin{pmatrix} -3 \\ -2 \\ 9 \\ -5 \end{pmatrix}, \quad \boldsymbol{a}_5 = \begin{pmatrix} 1 \\ 4 \\ 2 \\ 5 \end{pmatrix}$$

の中に含まれる 1 次独立なベクトルの最大個数を求めよ．

【解】 3.5 節（➡ p. 92）で学んだ行列の行に関する基本変形を用いよう．

$$A=(\boldsymbol{a}_1\ \ \boldsymbol{a}_2\ \ \boldsymbol{a}_3\ \ \boldsymbol{a}_4\ \ \boldsymbol{a}_5)=\begin{pmatrix}1&0&1&-3&1\\2&1&1&-2&4\\-1&1&-3&9&2\\3&0&1&-5&5\end{pmatrix}$$

とおく．A に次の行基本変形を行い，階段行列の形に直す．

（1） 第2行 − 第1行 × 2,
第3行 + 第1行,
第4行 − 第1行 × 3

（2） 第3行 − 第2行

（3） 第4行 − 第3行 × 2

（4） 第3行 ÷ (−1)

（5） 第1行 − 第3行,
第2行 + 第3行

$\boldsymbol{a}_1$	$\boldsymbol{a}_2$	$\boldsymbol{a}_3$	$\boldsymbol{a}_4$	$\boldsymbol{a}_5$
1	0	1	−3	1
2	1	1	−2	4
−1	1	−3	9	2
3	0	1	−5	5
1	0	1	−3	1
0	1	−1	4	2
0	1	−2	6	3
0	0	−2	4	2
1	0	1	−3	1
0	1	−1	4	2
0	0	−1	2	1
0	0	−2	4	2
1	0	1	−3	1
0	1	−1	4	2
0	0	−1	2	1
0	0	0	0	0
1	0	1	−3	1
0	1	−1	4	2
0	0	1	−2	−1
0	0	0	0	0
1	0	0	−1	2
0	1	0	2	1
0	0	1	−2	−1
0	0	0	0	0
$\boldsymbol{b}_1$	$\boldsymbol{b}_2$	$\boldsymbol{b}_3$	$\boldsymbol{b}_4$	$\boldsymbol{b}_5$

ここで，

$$\boldsymbol{b}_1=\begin{pmatrix}1\\0\\0\\0\end{pmatrix},\quad \boldsymbol{b}_2=\begin{pmatrix}0\\1\\0\\0\end{pmatrix},$$

$$\boldsymbol{b}_3=\begin{pmatrix}0\\0\\1\\0\end{pmatrix},\quad \boldsymbol{b}_4=\begin{pmatrix}-1\\2\\-2\\0\end{pmatrix},$$

$$\boldsymbol{b}_5=\begin{pmatrix}2\\1\\-1\\0\end{pmatrix}$$

とおくと，$\boldsymbol{b}_1, \boldsymbol{b}_2, \boldsymbol{b}_3$ は1次独立で，

$$\boldsymbol{b}_4=-\boldsymbol{b}_1+2\boldsymbol{b}_2-2\boldsymbol{b}_3,\quad \boldsymbol{b}_5=2\boldsymbol{b}_1+\boldsymbol{b}_2-\boldsymbol{b}_3 \tag{5.2}$$

が成り立つことがわかる．ところで，行列 $B=(\boldsymbol{b}_1\ \ \boldsymbol{b}_2\ \ \boldsymbol{b}_3\ \ \boldsymbol{b}_4\ \ \boldsymbol{b}_5)$ は，A に対して行基本変形を何回か行って得られる行列である．したがって，3.5 節で学んだことから，ある正則行列 L を用いて $B=LA$ と表すことができる（➡ p. 101）．これより，

$$(\boldsymbol{b}_1\ \ \boldsymbol{b}_2\ \ \boldsymbol{b}_3\ \ \boldsymbol{b}_4\ \ \boldsymbol{b}_5) = L(\boldsymbol{a}_1\ \ \boldsymbol{a}_2\ \ \boldsymbol{a}_3\ \ \boldsymbol{a}_4\ \ \boldsymbol{a}_5)$$
$$= (L\boldsymbol{a}_1\ \ L\boldsymbol{a}_2\ \ L\boldsymbol{a}_3\ \ L\boldsymbol{a}_4\ \ L\boldsymbol{a}_5)$$

を得る．$\boldsymbol{b}_1, \boldsymbol{b}_2, \boldsymbol{b}_3$ は 1 次独立なので，命題 5.2（➡ p. 155）より

$$\boldsymbol{a}_1 = L^{-1}\boldsymbol{b}_1, \quad \boldsymbol{a}_2 = L^{-1}\boldsymbol{b}_2, \quad \boldsymbol{a}_3 = L^{-1}\boldsymbol{b}_3$$

も 1 次独立であることがわかる．また，式 (5.2) の両辺に L^{-1} を掛けて

$$\boldsymbol{a}_4 = -\boldsymbol{a}_1 + 2\boldsymbol{a}_2 - 2\boldsymbol{a}_3, \quad \boldsymbol{a}_5 = 2\boldsymbol{a}_1 + \boldsymbol{a}_2 - \boldsymbol{a}_3 \tag{5.3}$$

を得る．すなわち，$\boldsymbol{a}_4, \boldsymbol{a}_5$ は，$\boldsymbol{a}_1, \boldsymbol{a}_2, \boldsymbol{a}_3$ の組み合わせの形（$\boldsymbol{a}_1, \boldsymbol{a}_2, \boldsymbol{a}_3$ の 1 次結合（線形結合）という）で表される．よって，5 つのベクトルのうち，最大で 3 つの 1 次独立なベクトルがあることがわかる．■

◆**問 5.5** $\mathbf{R}^3$ 上の 4 つのベクトル

$$\boldsymbol{a}_1 = (0, 1, -2), \quad \boldsymbol{a}_2 = (4, 3, 0), \quad \boldsymbol{a}_3 = (2, 2, -1), \quad \boldsymbol{a}_4 = (2, 1, 1)$$

の中に含まれる 1 次独立なベクトルの最大個数 r を求めよ．また，この 4 つのベクトルの中から r 個の 1 次独立なベクトルを選び出し，残りのベクトルをそれらの 1 次結合で表せ．

ところで，例題 3.7（➡ p. 103）を思い出すと，上の例題 5.3 でとりあげた 5 つのベクトル $\boldsymbol{a}_1, \boldsymbol{a}_2, \boldsymbol{a}_3, \boldsymbol{a}_4, \boldsymbol{a}_5$ からなる行列 $A=(\boldsymbol{a}_1\ \ \boldsymbol{a}_2\ \ \boldsymbol{a}_3\ \ \boldsymbol{a}_4\ \ \boldsymbol{a}_5)$ のランクと，A に行基本変形を行って得た行列 $B=(\boldsymbol{b}_1\ \ \boldsymbol{b}_2\ \ \boldsymbol{b}_3\ \ \boldsymbol{b}_4\ \ \boldsymbol{b}_5)$ のランクは等しく，$r(A)=r(B)=3$ であることがわかる．したがって，例題 5.3 の内容を一般的な形で整理して述べると，次のようになる．

命題 5.3

A に行基本変形を行っても，ランクの値は変わらない．つまり，$r(LA) = r(A)$ が成り立つ．ここで，L は基本行列である．

命題 5.4

行列 A に含まれる 1 次独立な列ベクトルの最大個数は，A のランク $r(A)$ に等しい．

このように，行基本変形を利用すると，列ベクトルの 1 次独立性を調べることができる．証明は省略するが，列基本変形に対しても，同様に次が成り立つことが知られている．

命題 5.5

A に列基本変形を行っても，ランクの値は変わらない．つまり，$r(AR) = r(A)$ が成り立つ．ここで，R は基本行列である．

命題 5.6

行列 A に含まれる 1 次独立な行ベクトルの最大個数は，A のランク $r(A)$ に等しい．

▶ **注意** 行基本変形を利用して列ベクトルの 1 次独立性が調べられるのと同様に，列基本変形を利用して行ベクトルの 1 次独立性が調べられるのは，次の命題が成り立つことによる（列基本変形は転置行列の行基本変形に等しい）．

命題 5.7

行列 A とその転置行列 ${}^tA$ のランクは等しい：$r(A) = r({}^tA)$．

ここで，以上の結果を改めてまとめておこう．これまで述べてきたことが多少理解できなくても，最終的に得られた結果は覚えておくとよい．

定理 5.2（ランクの基本性質）

行列 A に対して，以下はすべて同値である．

- $r(A)$ は A に含まれる1次独立な行ベクトルの最大個数に等しい．
- $r(A)$ は A に含まれる1次独立な列ベクトルの最大個数に等しい．
- $r(A)$ は A のランク標準形 $\widetilde{A}$（➡ p. 101）に現れる1の個数である．

いくつかのベクトルが与えられたとき，それらが1次独立であるかどうかを判定する次の主張が，定理 5.2 から直ちに得られる．

系 5.2

$\mathbf{R}^n$ 上の k 個のベクトル $\boldsymbol{a}_1, \boldsymbol{a}_2, \ldots, \boldsymbol{a}_k$ が1次独立であるための必要十分条件は，行列 $(\boldsymbol{a}_1 \ \ \boldsymbol{a}_2 \ \ \ldots \ \ \boldsymbol{a}_k)$ のランクが k であることである．

◆**問 5.6** 次の $\mathbf{R}^4$ 上の3つのベクトル

$$\boldsymbol{a}_1 = (1,\ 2,\ -1,\ 0), \quad \boldsymbol{a}_2 = (2,\ 1,\ 0,\ 1), \quad \boldsymbol{a}_3 = (0,\ -1,\ 1,\ 1)$$

が1次独立であることを示せ．

行列が与えられたとき，その中に含まれる1次独立な列ベクトルあるいは行ベクトルの最大個数がただ1通りに決まることは明らかだろう．それゆえ，行列のランクを基本変形によってランク標準形に変形したとき，最終的に得られる1の個数は，基本変形の仕方によらずただ1通りに決まるのである．言い換えれば，行列の基本変形とは，行ベクトルや列ベクトルの1次独立性を保つような計算方法なのである．

5.3 基底と次元

1.8 節（➡ p. 39）で述べたように，平面 $\mathbf{R}^2$ 上のどんなベクトル $\boldsymbol{p}$ も，1 次独立な 2 個のベクトル $\boldsymbol{a}_1, \boldsymbol{a}_2$ の 1 次結合によって，

$$\boldsymbol{p} = s_1\boldsymbol{a}_1 + s_2\boldsymbol{a}_2$$

の形で表すことができる．このような 1 次独立なベクトルの組 $\{\boldsymbol{a}_1, \boldsymbol{a}_2\}$ を**基底**とよんだ．とくに，$\boldsymbol{e}_1 = (1, 0)$，$\boldsymbol{e}_2 = (0, 1)$ からなる組 $\{\boldsymbol{e}_1, \boldsymbol{e}_2\}$ を $\mathbf{R}^2$ の**標準基底**という．

同様に，$\mathbf{R}^3$ 上のどんなベクトル $\boldsymbol{p}$ も 1 次独立な 3 個のベクトル $\boldsymbol{a}_1, \boldsymbol{a}_2, \boldsymbol{a}_3$ の 1 次結合によって，

$$\boldsymbol{p} = s_1\boldsymbol{a}_1 + s_2\boldsymbol{a}_2 + s_3\boldsymbol{a}_3$$

の形で表すことができる．このとき，$\{\boldsymbol{a}_1, \boldsymbol{a}_2, \boldsymbol{a}_3\}$ を**基底**という．とくに，$\boldsymbol{e}_1 = (1, 0, 0)$，$\boldsymbol{e}_2 = (0, 1, 0)$，$\boldsymbol{e}_3 = (0, 0, 1)$ からなる $\{\boldsymbol{e}_1, \boldsymbol{e}_2, \boldsymbol{e}_3\}$ を $\mathbf{R}^3$ の**標準基底**という．

ところで，基底の選び方は無数にあり，どんなベクトルの組を選んでもまったく問題ないことは直観的にわかるだろう．しかし，選び出せる 1 次独立なベクトルの個数は，平面の場合は 2 個，空間の場合は 3 個というように，考えているベクトル空間に応じて，いつも決まった数になっている．この数をベクトル空間の**次元**という．したがって，平面は 2 次元のベクトル空間であり，空間は 3 次元のベクトル空間である．「次元」という言葉も，日常的に使われているものであり，平面が「縦」と「横」からなる 2 次元の世界であることや，空間が「縦」，「横」，「高さ」からなる 3 次元の世界であることは誰でも知っているだろう．ベクトル空間の次元が，我々が素朴にもっている次元の概念と一致していることは，とりあえず認めてもまったく問題ないだろう．

読者の中には，ひょっとすると基底が見つからないようなベクトル空間もありうるのではないかと心配する人がいるかもしれない．ここでは，そのような

ことはないものとする．つまり，本書では次のことを認める．

公理[2] ベクトル空間には，必ず基底が存在する．

さて，ベクトル空間の基底を構成する1次独立なベクトルの個数は，有限個の場合もあるし，無限個になる場合もある．ここでは，基底となる1次独立なベクトルの個数が有限個であるケースを考えよう．この場合，基底を選び出すときに，それを構成する1次独立なベクトルの個数が変化することがあるのではないかと疑う人がいるかもしれない．例えば，あるベクトル空間では $\{\boldsymbol{a}_1, \boldsymbol{a}_2, \boldsymbol{a}_3\}$ という基底と $\{\boldsymbol{b}_1, \boldsymbol{b}_2, \boldsymbol{b}_3, \boldsymbol{b}_4\}$ という基底の2通りを選ぶことができるかもしれない．もし，このような事態になれば，「次元」という概念そのものが定義できなくなってしまうだろう．しかし，そのようなことが起こらないことは，数学的に証明することができる．すなわち，どんなベクトル空間においても，次の命題が成り立つことが示される．

命題 5.8

$\{\boldsymbol{a}_1, \boldsymbol{a}_2, \ldots, \boldsymbol{a}_m\}$ と $\{\boldsymbol{b}_1, \boldsymbol{b}_2, \ldots, \boldsymbol{b}_n\}$ は同じベクトル空間における2つの異なる基底とする．このとき，$m = n$ が成り立つ．

この命題の証明は，やや難しいので他の書物に譲ることにする．

命題5.8によって，基底となる1次独立なベクトルの個数が「有限個」である場合には，ベクトル空間の次元という概念が矛盾なく定義できることが保証される．つまり，どのような選び方をしても，基底を構成する1次独立なベクトルの個数は，結局いつも同じになる．以上を踏まえた上で，改めて次の定義をおくことにしよう．

---

2) 公理：論証がなくても真であることが認められ，推理，判断などの根本となる仮定．すなわち，理論上の出発点であり，その理論の枠内では守らなければならない約束のこと．

定義 5.3

次の条件をみたすベクトルの組 $\{\boldsymbol{a}_1, \boldsymbol{a}_2, \ldots, \boldsymbol{a}_n\}$ が選べるベクトル空間 V を，**有限次元ベクトル空間**という．

(1) $\boldsymbol{a}_1, \boldsymbol{a}_2, \ldots, \boldsymbol{a}_n$ は 1 次独立である．

(2) V 上のどんなベクトル $\boldsymbol{v}$ も $\boldsymbol{a}_1, \boldsymbol{a}_2, \ldots, \boldsymbol{a}_n$ の 1 次結合で表される．すなわち，$\boldsymbol{v} = s_1\boldsymbol{a}_1 + s_2\boldsymbol{a}_2 + \cdots + s_n\boldsymbol{a}_n$ ($s_1, \ldots, s_n$ はスカラー) である．

$\{\boldsymbol{a}_1, \boldsymbol{a}_2, \ldots, \boldsymbol{a}_n\}$ をベクトル空間 V の**基底**という．また，このときの n をベクトル空間 V の**次元**といい，$\dim V = n$ と表す．

本書では，有限次元ベクトル空間を扱うことにする．上の定義で述べたように，n 個の 1 次独立なベクトルからなる基底が選べるベクトル空間を，$\boldsymbol{n}$ **次元ベクトル空間**という．また，零ベクトルだけからなるベクトル空間 $V = \{\boldsymbol{0}\}$ の次元は 0 であると約束する．

◆**問 5.7**　数ベクトル空間 $\mathbf{R}^n$ の次元は n であることを示せ（ヒント：何でもよいから，とにかく n 個の 1 次独立なベクトルからなる基底を 1 つでも見つければよい）．

部分空間の次元に関して，次の定理が成り立つ．証明は省略するが，その内容は直観的には明らかだろう．

定理 5.3

部分空間の次元は，この部分空間を含んでいるもとの空間の次元以下である．もしも，次元が等しければ，その部分空間はもとの空間と一致している．すなわち，2 つのベクトル空間 V, W に対して，

$$W \subset V \quad \Longrightarrow \quad \dim W \leqq \dim V$$

が成り立つ．ただし，上の等号が成立するのは $W = V$ のときに限る．

例題 5.4

$\mathbf{R}^3$ 内の平面

$$W = \{(x,\ y,\ z) \mid 2x + y - z = 0\}$$

が $\mathbf{R}^3$ の部分空間であることを示し，その基底と次元を求めよ．

【解】 W が $\mathbf{R}^3$ の部分空間であることは，例題 5.1 （➡ p. 148）で示した．ここでは，W の基底を求める．$2x + y - z = 0$ より $z = 2x + y$ であるから，

$$\begin{pmatrix} x \\ y \\ z \end{pmatrix} = \begin{pmatrix} x \\ y \\ 2x + y \end{pmatrix} = x\begin{pmatrix} 1 \\ 0 \\ 2 \end{pmatrix} + y\begin{pmatrix} 0 \\ 1 \\ 1 \end{pmatrix}$$

が成り立つ．よって，$\boldsymbol{v}_1 = (1,\ 0,\ 2)$，$\boldsymbol{v}_2 = (0,\ 1,\ 1)$ とおけば，W 上の任意のベクトル $\boldsymbol{p} = (x,\ y,\ z)$ は $\boldsymbol{p} = x\boldsymbol{v}_1 + y\boldsymbol{v}_2$ と表されることがわかる．

次に，$\boldsymbol{v}_1$, $\boldsymbol{v}_2$ が 1 次独立であることを示そう．そのためには，行列 $A = (\boldsymbol{v}_1\ \ \boldsymbol{v}_2)$ のランクが 2 であることを示せばよい．A に対して，

（1）　第 3 行 − 第 1 行 × 2,

（2）　第 3 行 − 第 2 行

という基本変形を行うと $r(A) = 2$ であることがわかる．よって，$\boldsymbol{v}_1$, $\boldsymbol{v}_2$ は 1 次独立である．したがって，$\{\boldsymbol{v}_1,\ \boldsymbol{v}_2\}$ は W の基底であり，その次元は 2 である．すなわち，$\dim W = 2$．■

1	0
0	1
2	1
1	0
0	1
0	1
1	0
0	1
0	0

◆**問 5.8**　$\mathbf{R}^4$ 上の点の集合

$$W = \{(x,\ y,\ z,\ w) \mid x - y + 2z - w = 0,\ x + 2y - z = 0\}$$

は $\mathbf{R}^4$ の部分空間であり，その次元が 2 であることを示せ．

1.8 節（➡ p. 39）で述べた平面の場合と同様に，n 次元ベクトル空間 V においては，n 個の 1 次独立なベクトルからなる基底 $\{\boldsymbol{a}_1, \boldsymbol{a}_2, \ldots, \boldsymbol{a}_n\}$ を選べる．基底を用いれば，n 次元空間 V 上のベクトル $\boldsymbol{p}$ を

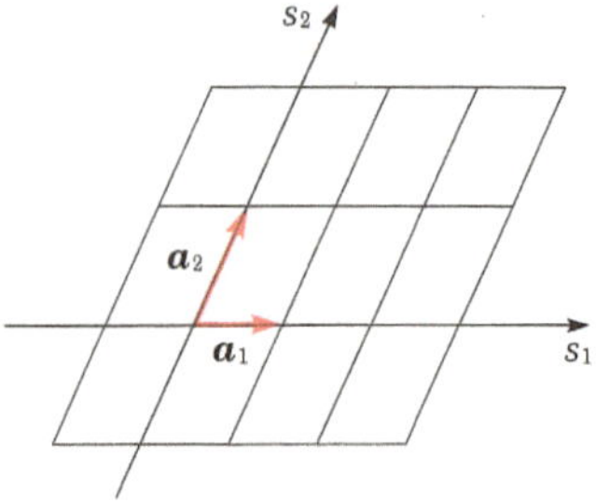

$$\boldsymbol{p} = s_1\boldsymbol{a}_1 + s_2\boldsymbol{a}_2 + \cdots + s_n\boldsymbol{a}_n$$

と表すことができて，V 上のベクトル $\boldsymbol{p}$ と n 個の数の組 $(s_1, s_2, \ldots, s_n)$ を同一視できるようになる．この $(s_1, s_2, \ldots, s_n)$ は基底 $\{\boldsymbol{a}_1, \boldsymbol{a}_2, \ldots, \boldsymbol{a}_n\}$ で定められる $\boldsymbol{p}$ の**座標**とよばれる．

◆**問 5.9**　基底が与えられたとき，n 次元空間内に与えられたベクトルに対して，その座標はただ 1 通りに決まることを示せ．すなわち，もしも n 次元ベクトル空間 V 上のベクトル $\boldsymbol{p}$ が基底 $\{\boldsymbol{a}_1, \boldsymbol{a}_2, \ldots, \boldsymbol{a}_n\}$ を用いて

$$\boldsymbol{p} = s_1\boldsymbol{a}_1 + s_2\boldsymbol{a}_2 + \cdots + s_n\boldsymbol{a}_n, \quad \boldsymbol{p} = t_1\boldsymbol{a}_1 + t_2\boldsymbol{a}_2 + \cdots + t_n\boldsymbol{a}_n$$

の 2 通りに表せると仮定すれば，

$$s_1 = t_1, \quad s_2 = t_2, \quad \ldots, \quad s_n = t_n$$

であることを示せ．

▶**注意**　これは，「座標」という概念が数学的にきちんと定義されることを示している（基底を設定して観測をするとき，物が 2 重に見えたりしないことを意味する）．

5.1 節（➡ p. 150）で k 個のベクトル $\boldsymbol{v}_1, \boldsymbol{v}_2, \ldots, \boldsymbol{v}_k$ で張られる部分空間

$$\begin{aligned} W &= \mathrm{span}\{\boldsymbol{v}_1, \boldsymbol{v}_2, \ldots, \boldsymbol{v}_k\} \\ &= \{s_1\boldsymbol{v}_1 + s_2\boldsymbol{v}_2 + \cdots + s_k\boldsymbol{v}_k \mid s_1, s_2, \ldots, s_k \text{ は実数}\} \end{aligned}$$

を考えた．これは，$\boldsymbol{v}_1, \boldsymbol{v}_2, \ldots, \boldsymbol{v}_k$ を骨組みとして，部分空間 W をうちわの面のように張っているというイメージだった．ここでは，$\mathrm{span}\{\boldsymbol{v}_1, \boldsymbol{v}_2, \ldots, \boldsymbol{v}_k\}$ の性質を調べよう．

例題 5.5

$\mathbf{R}^4$ 内の部分空間

$$W = \mathrm{span}\{\boldsymbol{v}_1, \boldsymbol{v}_2, \boldsymbol{v}_3, \boldsymbol{v}_4\}$$
$$= \{s_1\boldsymbol{v}_1 + s_2\boldsymbol{v}_2 + s_3\boldsymbol{v}_3 + s_4\boldsymbol{v}_4 \mid s_1, s_2, s_3, s_4 \text{ は実数}\}$$

の基底を 1 組求めて，W の次元を求めよ．ただし，

$$\boldsymbol{v}_1 = \begin{pmatrix} 1 \\ 2 \\ 0 \\ 3 \end{pmatrix}, \quad \boldsymbol{v}_2 = \begin{pmatrix} -1 \\ 0 \\ 1 \\ -2 \end{pmatrix}, \quad \boldsymbol{v}_3 = \begin{pmatrix} -1 \\ 4 \\ 3 \\ 0 \end{pmatrix}, \quad \boldsymbol{v}_4 = \begin{pmatrix} 0 \\ 2 \\ 1 \\ 0 \end{pmatrix}.$$

【解】 $\boldsymbol{v}_1, \boldsymbol{v}_2, \boldsymbol{v}_3, \boldsymbol{v}_4$ のうちで 1 次独立なベクトルを調べる．例題 5.3（➡ p. 155）と同様にして，行列 $(\boldsymbol{v}_1\ \ \boldsymbol{v}_2\ \ \boldsymbol{v}_3\ \ \boldsymbol{v}_4)$ に対して行基本変形を行う．

（1） 第 2 行 − 第 1 行 × 2,
　　第 4 行 − 第 1 行 × 3

（2） 第 2 行と第 4 行を交換

（3） 第 4 行 − 第 3 行 × 2

（4） 第 1 行 + 第 2 行,
　　第 3 行 − 第 2 行

$\boldsymbol{v}_1$	$\boldsymbol{v}_2$	$\boldsymbol{v}_3$	$\boldsymbol{v}_4$
1	−1	−1	0
2	0	4	2
0	1	3	1
3	−2	0	0
1	−1	−1	0
0	2	6	2
0	1	3	1
0	1	3	0
1	−1	−1	0
0	1	3	0
0	1	3	1
0	2	6	2
1	−1	−1	0
0	1	3	0
0	1	3	1
0	0	0	0
1	0	2	0
0	1	3	0
0	0	0	1
0	0	0	0

これより，$\boldsymbol{v}_1, \boldsymbol{v}_2, \boldsymbol{v}_4$ は 1 次独立であり，

$$\boldsymbol{v}_3 = 2\boldsymbol{v}_1 + 3\boldsymbol{v}_2$$

となることがわかる．したがって，

$$\boldsymbol{x} = s_1\boldsymbol{v}_1 + s_2\boldsymbol{v}_2 + s_3\boldsymbol{v}_3 + s_4\boldsymbol{v}_4$$
$$= s_1\boldsymbol{v}_1 + s_2\boldsymbol{v}_2 + s_3(2\boldsymbol{v}_1 + 3\boldsymbol{v}_2) + s_4\boldsymbol{v}_4$$
$$= (s_1 + 2s_3)\boldsymbol{v}_1 + (s_2 + 3s_3)\boldsymbol{v}_2 + s_4\boldsymbol{v}_4$$

を得る．s_1, s_2, s_3, s_4 は実数でありさえすればよいので，改めて

$$s_1{}' = s_1 + 2s_3, \quad s_2{}' = s_2 + 3s_3, \quad s_4{}' = s_4$$

と置き直せば，

$$W = \mathrm{span}\{\boldsymbol{v}_1, \boldsymbol{v}_2, \boldsymbol{v}_4\} = \{s_1{}'\boldsymbol{v}_1 + s_2{}'\boldsymbol{v}_2 + s_4{}'\boldsymbol{v}_4 \mid s_1{}', s_2{}', s_4{}' \text{ は実数}\}$$

となることがわかる．$\boldsymbol{v}_1, \boldsymbol{v}_2, \boldsymbol{v}_4$ は 1 次独立であるから，$\{\boldsymbol{v}_1, \boldsymbol{v}_2, \boldsymbol{v}_4\}$ は W の基底であり，$\dim W = 3$ である．■

上の例題において，W はもともと 4 つの骨組 $\boldsymbol{v}_1, \boldsymbol{v}_2, \boldsymbol{v}_3, \boldsymbol{v}_4$ で張られていた．しかし，実際には $\boldsymbol{v}_3$ は必要のないものであり，取り除いてもかまわない．すなわち，部分空間 W を張るのに本当に必要なベクトルは，$\boldsymbol{v}_1, \boldsymbol{v}_2, \boldsymbol{v}_4$ であり，これが W の基底となるのである．その結果として，W の基底となる 1 次独立なベクトルの個数が，W の次元になるのである．このことを，一般的な定理の形で述べれば以下のようになる．

定理 5.4

$W = \mathrm{span}\{\boldsymbol{a}_1, \boldsymbol{a}_2, \ldots, \boldsymbol{a}_n\}$ とする．このとき，

$$\dim W = r(A)$$

が成り立つ．ただし，$A = (\boldsymbol{a}_1 \quad \boldsymbol{a}_2 \quad \ldots \quad \boldsymbol{a}_n)$ である．

◆**問 5.10**　$\mathbf{R}^4$ 内の部分空間 $W = \mathrm{span}\{\boldsymbol{v}_1, \boldsymbol{v}_2, \boldsymbol{v}_3, \boldsymbol{v}_4\}$ の基底を 1 組求めて，W の次元を求めよ．ただし，

$$\boldsymbol{v}_1 = \begin{pmatrix} 1 \\ 2 \\ 1 \\ 2 \end{pmatrix}, \quad \boldsymbol{v}_2 = \begin{pmatrix} -1 \\ 0 \\ 1 \\ 0 \end{pmatrix}, \quad \boldsymbol{v}_3 = \begin{pmatrix} 3 \\ 1 \\ -2 \\ 1 \end{pmatrix}, \quad \boldsymbol{v}_4 = \begin{pmatrix} 1 \\ 1 \\ 0 \\ 1 \end{pmatrix}.$$

5.4 線形写像とその行列表示

1.4 節（➡ p. 21）において，1 次変換が**線形性**という重要な性質をもっていることを学んだ．この節では，もう少し抽象的な視点から線形性という概念を見直してみよう．

例えば，ジュースの自動販売機のように，入力と出力の間に比例関係が成り立つような機械 f を考えてみよう．ここでは，入力と出力は実数（スカラー）で表すことができるものとし，入力を x，出力を y で表すと

$$y = f(x) = kx \quad (k \text{ は比例定数})$$

が成り立つ．

簡単な計算により，この機械 f は

$$\begin{cases} f(x_1 + x_2) = k(x_1 + x_2) = kx_1 + kx_2 = f(x_1) + f(x_2) \\ f(cx_3) = k(cx_3) = c(kx_3) = cf(x_3) \end{cases} \tag{5.4}$$

をみたすことがわかる．すなわち，f は次の性質をもつ：

- **重ね合わせ**ができる（a, b を別々に入力すると，α, β がそれぞれ出力されるとする．このとき，入力をまとめて $a + b$ とすれば，それに応じて出力も $\alpha + \beta$ となる）
- 入力を c 倍すると，それに応じて出力も c 倍される

この例では，入力と出力は実数（スカラー）であったのだが，入力と出力がベクトルの場合はどのように考えていけばよいのだろうか．つまり，比例関係の概念をベクトルに対しても適用できるような形に拡張してみよう．

入力するものの全体を表すベクトル空間を X とし，出力されるものの全体を表すベクトル空間を Y とする．このとき，

$$f : X \longrightarrow Y$$

と表し，f を X から Y への**写像**[3)]という．また，この写像 f によって，入力 $\boldsymbol{x}$ に対して出力 $\boldsymbol{y}$ が得られるということを，

$$f(\boldsymbol{x}) = \boldsymbol{y}$$

と表す．入力と出力がスカラーであり，それらの間に比例関係がある場合に (5.4) が成り立つことを思い出して，次の条件

$$(5.5) \quad f(\boldsymbol{x}_1 + \boldsymbol{x}_2) = f(\boldsymbol{x}_1) + f(\boldsymbol{x}_2), \quad f(c\boldsymbol{x}_3) = cf(\boldsymbol{x}_3) \quad (c \text{ はスカラー})$$

をみたす f を考えよう．このような性質をもつ f を X から Y への**線形写像**という．とくに，$Y = X$ のとき，f を X 上の**線形変換**という．線形写像は比例関係の概念を一般化したものである．

◆**問 5.11** 次の各問に答えよ．

(1) f が線形写像であるとき，$f(\mathbf{0}) = \mathbf{0}$ が成り立つことを示せ．

(2) (5.5) は次の式と同値であることを示せ．

$$(5.6) \qquad f(c_1\boldsymbol{x}_1 + c_2\boldsymbol{x}_2) = c_1 f(\boldsymbol{x}_1) + c_2 f(\boldsymbol{x}_2) \quad (c_1,\ c_2 \text{ はスカラー}).$$

例えば，$\mathbf{R}^3$ 上の点 (x, y, z) を，$\mathbf{R}^2$ 上の点 (x, y) に移す写像

$$f\left(\begin{pmatrix} x \\ y \\ z \end{pmatrix}\right) = \begin{pmatrix} x \\ y \end{pmatrix}$$

は，$\mathbf{R}^3$ から $\mathbf{R}^2$ への線形写像である（線形変換ではない）．実際，

$$\boldsymbol{x}_1 = \begin{pmatrix} x_1 \\ y_1 \\ z_1 \end{pmatrix}, \quad \boldsymbol{x}_2 = \begin{pmatrix} x_2 \\ y_2 \\ z_2 \end{pmatrix}$$

---

3) 集合と写像に関する基本的な用語の説明については，付録 A（➡ p. 231）を参照せよ．

とすると，

$$f(\boldsymbol{x}_1+\boldsymbol{x}_2)=f\left(\begin{pmatrix}x_1+x_2\\y_1+y_2\\z_1+z_2\end{pmatrix}\right)=\begin{pmatrix}x_1+x_2\\y_1+y_2\end{pmatrix}=\begin{pmatrix}x_1\\y_1\end{pmatrix}+\begin{pmatrix}x_2\\y_2\end{pmatrix}$$

である．一方，

$$f(\boldsymbol{x}_1)+f(\boldsymbol{x}_2)=f\left(\begin{pmatrix}x_1\\y_1\\z_1\end{pmatrix}\right)+f\left(\begin{pmatrix}x_2\\y_2\\z_2\end{pmatrix}\right)=\begin{pmatrix}x_1\\y_1\end{pmatrix}+\begin{pmatrix}x_2\\y_2\end{pmatrix}$$

なので，

$$f(\boldsymbol{x}_1+\boldsymbol{x}_2)=f(\boldsymbol{x}_1)+f(\boldsymbol{x}_2)$$

が成り立つ．また，

$$f(c\boldsymbol{x}_3)=f\left(c\begin{pmatrix}x_3\\y_3\\z_3\end{pmatrix}\right)=f\left(\begin{pmatrix}cx_3\\cy_3\\cz_3\end{pmatrix}\right)=\begin{pmatrix}cx_3\\cy_3\end{pmatrix}=c\begin{pmatrix}x_3\\y_3\end{pmatrix}$$

$$cf(\boldsymbol{x}_3)=cf\left(\begin{pmatrix}x_3\\y_3\\z_3\end{pmatrix}\right)=c\begin{pmatrix}x_3\\y_3\end{pmatrix}$$

により，

$$f(c\boldsymbol{x}_3)=cf(\boldsymbol{x}_3)$$

も確かめられる．

また，1.4 節（➡ p. 21）で見たように，平面 $\mathbf{R}^2$ 上の点 (x, y) を

$$\begin{pmatrix}x'\\y'\end{pmatrix}=\begin{pmatrix}a&b\\c&d\end{pmatrix}\begin{pmatrix}x\\y\end{pmatrix}$$

というルールによって，平面上の新しい点 (x', y') に移す写像

$$f\left(\begin{pmatrix}x\\y\end{pmatrix}\right)=\begin{pmatrix}x'\\y'\end{pmatrix}$$

は，平面上の線形変換である．

◆**問 5.12** $\mathbf{R}^2$ 上の点 (x, y) を $\mathbf{R}^3$ 上の点 (x', y', z') に移す写像

$$\begin{pmatrix} x' \\ y' \\ z' \end{pmatrix} = \begin{pmatrix} 1 & 0 \\ 0 & 1 \\ a & b \end{pmatrix} \begin{pmatrix} x \\ y \end{pmatrix}$$

は線形写像であることを示せ．また，この写像にはどのような図形的意味があるか．

上で見た $\mathbf{R}^2$ や $\mathbf{R}^3$ における例は，そのまま一般の場合に拡張される．すなわち，$m \times n$ 行列によって与えられる，$\mathbf{R}^n$ 上の点を $\mathbf{R}^m$ 上の点に移す写像

$$\begin{pmatrix} y_1 \\ y_2 \\ \vdots \\ y_m \end{pmatrix} = \begin{pmatrix} c_{11} & c_{12} & \cdots & c_{1n} \\ c_{21} & c_{22} & \cdots & c_{2n} \\ \vdots & \vdots & & \vdots \\ c_{m1} & c_{m2} & \cdots & c_{mn} \end{pmatrix} \begin{pmatrix} x_1 \\ x_2 \\ \vdots \\ x_n \end{pmatrix}$$

は線形写像である．このような行列を用いて表される写像を $\mathbf{R}^n$ から $\mathbf{R}^m$ への **1 次写像**という．とくに，$m = n$ のときは **1 次変換**という．

比例関係のように，ある意味で容易に予測ができて機械的な応答を示すものは，線形写像であるとみなすことができる．それは，記号を用いて

$$f(\boldsymbol{x}_1 + \boldsymbol{x}_2) = f(\boldsymbol{x}_1) + f(\boldsymbol{x}_2), \quad f(c\boldsymbol{x}_3) = cf(\boldsymbol{x}_3)$$

を満たすルール

$$f : X \longrightarrow Y$$

であると記述される．しかし，これだけではあまりにも情報が乏しくて，f がどんな性質をもっているのかが具体的にわからない．そこで，X と Y の基底を利用して線形写像 f を考えてみることにしよう．

理解のしやすさを考えて，ベクトル空間 X と Y の次元がともに 2 である場合から話を始めよう．X と Y の基底をそれぞれ $\{\boldsymbol{a}_1, \boldsymbol{a}_2\}$，$\{\boldsymbol{b}_1, \boldsymbol{b}_2\}$ としよう．このとき，$\boldsymbol{a}_1, \boldsymbol{a}_2$ を f で移して得られる $f(\boldsymbol{a}_1)$，$f(\boldsymbol{a}_2)$ はそれぞれ Y の

中のベクトルであるから，基底 $\{\boldsymbol{b}_1, \boldsymbol{b}_2\}$ を用いて

$$f(\boldsymbol{a}_1) = c_{11}\boldsymbol{b}_1 + c_{21}\boldsymbol{b}_2,$$
$$f(\boldsymbol{a}_2) = c_{12}\boldsymbol{b}_1 + c_{22}\boldsymbol{b}_2$$

と書けることがわかる．上の 2 つの式は，基底 $\{\boldsymbol{a}_1, \boldsymbol{a}_2\}$ が f によってどのように移されるのかを示している．行列を用いると，これらはひとまとめにして

$$(f(\boldsymbol{a}_1) \ \ f(\boldsymbol{a}_2)) = (\boldsymbol{b}_1 \ \ \boldsymbol{b}_2)\begin{pmatrix} c_{11} & c_{12} \\ c_{21} & c_{22} \end{pmatrix}$$

と表される．この式は，一般の入力 $\boldsymbol{x}$ に対してどんな出力 $\boldsymbol{y} = f(\boldsymbol{x})$ が得られるのかを，座標を利用して具体的に計算するときの重要なキーになる．

$\boldsymbol{x}$ と $\boldsymbol{y}$ はそれぞれ X と Y の中のベクトルであるから，基底を用いて

$$\boldsymbol{x} = x_1\boldsymbol{a}_1 + x_2\boldsymbol{a}_2, \quad \boldsymbol{y} = y_1\boldsymbol{b}_1 + y_2\boldsymbol{b}_2$$

と表される．(x_1, x_2) と (y_1, y_2) は，それぞれ $\boldsymbol{x}$ と $\boldsymbol{y}$ の基底 $\{\boldsymbol{a}_1, \boldsymbol{a}_2\}$ および $\{\boldsymbol{b}_1, \boldsymbol{b}_2\}$ に関する座標である．さて，f の線形性を用いると，

$$\begin{aligned} f(\boldsymbol{x}) &= f(x_1\boldsymbol{a}_1 + x_2\boldsymbol{a}_2) = x_1 f(\boldsymbol{a}_1) + x_2 f(\boldsymbol{a}_2) \\ &= (f(\boldsymbol{a}_1) \ \ f(\boldsymbol{a}_2))\begin{pmatrix} x_1 \\ x_2 \end{pmatrix} = (\boldsymbol{b}_1 \ \ \boldsymbol{b}_2)\begin{pmatrix} c_{11} & c_{12} \\ c_{21} & c_{22} \end{pmatrix}\begin{pmatrix} x_1 \\ x_2 \end{pmatrix} \end{aligned}$$

となる．一方，

$$\boldsymbol{y} = y_1\boldsymbol{b}_1 + y_2\boldsymbol{b}_2 = (\boldsymbol{b}_1 \ \ \boldsymbol{b}_2)\begin{pmatrix} y_1 \\ y_2 \end{pmatrix}$$

であるから，$\boldsymbol{y} = f(\boldsymbol{x})$ より

$$\begin{pmatrix} y_1 \\ y_2 \end{pmatrix} = \begin{pmatrix} c_{11} & c_{12} \\ c_{21} & c_{22} \end{pmatrix}\begin{pmatrix} x_1 \\ x_2 \end{pmatrix}, \quad C = \begin{pmatrix} c_{11} & c_{12} \\ c_{21} & c_{22} \end{pmatrix} \tag{5.7}$$

を得る．このようにして，線形写像 f を (5.7) のような 1 次写像（1 次変換）を用いて具体的に表すことができた．行列 C を基底 $\{\boldsymbol{a}_1, \boldsymbol{a}_2\}$，$\{\boldsymbol{b}_1, \boldsymbol{b}_2\}$ に関する f の**表現行列**という．

上の説明はやや抽象的でわかりにくい印象があるかもしれない．そこで，簡単で人工的ではあるが，次の具体的な例題を考えてみよう．

例題 5.6

平面上の点 (x, y) を平面上の点 (x', y') に移す線形写像（1 次変換）

$$\begin{pmatrix} x' \\ y' \end{pmatrix} = f\left(\begin{pmatrix} x \\ y \end{pmatrix}\right) = \begin{pmatrix} x+y \\ x-y \end{pmatrix}$$

を考える．平面上に 2 つの基底 $\{\boldsymbol{a}_1, \boldsymbol{a}_2\}$ と $\{\boldsymbol{b}_1, \boldsymbol{b}_2\}$ を取る．ただし，$\boldsymbol{a}_1 = (1, -1)$，$\boldsymbol{a}_2 = (1, 0)$，$\boldsymbol{b}_1 = (0, -1)$，$\boldsymbol{b}_2 = (1, 2)$ とする．

（1） f が線形写像であることを確かめよ．

（2） $f(\boldsymbol{a}_1), f(\boldsymbol{a}_2)$ をそれぞれ $\boldsymbol{b}_1, \boldsymbol{b}_2$ の 1 次結合の形で表せ．

（3） 基底 $\{\boldsymbol{a}_1, \boldsymbol{a}_2\}$ と $\{\boldsymbol{b}_1, \boldsymbol{b}_2\}$ に関する線形写像 f の表現行列を求めよ．

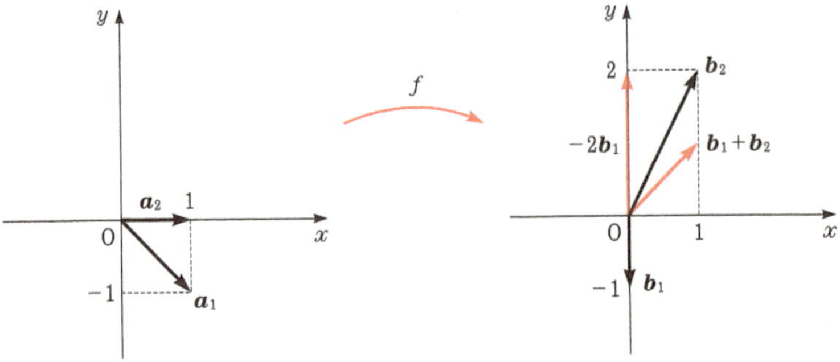

【解】 （1） $\boldsymbol{u} = (u_1, u_2)$，$\boldsymbol{v} = (v_1, v_2)$，$\boldsymbol{w} = (w_1, w_2)$ とすると，

$$f(\boldsymbol{u}+\boldsymbol{v}) = \begin{pmatrix} (u_1+v_1)+(u_2+v_2) \\ (u_1+v_1)-(u_2+v_2) \end{pmatrix}$$

$$= \begin{pmatrix} (u_1+u_2)+(v_1+v_2) \\ (u_1-u_2)+(v_1-v_2) \end{pmatrix} = f(\boldsymbol{u}) + f(\boldsymbol{v})$$

および

$$f(c\boldsymbol{w}) = \begin{pmatrix} cw_1+cw_2 \\ cw_1-cw_2 \end{pmatrix} = \begin{pmatrix} c(w_1+w_2) \\ c(w_1-w_2) \end{pmatrix} = cf(\boldsymbol{w})$$

が成り立つので，f は線形写像である．

（2）　f の定義より

$$f(\boldsymbol{a}_1) = \begin{pmatrix} 1+(-1) \\ 1-(-1) \end{pmatrix} = \begin{pmatrix} 0 \\ 2 \end{pmatrix} = -2\begin{pmatrix} 0 \\ -1 \end{pmatrix} = -2\boldsymbol{b}_1,$$

$$f(\boldsymbol{a}_2) = \begin{pmatrix} 1+0 \\ 1-0 \end{pmatrix} = \begin{pmatrix} 1 \\ 1 \end{pmatrix} = \begin{pmatrix} 0 \\ -1 \end{pmatrix} + \begin{pmatrix} 1 \\ 2 \end{pmatrix} = \boldsymbol{b}_1 + \boldsymbol{b}_2.$$

（3）　（2）より

$$(f(\boldsymbol{a}_1) \;\; f(\boldsymbol{a}_2)) = (\boldsymbol{b}_1 \;\; \boldsymbol{b}_2)\begin{pmatrix} -2 & 1 \\ 0 & 1 \end{pmatrix}$$

である．よって，f の表現行列は，

$$\begin{pmatrix} -2 & 1 \\ 0 & 1 \end{pmatrix}$$

であって，線形写像 f は基底 $\{\boldsymbol{a}_1, \boldsymbol{a}_2\}$ と $\{\boldsymbol{b}_1, \boldsymbol{b}_2\}$ に関する座標 (x_1, x_2) と (y_1, y_2) を用いたとき

$$\begin{pmatrix} y_1 \\ y_2 \end{pmatrix} = \begin{pmatrix} -2 & 1 \\ 0 & 1 \end{pmatrix}\begin{pmatrix} x_1 \\ x_2 \end{pmatrix}$$

のように表される．

◆**問 5.13**　例題 5.6 について，以下の各問に答えよ．

（1）　$\{\boldsymbol{a}_1, \boldsymbol{a}_2\}$ と $\{\boldsymbol{b}_1, \boldsymbol{b}_2\}$ をともに標準基底 $\{\boldsymbol{e}_1, \boldsymbol{e}_2\}$ にした場合について，f の表現行列を求めよ．

（2）　f を

$$f\left(\begin{pmatrix} x \\ y \end{pmatrix}\right) = \begin{pmatrix} y \\ x \end{pmatrix}$$

とした場合について，f の表現行列を求めよ．

次に，ベクトル空間 X と Y の次元が一般の場合を考えよう．

$\dim X = n$, $\dim Y = m$ とし，X と Y の基底をそれぞれ $\{\boldsymbol{a}_1, \boldsymbol{a}_2, \ldots, \boldsymbol{a}_n\}$, $\{\boldsymbol{b}_1, \boldsymbol{b}_2, \ldots, \boldsymbol{b}_m\}$ とするとき，

$$\begin{aligned} f(\boldsymbol{a}_1) &= c_{11}\boldsymbol{b}_1 + c_{21}\boldsymbol{b}_2 + \cdots + c_{m1}\boldsymbol{b}_m, \\ f(\boldsymbol{a}_2) &= c_{12}\boldsymbol{b}_1 + c_{22}\boldsymbol{b}_2 + \cdots + c_{m2}\boldsymbol{b}_m, \\ &\vdots \\ f(\boldsymbol{a}_n) &= c_{1n}\boldsymbol{b}_1 + c_{2n}\boldsymbol{b}_2 + \cdots + c_{mn}\boldsymbol{b}_m \end{aligned}$$

と書ける．これは，行列を用いて

$$\begin{aligned} &(f(\boldsymbol{a}_1) \;\; f(\boldsymbol{a}_2) \;\; \ldots \;\; f(\boldsymbol{a}_n)) \\ &= (\boldsymbol{b}_1 \;\; \boldsymbol{b}_2 \;\; \ldots \;\; \boldsymbol{b}_m) \begin{pmatrix} c_{11} & c_{12} & \cdots & c_{1n} \\ c_{21} & c_{22} & \cdots & c_{2n} \\ \vdots & \vdots & & \vdots \\ c_{m1} & c_{m2} & \cdots & c_{mn} \end{pmatrix} \end{aligned}$$

と表される．これより，2 つの基底 $\{\boldsymbol{a}_1, \boldsymbol{a}_2, \ldots, \boldsymbol{a}_n\}$, $\{\boldsymbol{b}_1, \boldsymbol{b}_2, \ldots, \boldsymbol{b}_m\}$ に関する写像 f の表現行列 C は

$$C = \begin{pmatrix} c_{11} & c_{12} & \cdots & c_{1n} \\ c_{21} & c_{22} & \cdots & c_{2n} \\ \vdots & \vdots & & \vdots \\ c_{m1} & c_{m2} & \cdots & c_{mn} \end{pmatrix}$$

であり，上式は

$$(f(\boldsymbol{a}_1) \;\; f(\boldsymbol{a}_2) \;\; \ldots \;\; f(\boldsymbol{a}_n)) = (\boldsymbol{b}_1 \;\; \boldsymbol{b}_2 \;\; \ldots \;\; \boldsymbol{b}_m)C$$

のように書ける．この式は，基底 $\{\boldsymbol{a}_1, \boldsymbol{a}_2, \ldots, \boldsymbol{a}_n\}$ が f によってどのように移されるのかを示している．また，$\boldsymbol{x}$ と $\boldsymbol{y}$ はそれぞれ X と Y の中のベクトルであるから，基底を用いて

$$\boldsymbol{x} = x_1\boldsymbol{a}_1 + x_2\boldsymbol{a}_2 + \cdots + x_n\boldsymbol{a}_n, \quad \boldsymbol{y} = y_1\boldsymbol{b}_1 + y_2\boldsymbol{b}_2 + \cdots + y_m\boldsymbol{b}_m$$

と表される．$(x_1, x_2, \ldots, x_n)$ と $(y_1, y_2, \ldots, y_m)$ は，それぞれ $\boldsymbol{x}$ と $\boldsymbol{y}$ の基底 $\{\boldsymbol{a}_1, \boldsymbol{a}_2, \ldots, \boldsymbol{a}_n\}$ および $\{\boldsymbol{b}_1, \boldsymbol{b}_2, \ldots, \boldsymbol{b}_m\}$ に関する座標である．f の線形性により

$$
\begin{aligned}
f(\boldsymbol{x}) &= f(x_1\boldsymbol{a}_1 + x_2\boldsymbol{a}_2 + \cdots + x_n\boldsymbol{a}_n) \\
&= x_1 f(\boldsymbol{a}_1) + x_2 f(\boldsymbol{a}_2) + \cdots + x_n f(\boldsymbol{a}_n) \\
&= (f(\boldsymbol{a}_1) \quad f(\boldsymbol{a}_2) \quad \ldots \quad f(\boldsymbol{a}_n)) \begin{pmatrix} x_1 \\ x_2 \\ \vdots \\ x_n \end{pmatrix} \\
&= (\boldsymbol{b}_1 \quad \boldsymbol{b}_2 \quad \ldots \quad \boldsymbol{b}_m) C \begin{pmatrix} x_1 \\ x_2 \\ \vdots \\ x_n \end{pmatrix}
\end{aligned}
$$

となる．一方，

$$
\boldsymbol{y} = y_1\boldsymbol{b}_1 + y_2\boldsymbol{b}_2 + \cdots + y_m\boldsymbol{b}_m = (\boldsymbol{b}_1 \quad \boldsymbol{b}_2 \quad \ldots \quad \boldsymbol{b}_m) \begin{pmatrix} y_1 \\ y_2 \\ \vdots \\ y_m \end{pmatrix}
$$

であるから，$\boldsymbol{y} = f(\boldsymbol{x})$ より次を得る：

$$
\begin{pmatrix} y_1 \\ y_2 \\ \vdots \\ y_m \end{pmatrix} = \begin{pmatrix} c_{11} & c_{12} & \cdots & c_{1n} \\ c_{21} & c_{22} & \cdots & c_{2n} \\ \vdots & \vdots & & \vdots \\ c_{m1} & c_{m2} & \cdots & c_{mn} \end{pmatrix} \begin{pmatrix} x_1 \\ x_2 \\ \vdots \\ x_n \end{pmatrix}.
$$

これが，一般的な線形写像 f の行列による表現（1 次写像）である．

▶ **注意**　線形写像の行列による表現は基底の選び方によって異なる．

◆**問 5.14**　$\mathbf{R}^2$ 上の点を，$\mathbf{R}^3$ 内の平面 $x+y+z=0$ 上の点に移す写像

$$f\left(\begin{pmatrix} x \\ y \end{pmatrix}\right) = \begin{pmatrix} x+y \\ x-y \\ -2x \end{pmatrix}$$

を考える．このとき，以下の各問に答えよ．

（1）f が線形写像であることを確かめよ．

（2）$\boldsymbol{a}_1 = (1, -1)$, $\boldsymbol{a}_2 = (1, 0)$, $\boldsymbol{b}_1 = (1, 0, -1)$, $\boldsymbol{b}_2 = (0, 1, -1)$, $\boldsymbol{b}_3 = (1, 1, 1)$ とする．$\{\boldsymbol{a}_1, \boldsymbol{a}_2\}$ と $\{\boldsymbol{b}_1, \boldsymbol{b}_2, \boldsymbol{b}_3\}$ は，それぞれ $\mathbf{R}^2$ および $\mathbf{R}^3$ の基底であることを確かめよ．

（3）$f(\boldsymbol{a}_1)$, $f(\boldsymbol{a}_2)$ をそれぞれ $\boldsymbol{b}_1, \boldsymbol{b}_2, \boldsymbol{b}_3$ の1次結合の形で表せ．

（4）基底 $\{\boldsymbol{a}_1, \boldsymbol{a}_2\}$ と $\{\boldsymbol{b}_1, \boldsymbol{b}_2, \boldsymbol{b}_3\}$ に関する線形写像 f の表現行列を求めよ．

5.5　基底変換と線形写像の行列表示

前節で述べたように，線形写像は基底を用いることによって行列で表すことができる．ここでは，線形写像の表現行列が，基底を取り替えたときどのように変わるのかを調べてみよう．

前節と同様に，理解のしやすさを考慮して，ベクトル空間 X, Y の次元はともに2であるとし，線形写像 $f: X \longrightarrow Y$ を考えよう．

$\{\boldsymbol{a}_1, \boldsymbol{a}_2\}$, $\{\boldsymbol{b}_1, \boldsymbol{b}_2\}$ をそれぞれベクトル空間 X, Y の基底とする．この2つの基底に関する f の表現行列は

$$(5.8)\qquad (f(\boldsymbol{a}_1)\ \ f(\boldsymbol{a}_2)) = (\boldsymbol{b}_1\ \ \boldsymbol{b}_2)C, \quad C = \begin{pmatrix} c_{11} & c_{12} \\ c_{21} & c_{22} \end{pmatrix}$$

をみたす行列 C として与えられる．いま，X, Y の新しい基底 $\{\boldsymbol{a}_1{}', \boldsymbol{a}_2{}'\}$, $\{\boldsymbol{b}_1{}', \boldsymbol{b}_2{}'\}$ をそれぞれとる．この新しい2つの基底に関する f の表現行列は

$$(5.9)\qquad (f(\boldsymbol{a}_1{}')\ \ f(\boldsymbol{a}_2{}')) = (\boldsymbol{b}_1{}'\ \ \boldsymbol{b}_2{}')C', \quad C' = \begin{pmatrix} c_{11}{}' & c_{12}{}' \\ c_{21}{}' & c_{22}{}' \end{pmatrix}$$

をみたす行列 C' として与えられる．C と C' の間に成り立つ関係を調べよう．

まず，$\{\boldsymbol{a}_1, \boldsymbol{a}_2\}$ と $\{\boldsymbol{a}_1{}', \boldsymbol{a}_2{}'\}$ の間の関係を調べることから始めよう．$\{\boldsymbol{a}_1, \boldsymbol{a}_2\}$ は X の基底なので，X 上のどんなベクトルも $\boldsymbol{a}_1$ と $\boldsymbol{a}_2$ の 1 次結合の形で書き表すことができる．したがって，$\boldsymbol{a}_1{}'$ と $\boldsymbol{a}_2{}'$ を

$$\boldsymbol{a}_1{}' = p_{11}\boldsymbol{a}_1 + p_{21}\boldsymbol{a}_2, \quad \boldsymbol{a}_2{}' = p_{12}\boldsymbol{a}_1 + p_{22}\boldsymbol{a}_2,$$

と書くことができる．この 2 つの式を行列表示でまとめると

$$(\boldsymbol{a}_1{}' \ \ \boldsymbol{a}_2{}') = (p_{11}\boldsymbol{a}_1 + p_{21}\boldsymbol{a}_2 \ \ p_{12}\boldsymbol{a}_1 + p_{22}\boldsymbol{a}_2) = (\boldsymbol{a}_1 \ \ \boldsymbol{a}_2)\begin{pmatrix} p_{11} & p_{12} \\ p_{21} & p_{22} \end{pmatrix}$$

であるから，

$$(\boldsymbol{a}_1{}' \ \ \boldsymbol{a}_2{}') = (\boldsymbol{a}_1 \ \ \boldsymbol{a}_2)P, \quad P = \begin{pmatrix} p_{11} & p_{12} \\ p_{21} & p_{22} \end{pmatrix}$$

を得る．行列 P を**基底変換** $\{\boldsymbol{a}_1, \boldsymbol{a}_2\} \longrightarrow \{\boldsymbol{a}_1{}', \boldsymbol{a}_2{}'\}$ の行列という．

同様に，基底変換 $\{\boldsymbol{b}_1, \boldsymbol{b}_2\} \longrightarrow \{\boldsymbol{b}_1{}', \boldsymbol{b}_2{}'\}$ の行列 Q は次のように与えられる：

$$(\boldsymbol{b}_1{}' \ \ \boldsymbol{b}_2{}') = (\boldsymbol{b}_1 \ \ \boldsymbol{b}_2)Q, \quad Q = \begin{pmatrix} q_{11} & q_{12} \\ q_{21} & q_{22} \end{pmatrix} \tag{5.10}$$

さて，$f : X \longrightarrow Y$ は線形写像であるから，

$$f(\boldsymbol{a}_1{}') = f(p_{11}\boldsymbol{a}_1 + p_{21}\boldsymbol{a}_2) = p_{11}f(\boldsymbol{a}_1) + p_{21}f(\boldsymbol{a}_2),$$

$$f(\boldsymbol{a}_2{}') = f(p_{12}\boldsymbol{a}_1 + p_{22}\boldsymbol{a}_2) = p_{12}f(\boldsymbol{a}_1) + p_{22}f(\boldsymbol{a}_2)$$

が成り立つ．よって，先ほどと同様に考えると，

$$(f(\boldsymbol{a}_1{}') \ \ f(\boldsymbol{a}_2{}')) = (f(\boldsymbol{a}_1) \ \ f(\boldsymbol{a}_2))P, \quad P = \begin{pmatrix} p_{11} & p_{12} \\ p_{21} & p_{22} \end{pmatrix} \tag{5.11}$$

が成り立つことがわかる．(5.11) に (5.8) を代入すると，

$$(f(\boldsymbol{a}_1{}') \ \ f(\boldsymbol{a}_2{}')) = (f(\boldsymbol{a}_1) \ \ f(\boldsymbol{a}_2))P = (\boldsymbol{b}_1 \ \ \boldsymbol{b}_2)CP$$

を得る．一方，(5.9) に (5.10) を代入すると

$$(f(\boldsymbol{a}_1{}')\ \ f(\boldsymbol{a}_2{}')) = (\boldsymbol{b}_1{}'\ \ \boldsymbol{b}_2{}')C' = (\boldsymbol{b}_1\ \ \boldsymbol{b}_2)QC'$$

を得る．上の2式を比べると $CP = QC'$ を得る．この式の両辺に Q^{-1} を左側から掛けると（下の注意を参照），次の関係式を得る：

$$C' = Q^{-1}CP.$$

これは，ベクトル空間 X, Y の次元が一般の場合にも成立する規則である．

▶ **注意**　基底変換の行列は必ず逆行列をもつ．例えば，上の Q について考えてみよう．$\{\boldsymbol{b}_1{}', \boldsymbol{b}_2{}'\}$ は Y の基底なので，$(\boldsymbol{b}_1\ \ \boldsymbol{b}_2) = (\boldsymbol{b}_1{}'\ \ \boldsymbol{b}_2{}')Q'$ をみたす行列 Q' がある．この右辺に (5.10) を代入すると $(\boldsymbol{b}_1\ \ \boldsymbol{b}_2) = (\boldsymbol{b}_1\ \ \boldsymbol{b}_2)QQ'$ となり $QQ' = E$ を得る．よって，Q は逆行列をもち，それは Q' である．

例題 5.7

例題 5.6（➡ p. 172）を再び考える．平面 $\mathbf{R}^2$ 上に新しい基底 $\{\boldsymbol{a}_1{}', \boldsymbol{a}_2{}'\}$ と $\{\boldsymbol{b}_1{}', \boldsymbol{b}_2{}'\}$ を取る．ただし，$\boldsymbol{a}_1{}' = (0, 1)$，$\boldsymbol{a}_2{}' = (1, 1)$，$\boldsymbol{b}_1{}' = (-1, 1)$，$\boldsymbol{b}_2{}' = (1, 0)$ とする．

（1）基底変換 $\{\boldsymbol{a}_1, \boldsymbol{a}_2\} \longrightarrow \{\boldsymbol{a}_1{}', \boldsymbol{a}_2{}'\}$ の行列 P および $\{\boldsymbol{b}_1, \boldsymbol{b}_2\} \longrightarrow \{\boldsymbol{b}_1{}', \boldsymbol{b}_2{}'\}$ の行列 Q を求めよ．

（2）基底 $\{\boldsymbol{a}_1{}', \boldsymbol{a}_2{}'\}$ と $\{\boldsymbol{b}_1{}', \boldsymbol{b}_2{}'\}$ に関する線形写像 f の表現行列 C' を求め，$C' = Q^{-1}CP$ が成り立つことを確かめよ．

【解】（1）$(\boldsymbol{a}_1{}'\ \ \boldsymbol{a}_2{}') = (\boldsymbol{a}_1\ \ \boldsymbol{a}_2)P$ より

$$P = (\boldsymbol{a}_1\ \ \boldsymbol{a}_2)^{-1}(\boldsymbol{a}_1{}'\ \ \boldsymbol{a}_2{}') = \begin{pmatrix} 1 & 1 \\ -1 & 0 \end{pmatrix}^{-1}\begin{pmatrix} 0 & 1 \\ 1 & 1 \end{pmatrix}$$

$$= \begin{pmatrix} 0 & -1 \\ 1 & 1 \end{pmatrix}\begin{pmatrix} 0 & 1 \\ 1 & 1 \end{pmatrix} = \begin{pmatrix} -1 & -1 \\ 1 & 2 \end{pmatrix}.$$

同様に，$(\boldsymbol{b}_1{}' \ \ \boldsymbol{b}_2{}') = (\boldsymbol{b}_1 \ \ \boldsymbol{b}_2)Q$ より

$$Q = (\boldsymbol{b}_1 \ \ \boldsymbol{b}_2)^{-1}(\boldsymbol{b}_1{}' \ \ \boldsymbol{b}_2{}') = \begin{pmatrix} 0 & 1 \\ -1 & 2 \end{pmatrix}^{-1}\begin{pmatrix} -1 & 1 \\ 1 & 0 \end{pmatrix}$$
$$= \begin{pmatrix} 2 & -1 \\ 1 & 0 \end{pmatrix}\begin{pmatrix} -1 & 1 \\ 1 & 0 \end{pmatrix} = \begin{pmatrix} -3 & 2 \\ -1 & 1 \end{pmatrix}$$

（2） $(f(\boldsymbol{a}_1{}') \ \ f(\boldsymbol{a}_2{}')) = (\boldsymbol{b}_1{}' \ \ \boldsymbol{b}_2{}')C'$ より

$$C' = (\boldsymbol{b}_1{}' \ \ \boldsymbol{b}_2{}')^{-1}(f(\boldsymbol{a}_1{}') \ \ f(\boldsymbol{a}_2{}'))$$

である．

$$f(\boldsymbol{a}_1{}') = \begin{pmatrix} 0+1 \\ 0-1 \end{pmatrix} = \begin{pmatrix} 1 \\ -1 \end{pmatrix}, \quad f(\boldsymbol{a}_2{}') = \begin{pmatrix} 1+1 \\ 1-1 \end{pmatrix} = \begin{pmatrix} 2 \\ 0 \end{pmatrix}$$

であるから，

$$C' = \begin{pmatrix} -1 & 1 \\ 1 & 0 \end{pmatrix}^{-1}\begin{pmatrix} 1 & 2 \\ -1 & 0 \end{pmatrix} = \begin{pmatrix} 0 & 1 \\ 1 & 1 \end{pmatrix}\begin{pmatrix} 1 & 2 \\ -1 & 0 \end{pmatrix} = \begin{pmatrix} -1 & 0 \\ 0 & 2 \end{pmatrix}$$

を得る．ところで，

$$QC' = \begin{pmatrix} -3 & 2 \\ -1 & 1 \end{pmatrix}\begin{pmatrix} -1 & 0 \\ 0 & 2 \end{pmatrix} = \begin{pmatrix} 3 & 4 \\ 1 & 2 \end{pmatrix},$$
$$CP = \begin{pmatrix} -2 & 1 \\ 0 & 1 \end{pmatrix}\begin{pmatrix} -1 & -1 \\ 1 & 2 \end{pmatrix} = \begin{pmatrix} 3 & 4 \\ 1 & 2 \end{pmatrix}$$

であるから，$QC' = CP$ すなわち $C' = Q^{-1}CP$ が成り立つ．■

◆**問 5.15**　前節の問 5.13（2）（➡ p. 173）を再び取り上げ，上の例題 5.7 と同様の問題を考えよ．

▶**参考**　ここで，1.9 節（➡ p. 43）で学んだ 2 次正方行列 A の対角化の意味を基底変換の立場から見直してみよう．$X = Y = \mathbf{R}^2$ とし，$f : X \longrightarrow Y$ は $\mathbf{R}^2$ 上の線形写像（1 次写像）であるとする．$\{\boldsymbol{a}_1, \boldsymbol{a}_2\}$，$\{\boldsymbol{b}_1, \boldsymbol{b}_2\}$ をともに $\mathbf{R}^2$ の標準基底 $\{\boldsymbol{e}_1, \boldsymbol{e}_2\}$ とし，標準基底 $\{\boldsymbol{e}_1, \boldsymbol{e}_2\}$ に関する f の表現行列を A とする．ま

た，新しい基底 $\{\boldsymbol{a}_1', \boldsymbol{a}_2'\}$，$\{\boldsymbol{b}_1', \boldsymbol{b}_2'\}$ をともに A の固有ベクトル $\boldsymbol{v}_1, \boldsymbol{v}_2$ からなる基底 $\{\boldsymbol{v}_1, \boldsymbol{v}_2\}$ とする．このとき，基底変換 $\{\boldsymbol{e}_1, \boldsymbol{e}_2\} \longrightarrow \{\boldsymbol{v}_1, \boldsymbol{v}_2\}$ の行列は $(\boldsymbol{v}_1 \ \ \boldsymbol{v}_2) = (\boldsymbol{e}_1 \ \ \boldsymbol{e}_2)P$ より $P = (\boldsymbol{v}_1 \ \ \boldsymbol{v}_2)$ である．したがって，基底 $\{\boldsymbol{v}_1, \boldsymbol{v}_2\}$ に関する f の表現行列 D は

$$D = P^{-1}AP$$

で与えられる．次章で学ぶ一般の n 次正方行列の対角化についても同様のことがいえる．

◆**問 5.16** $\mathbf{R}^3$ 上の点を $\mathbf{R}^2$ 上の点に移す線形写像 $f : \mathbf{R}^3 \longrightarrow \mathbf{R}^2$ は，

$$\begin{pmatrix} y_1 \\ y_2 \end{pmatrix} = f\left(\begin{pmatrix} x_1 \\ x_2 \\ x_3 \end{pmatrix}\right) = \begin{pmatrix} 6x_1 - x_2 - 2x_3 \\ 4x_1 - 3x_2 \end{pmatrix}$$

すなわち，

$$\begin{pmatrix} y_1 \\ y_2 \end{pmatrix} = C\begin{pmatrix} x_1 \\ x_2 \\ x_3 \end{pmatrix}, \quad C = \begin{pmatrix} 6 & -1 & -2 \\ 4 & -3 & 0 \end{pmatrix}$$

で与えられているとする．このとき，以下の各問に答えよ．

(1) $\mathbf{R}^3$ の標準基底 $\{\boldsymbol{e}_1, \boldsymbol{e}_2, \boldsymbol{e}_3\}$，$\mathbf{R}^2$ の標準基底 $\{\bar{\boldsymbol{e}}_1, \bar{\boldsymbol{e}}_2\}$[4] に関する f の表現行列が C であることを確かめよ．

(2) $\boldsymbol{a}_1' = (1, 1, 2)$，$\boldsymbol{a}_2' = (2, 3, 4)$，$\boldsymbol{a}_3' = (3, 4, 7)$ とするとき，$\{\boldsymbol{a}_1', \boldsymbol{a}_2', \boldsymbol{a}_3'\}$ は $\mathbf{R}^3$ の基底であることを確かめよ．また，基底変換 $\{\boldsymbol{e}_1, \boldsymbol{e}_2, \boldsymbol{e}_3\} \longrightarrow \{\boldsymbol{a}_1', \boldsymbol{a}_2', \boldsymbol{a}_3'\}$ の行列 P を求めよ．

(3) $\boldsymbol{b}_1' = (1, 1)$，$\boldsymbol{b}_2' = (-1, 1)$ とするとき，$\{\boldsymbol{b}_1', \boldsymbol{b}_2'\}$ は $\mathbf{R}^2$ の基底であることを確かめよ．また，基底変換 $\{\bar{\boldsymbol{e}}_1, \bar{\boldsymbol{e}}_2\} \longrightarrow \{\boldsymbol{b}_1', \boldsymbol{b}_2'\}$ の行列 Q を求めよ．

(4) $\mathbf{R}^3$ の基底 $\{\boldsymbol{a}_1', \boldsymbol{a}_2', \boldsymbol{a}_3'\}$，$\mathbf{R}^2$ の基底 $\{\boldsymbol{b}_1', \boldsymbol{b}_2'\}$ に関する f の表現行列 C' を求め，$C' = Q^{-1}CP$ が成り立つことを示せ．

---

[4] $\mathbf{R}^2$ の標準基底は $\{\boldsymbol{e}_1, \boldsymbol{e}_2\}$ のように書くのが慣例だが，この場合は $\mathbf{R}^3$ の標準基底と混同するのを避けるため，$\{\bar{\boldsymbol{e}}_1, \bar{\boldsymbol{e}}_2\}$ のように書き表した．

5.6　内積と計量ベクトル空間

5.3 節で述べたように，n 次元ベクトル空間 V においては，n 個の 1 次独立なベクトルからなる基底を自由に選ぶことができる．$\{\boldsymbol{a}_1, \boldsymbol{a}_2, \ldots, \boldsymbol{a}_n\}$ を基底とするとき，V 上のベクトル $\boldsymbol{p}$ は

$$\boldsymbol{p} = s_1\boldsymbol{a}_1 + s_2\boldsymbol{a}_2 + \cdots + s_n\boldsymbol{a}_n \quad (s_1, \ldots, s_n \text{ はスカラー})$$

と表すことができて，V 上のベクトル $\boldsymbol{p}$ と n 個の数の組 $(s_1, s_2, \ldots, s_n)$ を同一視できるようになる．このため，$(s_1, s_2, \ldots, s_n)$ は座標とよばれていた．また，5.4 節（➡ p. 171）で見たように，線形写像は基底を利用することによって，行列で表現することができる．しかも，その行列が基底を取り替えたときにどんな規則に従って変わるのかということも前節（➡ p. 176）で調べた．

次に考える問題は，「どんな基底を選ぶと都合がよいのか？」ということである．例えば，平面の場合だと，標準基底 $\{\boldsymbol{e}_1, \boldsymbol{e}_2\}$ を利用するのが，さしあたっては便利である．実際，平面ベクトル $\boldsymbol{p} = (x, y)$ は，

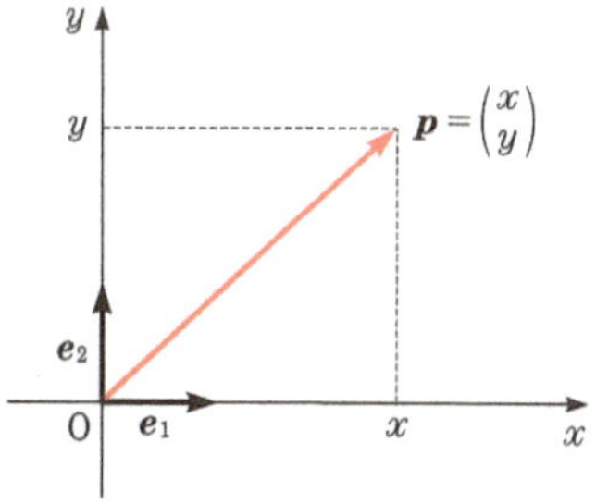

$$\boldsymbol{p} = x\boldsymbol{e}_1 + y\boldsymbol{e}_2$$

と表すことができ，座標 (x, y) と $\boldsymbol{p}$ を同一視してもよいことがわかる．さらに，この標準基底 $\{\boldsymbol{e}_1, \boldsymbol{e}_2\}$ が次の性質をもっていることは明らかだろう．

- 大きさが 1 である．
- 互いに直交している．

標準基底に限らず，この 2 つの性質をもつ基底を**正規直交基底**という．しかし，よく考えてみれば，「大きさ」とか「直交する」ということは，大きさや角度を測るための手段がなければ，調べようがないことに気がつく．第 1 章で述べたように，平面ベクトルの場合には，ベクトルの内積という概念を用いて

大きさや角度を測っている．実際，平面上の2つのベクトル $\boldsymbol{a}=(a_1,\, a_2)$ と $\boldsymbol{b}=(b_1,\, b_2)$ の内積は，

$$\langle \boldsymbol{a},\, \boldsymbol{b}\rangle = a_1b_1 + a_2b_2$$

と約束されており，ベクトル $\boldsymbol{a}=(a_1,\, a_2)$ の大きさは，

$$|\boldsymbol{a}| = \sqrt{\langle \boldsymbol{a},\, \boldsymbol{a}\rangle} = \sqrt{{a_1}^2 + {a_2}^2}$$

である．また，2つのベクトル $\boldsymbol{a}=(a_1,\, a_2)$ と $\boldsymbol{b}=(b_1,\, b_2)$ のなす角度を θ とするとき，

$$\cos\theta = \frac{\langle \boldsymbol{a},\, \boldsymbol{b}\rangle}{|\boldsymbol{a}|\,|\boldsymbol{b}|} = \frac{a_1b_1 + a_2b_2}{\sqrt{{a_1}^2 + {a_2}^2}\sqrt{{b_1}^2 + {b_2}^2}}$$

である．したがって，とくに，2つのベクトル $\boldsymbol{a}$ と $\boldsymbol{b}$ が直交する条件は，

$$\langle \boldsymbol{a},\, \boldsymbol{b}\rangle = a_1b_1 + a_2b_2 = 0$$

となる．このように，平面ベクトルの場合は，内積を用いてベクトルの大きさや角度を測ることができる．したがって，「$\boldsymbol{e}_1=(1,\,0)$ と $\boldsymbol{e}_2=(0,\,1)$ が正規直交基底である」という文には意味がある．

◆**問 5.17** 平面上の標準基底 $\{\boldsymbol{e}_1,\, \boldsymbol{e}_2\}$ が正規直交基底であることを，ベクトルの内積を計算することで確かめよ．また，平面上の正規直交基底の例を他に1つあげよ．

平面の場合に限らず，n 次元ベクトル空間 V においても，何らかの方法でベクトルの「内積」というものが定義されていれば，ベクトルの大きさや角度を測ることは可能になる．そこで，ベクトルの**内積** $\langle\ ,\ \rangle$ を次の計算規則をみたすものとして定義する：

$$\langle \boldsymbol{a}+\boldsymbol{b},\, \boldsymbol{c}\rangle = \langle \boldsymbol{a},\, \boldsymbol{c}\rangle + \langle \boldsymbol{b},\, \boldsymbol{c}\rangle, \quad \langle \boldsymbol{a},\, \boldsymbol{b}+\boldsymbol{c}\rangle = \langle \boldsymbol{a},\, \boldsymbol{b}\rangle + \langle \boldsymbol{a},\, \boldsymbol{c}\rangle,$$

$$\langle k\boldsymbol{a},\, \boldsymbol{b}\rangle = k\langle \boldsymbol{a},\, \boldsymbol{b}\rangle, \quad \langle \boldsymbol{a},\, k\boldsymbol{b}\rangle = k\langle \boldsymbol{a},\, \boldsymbol{b}\rangle \quad (k\ \text{は実数}),$$

$$\langle \boldsymbol{a},\, \boldsymbol{b}\rangle = \langle \boldsymbol{b},\, \boldsymbol{a}\rangle,$$

$$\langle \boldsymbol{a},\, \boldsymbol{a}\rangle = 0 \quad \text{ならば} \quad \boldsymbol{a} = \boldsymbol{0}.$$

◆**問 5.18** 平面ベクトルの内積に関して上の計算規則が成立していることを確かめよ.

内積という演算が利用できる空間では，ベクトルの大きさや角度を測ることが可能になる．このような性質をもつ空間を**計量ベクトル空間**という.

◆**問 5.19** 平面ベクトルの例を参考にして，$\mathbf{R}^n$ 上において，ベクトルの内積を定義せよ．また，$\mathbf{R}^n$ 上のベクトルの大きさを定義せよ.

内積が定義されているベクトル空間では，正規直交基底が利用できる．そのメリットは，内積の計算を用いて座標が簡単に求められるということを示した次の定理にある.

定理 5.5

$\{\boldsymbol{u}_1, \boldsymbol{u}_2, \ldots, \boldsymbol{u}_n\}$ を正規直交基底とする．空間 V 上のベクトル $\boldsymbol{p}$ は

$$\boldsymbol{p} = s_1\boldsymbol{u}_1 + s_2\boldsymbol{u}_2 + \cdots + s_n\boldsymbol{u}_n \quad (s_1, \ldots, s_n \text{ はスカラー})$$

のような 1 次結合の形に表されているとする．基底 $\{\boldsymbol{u}_1, \boldsymbol{u}_2, \ldots, \boldsymbol{u}_n\}$ に関する $\boldsymbol{p}$ の座標 $(s_1, s_2, \ldots, s_n)$ は

$$s_j = \langle \boldsymbol{p}, \boldsymbol{u}_j \rangle \quad (j = 1, 2, \ldots, n)$$

で与えられる.

【証明】 $\{\boldsymbol{u}_1, \boldsymbol{u}_2, \ldots, \boldsymbol{u}_n\}$ は正規直交基底であるから，

$$\langle \boldsymbol{u}_j, \boldsymbol{u}_j \rangle = 1, \quad \langle \boldsymbol{u}_k, \boldsymbol{u}_j \rangle = 0 \quad (k \neq j)$$

が成り立つ．よって，

$$\begin{aligned}\langle \boldsymbol{p}, \boldsymbol{u}_j \rangle &= \langle s_1\boldsymbol{u}_1 + s_2\boldsymbol{u}_2 + \cdots + s_n\boldsymbol{u}_n, \boldsymbol{u}_j \rangle \\ &= s_1\langle \boldsymbol{u}_1, \boldsymbol{u}_j \rangle + \cdots + s_j\langle \boldsymbol{u}_j, \boldsymbol{u}_j \rangle + \cdots + s_n\langle \boldsymbol{u}_n, \boldsymbol{u}_j \rangle = s_j\end{aligned}$$

となる. ■

◆**問 5.20**　次のベクトル

$$\boldsymbol{a} = \left(\frac{1}{\sqrt{3}}, \frac{1}{\sqrt{3}}, \frac{1}{\sqrt{3}}\right), \quad \boldsymbol{b} = \left(\frac{1}{\sqrt{6}}, -\frac{2}{\sqrt{6}}, \frac{1}{\sqrt{6}}\right), \quad \boldsymbol{c} = \left(-\frac{1}{\sqrt{2}}, 0, \frac{1}{\sqrt{2}}\right)$$

が $\mathbf{R}^3$ の正規直交基底をなすことを確かめよ．また，$\boldsymbol{p} = (1, -1, 1)$ を $\boldsymbol{a}, \boldsymbol{b}, \boldsymbol{c}$ の1次結合の形で表せ．

次に，n 個の1次独立なベクトルの組 $\boldsymbol{a}_1, \boldsymbol{a}_2, \ldots, \boldsymbol{a}_n$ から，大きさが1で互いに直交するベクトルの組 $\boldsymbol{u}_1, \boldsymbol{u}_2, \ldots, \boldsymbol{u}_n$ を作り出す方法（**正規直交化**）を説明しよう．とくに，$\{\boldsymbol{a}_1, \boldsymbol{a}_2, \ldots, \boldsymbol{a}_n\}$ が基底であるとき，$\{\boldsymbol{u}_1, \boldsymbol{u}_2, \ldots, \boldsymbol{u}_n\}$ は正規直交基底となる．まず，最も簡単なケースとして2個の1次独立なベクトルの組 $\{\boldsymbol{a}_1, \boldsymbol{a}_2\}$ の場合から考えよう．

$$\boldsymbol{u}_1 = \frac{\boldsymbol{a}_1}{|\boldsymbol{a}_1|}$$

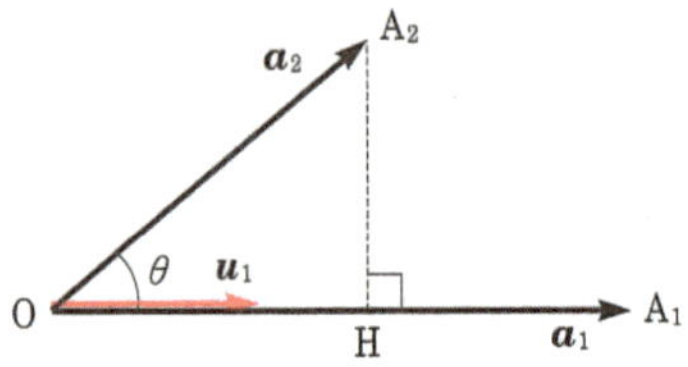

とおくと $|\boldsymbol{u}_1| = 1$ である．いま，簡単のため $\boldsymbol{a}_2$ と $\boldsymbol{u}_1$ のなす角 θ は，$0° < \theta < 90°$ であるとしよう．このとき，

$$\cos\theta = \frac{\langle \boldsymbol{a}_2, \boldsymbol{u}_1 \rangle}{|\boldsymbol{a}_2|\,|\boldsymbol{u}_1|} = \frac{\langle \boldsymbol{a}_2, \boldsymbol{u}_1 \rangle}{|\boldsymbol{a}_2|}$$

より，$|\overrightarrow{\mathrm{OH}}| = |\boldsymbol{a}_2| \cos\theta = \langle \boldsymbol{a}_2, \boldsymbol{u}_1 \rangle$ であるから，

$$\overrightarrow{\mathrm{OH}} = |\overrightarrow{\mathrm{OH}}|\boldsymbol{u}_1 = \langle \boldsymbol{a}_2, \boldsymbol{u}_1 \rangle \boldsymbol{u}_1$$

となる．よって，

$$\overrightarrow{\mathrm{HA}_2} = \overrightarrow{\mathrm{OA}_2} - \overrightarrow{\mathrm{OH}} = \boldsymbol{a}_2 - \langle \boldsymbol{a}_2, \boldsymbol{u}_1 \rangle \boldsymbol{u}_1$$

とおくと，$\overrightarrow{\mathrm{HA}_2}$ と $\boldsymbol{u}_1$ は垂直である．したがって，

$$\boldsymbol{u}_2 = \frac{\overrightarrow{\mathrm{HA}_2}}{|\overrightarrow{\mathrm{HA}_2}|}$$

とおけば，$|\boldsymbol{u}_2| = 1$ であって，$\boldsymbol{u}_1$ と $\boldsymbol{u}_2$ は垂直となる．すなわち，$\boldsymbol{u}_1, \boldsymbol{u}_2$ は大きさが1で互いに直交する2つのベクトルである．

上の考え方を一般化すると，次の定理を得る．

定理 5.6（グラム・シュミットの直交化法）

計量ベクトル空間上の n 個の 1 次独立なベクトルの組 $\{\boldsymbol{a}_1, \boldsymbol{a}_2, \ldots, \boldsymbol{a}_n\}$ に対して，

$$\boldsymbol{u}_1 = \frac{\boldsymbol{a}_1}{|\boldsymbol{a}_1|}$$

$$\boldsymbol{u}_k = \frac{\boldsymbol{u}_k{}'}{|\boldsymbol{u}_k{}'|}, \quad \boldsymbol{u}_k{}' = \boldsymbol{a}_k - \sum_{i=1}^{k-1} \langle \boldsymbol{a}_k, \boldsymbol{u}_i \rangle \boldsymbol{u}_i \quad (k = 2, 3, \ldots, n)$$

とおくと，$\{\boldsymbol{u}_1, \boldsymbol{u}_2, \ldots, \boldsymbol{u}_n\}$ は大きさが 1 で互いに直交する n 個のベクトルの組（**正規直交系**という）になる．

【証明】 $\boldsymbol{u}_1 = \dfrac{\boldsymbol{a}_1}{|\boldsymbol{a}_1|}$ とおく．このとき，$|\boldsymbol{u}_1| = 1$ となる．次に，

$$\boldsymbol{u}_2 = \frac{\boldsymbol{u}_2{}'}{|\boldsymbol{u}_2{}'|}, \quad \boldsymbol{u}_2{}' = \boldsymbol{a}_2 - \langle \boldsymbol{a}_2, \boldsymbol{u}_1 \rangle \boldsymbol{u}_1$$

とおけば，$|\boldsymbol{u}_2| = 1$ であって，$\langle \boldsymbol{u}_1, \boldsymbol{u}_1 \rangle = 1$ より

$$\langle \boldsymbol{u}_2, \boldsymbol{u}_1 \rangle = \frac{1}{|\boldsymbol{u}_2{}'|} \langle \boldsymbol{u}_2{}', \boldsymbol{u}_1 \rangle = \frac{1}{|\boldsymbol{u}_2{}'|} (\langle \boldsymbol{a}_2, \boldsymbol{u}_1 \rangle - \langle \boldsymbol{a}_2, \boldsymbol{u}_1 \rangle \langle \boldsymbol{u}_1, \boldsymbol{u}_1 \rangle) = 0$$

となる．同様に，

$$\boldsymbol{u}_3 = \frac{\boldsymbol{u}_3{}'}{|\boldsymbol{u}_3{}'|}, \quad \boldsymbol{u}_3{}' = \boldsymbol{a}_3 - \langle \boldsymbol{a}_3, \boldsymbol{u}_1 \rangle \boldsymbol{u}_1 - \langle \boldsymbol{a}_3, \boldsymbol{u}_2 \rangle \boldsymbol{u}_2$$

とおけば，$|\boldsymbol{u}_3| = 1$，$\langle \boldsymbol{u}_3, \boldsymbol{u}_1 \rangle = \langle \boldsymbol{u}_3, \boldsymbol{u}_2 \rangle = 0$ となることがわかる．以下，この操作を繰り返す．すなわち，

$$\boldsymbol{u}_k = \frac{\boldsymbol{u}_k{}'}{|\boldsymbol{u}_k{}'|}, \quad \boldsymbol{u}_k{}' = \boldsymbol{a}_k - \sum_{i=1}^{k-1} \langle \boldsymbol{a}_k, \boldsymbol{u}_i \rangle \boldsymbol{u}_i \quad (k = 2, 3, \ldots, n)$$

とおけば，$\{\boldsymbol{u}_1, \boldsymbol{u}_2, \ldots, \boldsymbol{u}_n\}$ は正規直交系になる． ■

例題 5.8

$\mathbf{R}^3$ 上のベクトル $\boldsymbol{a}_1 = (1, -1, 0)$，$\boldsymbol{a}_2 = (1, 0, -1)$，$\boldsymbol{a}_3 = (1, 2, 3)$ を正規直交化せよ．

【解】 グラム・シュミットの直交化法を用いる．

$$|\boldsymbol{a}_1| = \sqrt{1^2 + (-1)^2 + 0^2} = \sqrt{2}$$

より，

$$\boldsymbol{u}_1 = \frac{\boldsymbol{a}_1}{|\boldsymbol{a}_1|} = \frac{1}{\sqrt{2}}\begin{pmatrix} 1 \\ -1 \\ 0 \end{pmatrix}.$$

次に，

$$\langle \boldsymbol{a}_2,\, \boldsymbol{u}_1 \rangle = \frac{1}{\sqrt{2}}\{1 \cdot 1 + (-1) \cdot 0 + 0 \cdot (-1)\} = \frac{1}{\sqrt{2}}$$

より，

$$\boldsymbol{u}_2{}' = \boldsymbol{a}_2 - \langle \boldsymbol{a}_2,\, \boldsymbol{u}_1 \rangle \boldsymbol{u}_1 = \begin{pmatrix} 1 \\ 0 \\ -1 \end{pmatrix} - \frac{1}{2}\begin{pmatrix} 1 \\ -1 \\ 0 \end{pmatrix} = \frac{1}{2}\begin{pmatrix} 1 \\ 1 \\ -2 \end{pmatrix}$$

であるから，

$$\boldsymbol{u}_2 = \frac{\boldsymbol{u}_2{}'}{|\boldsymbol{u}_2{}'|} = \frac{1}{\sqrt{6}}\begin{pmatrix} 1 \\ 1 \\ -2 \end{pmatrix}.$$

同様に，

$$\langle \boldsymbol{a}_3,\, \boldsymbol{u}_1 \rangle = -\frac{1}{\sqrt{2}}, \quad \langle \boldsymbol{a}_3,\, \boldsymbol{u}_2 \rangle = -\frac{3}{\sqrt{6}}$$

より

$$\boldsymbol{u}_3{}' = \boldsymbol{a}_3 - \langle \boldsymbol{a}_3,\, \boldsymbol{u}_1 \rangle \boldsymbol{u}_1 - \langle \boldsymbol{a}_3,\, \boldsymbol{u}_2 \rangle \boldsymbol{u}_2 = \begin{pmatrix} 2 \\ 2 \\ 2 \end{pmatrix}$$

であるから，

$$\boldsymbol{u}_3 = \frac{\boldsymbol{u}_3{}'}{|\boldsymbol{u}_3{}'|} = \frac{1}{\sqrt{3}}\begin{pmatrix} 1 \\ 1 \\ 1 \end{pmatrix}.$$

したがって，上で求めた $\{\boldsymbol{u}_1,\, \boldsymbol{u}_2,\, \boldsymbol{u}_3\}$ が正規直交系である． ■

◆**問 5.21**　$\mathbf{R}^3$ 上のベクトル $\boldsymbol{a}_1 = (1,\, 1,\, 0)$，$\boldsymbol{a}_2 = (1,\, 1,\, -1)$，$\boldsymbol{a}_3 = (-1,\, 0,\, 1)$ を正規直交化せよ．

5.7 線形写像の像と核

日常生活においてよく利用される地図が，上空から航空写真を撮影することによって作成されることは誰でも知っている．これは，下の左図を見ればわかるように，$x_1x_2x_3$ 空間上の点 (x_1, x_2, x_3) を x_1x_2 平面上の点 $(x_1, x_2, 0)$ へ射影する変換

$$\begin{pmatrix} x_1' \\ x_2' \\ x_3' \end{pmatrix} = \begin{pmatrix} 1 & 0 & 0 \\ 0 & 1 & 0 \\ 0 & 0 & 0 \end{pmatrix} \begin{pmatrix} x_1 \\ x_2 \\ x_3 \end{pmatrix} \tag{5.12}$$

で与えられる．この変換により，「高さ」という情報は失われ，「縦」と「横」という情報のみが残ることになる．例えば，下の右図において，直線 ℓ 上の点 $\mathrm{P}_1, \mathrm{P}_2, \mathrm{P}_3$ はいずれも x_1x_2 平面上の点 P' に移されている．このことは，直線 ℓ 上の高さの異なる 3 つの点 $\mathrm{P}_1, \mathrm{P}_2, \mathrm{P}_3$ が変換 (5.12) によって x_1x_2 平面上の点 P' と同一視されることを意味している．

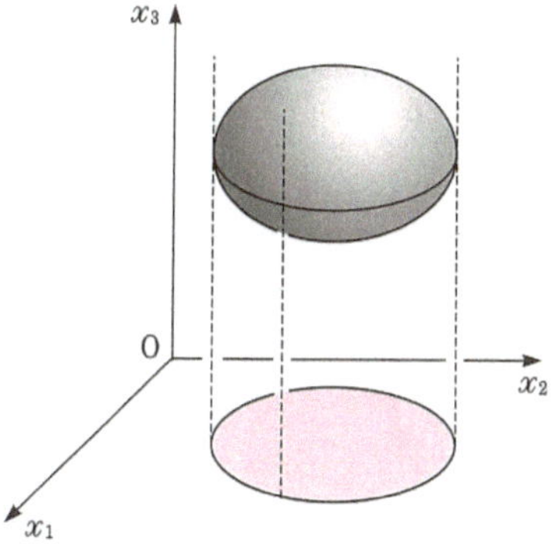

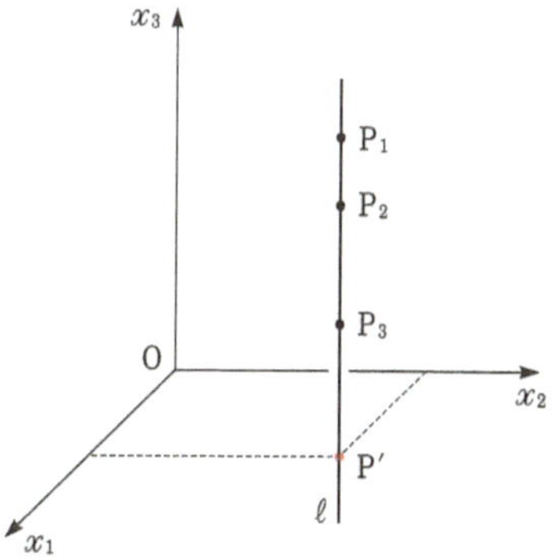

つまり，上の右図の直線 ℓ そのものを x_1x_2 平面上の点 P' と同一視してもよいのである．これは，地図を用いて「六本木ヒルズ」の場所を調べるとき，「東京都港区六本木 6 丁目 10–1」にあるという情報が本質的なのであって，そこに何階建の高さの建物があるのかという情報は不要であるのと同じことを意味している．

さて，いま述べたことをもう少し数学的に考えてみよう．1次変換 (5.12) を表す行列を

$$A = \begin{pmatrix} 1 & 0 & 0 \\ 0 & 1 & 0 \\ 0 & 0 & 0 \end{pmatrix}$$

とおく．地図を作成するときに必要な航空写真が上空からのカメラ撮影の「像」であることを思い出せば，変換 (5.12) によって得られる情報は，(5.12) の像であると考えてよいだろう．そこで，A の**像** (image) を記号 $\mathrm{Im}(A)$ で表し，

$$\mathrm{Im}(A) = \{\boldsymbol{x}' \mid \boldsymbol{x}' = A\boldsymbol{x} \text{ となる } \boldsymbol{x} \text{ がある}\}$$

と定義する．この例では，

$$\mathrm{Im}(A) = \{x_1\boldsymbol{e}_1 + x_2\boldsymbol{e}_2 \mid x_1,\ x_2 \text{ は実数}\} = \mathrm{span}\{\boldsymbol{e}_1,\ \boldsymbol{e}_2\} \tag{5.13}$$

である（記号「span」については p. 150 を参照）．ただし，

$$\boldsymbol{e}_1 = \begin{pmatrix} 1 \\ 0 \\ 0 \end{pmatrix}, \quad \boldsymbol{e}_2 = \begin{pmatrix} 0 \\ 1 \\ 0 \end{pmatrix}.$$

一方，変換 (5.12) によって失われる情報は「高さ」であるが，これは

$$A\boldsymbol{e}_3 = \boldsymbol{0}, \quad \boldsymbol{e}_3 = \begin{pmatrix} 0 \\ 0 \\ 1 \end{pmatrix}$$

という式からもわかるだろう．そこで，A の**核** (kernel) を，記号 $\mathrm{Ker}(A)$ で表し，

$$\mathrm{Ker}(A) = \{\boldsymbol{x} \mid A\boldsymbol{x} = \boldsymbol{0}\}$$

と定義する．これは，A によって失われる情報と考えられる．この例では，

$$\mathrm{Ker}(A) = \mathrm{span}\{\boldsymbol{e}_3\} = \{x_3\boldsymbol{e}_3 \mid x_3 \text{ は実数}\} \tag{5.14}$$

である．この例においては，$\mathrm{Ker}(A)$ と $\mathrm{Im}(A)$ は $\mathbf{R}^3$ の部分空間（➡ p. 148）である．一般に，$\mathrm{Ker}(A)$ と $\mathrm{Im}(A)$ は（全体空間の）部分空間であることが知られている．

▶ **注意**　A の像を $R(A)$，核を $N(A)$ と書くことも多い．

次に，変換 (5.12) において失われる情報と残される情報の「量」について考えよう．この例では，失われる情報は「高さ」の 1 次元分であり，残される情報は「縦」と「横」の 2 次元分である．また，もともとの全体の情報は「縦」，「横」，「高さ」の 3 次元からなっている．したがって，次元に対して

$$1 = 3 - 2$$

が成り立ち，この等式には，

「失われる情報」＝「全体の情報」－「残される情報」

という意味があることがわかるだろう．実際，(5.13) と (5.14) より，

$$2 = \dim \mathrm{Im}(A), \quad 1 = \dim \mathrm{Ker}(A)$$

であることと，全体空間 $\mathbf{R}^3$ の次元が $\dim \mathbf{R}^3 = 3$ であることから，

$$\dim \mathrm{Ker}(A) = \dim \mathbf{R}^3 - \dim \mathrm{Im}(A)$$

が成り立つことがわかる．また，行列 A のランクは $r(A) = 2$ であることから

$$\dim \mathrm{Im}(A) = r(A)$$

が成り立つことにも注意しておこう．

後の定理 5.7 で述べるが，上の 2 つの式で表される関係は，ここで取り上げた例に限らず，一般に成り立つものである．

一般の $\mathbf{R}^n$ から $\mathbf{R}^m$ への1次写像

$$(5.15)\qquad \begin{pmatrix} x_1{}' \\ x_2{}' \\ \vdots \\ x_m{}' \end{pmatrix} = A \begin{pmatrix} x_1 \\ x_2 \\ \vdots \\ x_n \end{pmatrix}, \quad A = \begin{pmatrix} a_{11} & a_{12} & \cdots & a_{1n} \\ a_{21} & a_{22} & \cdots & a_{2n} \\ \vdots & \vdots & & \vdots \\ a_{m1} & a_{m2} & \cdots & a_{mn} \end{pmatrix}$$

に対しても，A の像と核は次のように定義される：

$$\mathrm{Im}(A) = \{\boldsymbol{x}' \mid \boldsymbol{x}' \in \mathbf{R}^m,\ \text{ただし}\ \boldsymbol{x}' = A\boldsymbol{x}\ \text{となる}\ \boldsymbol{x} \in \mathbf{R}^n\ \text{がある}\},$$

$$\mathrm{Ker}(A) = \{\boldsymbol{x} \mid \boldsymbol{x} \in \mathbf{R}^n\ \text{は}\ A\boldsymbol{x} = \mathbf{0}\ \text{をみたす}\}$$

$\mathrm{Im}(A)$ は $\mathbf{R}^m$ の，$\mathrm{Ker}(A)$ は $\mathbf{R}^n$ の部分空間である．ここでは，簡単な例を通して，像と核の求め方を説明する．

例題 5.9

平面上の1次変換

$$\begin{pmatrix} x_1{}' \\ x_2{}' \end{pmatrix} = A \begin{pmatrix} x_1 \\ x_2 \end{pmatrix}, \quad A = \begin{pmatrix} 1 & 2 \\ 2 & 4 \end{pmatrix}$$

の $\mathrm{Im}(A)$ と $\mathrm{Ker}(A)$ を求めよ．

【解説】 まず

$$\mathrm{Im}(A) = \{\boldsymbol{x}' \mid \boldsymbol{x}' = A\boldsymbol{x}\ \text{となる}\ \boldsymbol{x}\ \text{がある}\}$$

を調べよう．

$$\boldsymbol{a}_1 = \begin{pmatrix} 1 \\ 2 \end{pmatrix}, \quad \boldsymbol{a}_2 = \begin{pmatrix} 2 \\ 4 \end{pmatrix}$$

とおくと，

$$A\boldsymbol{x} = (\boldsymbol{a}_1\ \ \boldsymbol{a}_2) \begin{pmatrix} x_1 \\ x_2 \end{pmatrix} = x_1\boldsymbol{a}_1 + x_2\boldsymbol{a}_2$$

であるから，

$$\mathrm{Im}(A) = \mathrm{span}\{\boldsymbol{a}_1,\, \boldsymbol{a}_2\}$$

となる．ここで，$\boldsymbol{a}_1$, $\boldsymbol{a}_2$ はそれぞれ A の第 1 列および第 2 列ベクトルである．さらに

$$\boldsymbol{a}_2 = 2\boldsymbol{a}_1$$

であるから

$$\mathrm{Im}(A) = \mathrm{span}\{\boldsymbol{a}_1\}$$

を得る．

次に，$\mathrm{Ker}(A)$ を調べる．

$$\mathrm{Ker}(A) = \{\boldsymbol{x} \mid A\boldsymbol{x} = \boldsymbol{0}\}$$

であるから，$\mathrm{Ker}(A)$ は連立 1 次方程式 $A\boldsymbol{x} = \boldsymbol{0}$，すなわち

$$\begin{pmatrix} 1 & 2 \\ 2 & 4 \end{pmatrix}\begin{pmatrix} x_1 \\ x_2 \end{pmatrix} = \begin{pmatrix} 0 \\ 0 \end{pmatrix}$$

の解で与えられる．これを解くと，

$$x_1 + 2x_2 = 0$$

であるから，

$$\mathrm{Ker}(A) = \mathrm{span}\left\{\begin{pmatrix} -2 \\ 1 \end{pmatrix}\right\} = \left\{\begin{pmatrix} x_1 \\ x_2 \end{pmatrix} = t\begin{pmatrix} -2 \\ 1 \end{pmatrix} \;\middle|\; t \text{ は任意}\right\}$$

となることがわかる．この場合

$$1 = \dim \mathrm{Im}(A), \quad 1 = \dim \mathrm{Ker}(A)$$

であり，全体空間 $\mathbf{R}^2$ の次元が $\dim \mathbf{R}^2 = 2$ であるから，

$$\dim \mathrm{Ker}(A) = \dim \mathbf{R}^2 - \dim \mathrm{Im}(A)$$

が成り立つ．

◆**問 5.22**　$\mathbf{R}^3$ 上の 1 次変換

$$\begin{pmatrix} x_1' \\ x_2' \\ x_3' \end{pmatrix} = A \begin{pmatrix} x_1 \\ x_2 \\ x_3 \end{pmatrix}, \quad A = \begin{pmatrix} 1 & 3 & 0 \\ 1 & 1 & 1 \\ 0 & -6 & 3 \end{pmatrix}$$

について，次の各問に答えよ．

(1)　$\mathrm{Ker}(A)$ の基底を 1 組求めよ（ヒント：連立 1 次方程式 $A\boldsymbol{x} = \mathbf{0}$ を解け）．

(2)　A の列ベクトル

$$\boldsymbol{a}_1 = \begin{pmatrix} 1 \\ 1 \\ 0 \end{pmatrix}, \quad \boldsymbol{a}_2 = \begin{pmatrix} 3 \\ 1 \\ -6 \end{pmatrix}, \quad \boldsymbol{a}_3 = \begin{pmatrix} 0 \\ 1 \\ 3 \end{pmatrix}$$

に対して $\mathrm{Im}(A) = \mathrm{span}\{\boldsymbol{a}_1, \boldsymbol{a}_2, \boldsymbol{a}_3\}$ であることを確かめよ．

(3)　$\mathrm{Im}(A)$ の基底を 1 組求めよ（ヒント：例題 5.5（p. 165）を参考にせよ）．

(4)　$\dim \mathrm{Ker}(A) = \dim \mathbf{R}^3 - \dim \mathrm{Im}(A)$ が成り立つことを確かめよ．

一般に次が成り立つことが知られている．

定理 5.7

$\mathbf{R}^n$ から $\mathbf{R}^m$ への 1 次写像を与える $m \times n$ 行列 A について次が成り立つ．

(1)　$\dim \mathrm{Im}(A) = r(A)$

(2)　$\dim \mathrm{Ker}(A) = \dim \mathbf{R}^n - \dim \mathrm{Im}(A)$

▶ **注意**　定理 5.7 は定理 5.4 と連立 1 次方程式の解の構造定理（定理 3.3，p. 111）を用いて証明される．定理 3.3 で述べたように，連立 1 次方程式 $A\boldsymbol{x} = \mathbf{0}$ は必ず解をもち，

$$\text{任意定数の個数（解の自由度）} = \text{変数の個数 } n - \text{独立な式の個数 } r(A)$$

が成り立つ．このことを言いかえたものが上の定理 5.7 (2) である．

練習問題

5.1 次の用語の意味を簡潔に説明せよ.

(1) ベクトル空間　(2) 部分空間　(3) 1次独立

(4) 基底　(5) 次元　(6) 線形写像

5.2 $\mathrm{span}\{\boldsymbol{v}_1, \boldsymbol{v}_2, \ldots, \boldsymbol{v}_k\}$ が部分空間であることを示せ.

5.3 次の集合 W は $\mathbf{R}^3$ の部分空間であるか. 部分空間であればそのことを証明し, そうでなければ理由を述べよ.

(1) $W = \{(x, y, z) \mid 3x + y - z = 1\}$

(2) $W = \{(x, y, z) \mid x + 2y - z = 0,\ 2x + z = 0\}$

(3) $W = \{(x, y, z) \mid x + y + z \leqq 0\}$

(4) $W = \{(x, y, z) \mid x^2 + y - z = 0\}$

5.4 $\mathbf{R}^5$ 上の 4 つのベクトル $\boldsymbol{a}_1 = (2, 2, 0, 1, 1)$, $\boldsymbol{a}_2 = (-1, 2, 1, 0, 1)$, $\boldsymbol{a}_3 = (2, 0, -1, 1, 1)$, $\boldsymbol{a}_4 = (1, 2, 1, 0, -1)$ の中に含まれる 1 次独立なベクトルの最大個数 r を求めよ. また, これら 4 つの中から r 個の 1 次独立なベクトルを選び出し, 他のベクトルをそれらの 1 次結合で表せ.

5.5 $\mathbf{R}^4$ 上の 4 つのベクトルを $\boldsymbol{v}_1 = (0, 1, 1, 0)$, $\boldsymbol{v}_2 = (-1, 1, 2, 1)$, $\boldsymbol{v}_3 = (1, 1, -1, 1)$, $\boldsymbol{v}_4 = (1, 2, 1, -1)$ とする. $\mathbf{R}^4$ 内の部分空間

$$W = \mathrm{span}\{\boldsymbol{v}_1, \boldsymbol{v}_2, \boldsymbol{v}_3, \boldsymbol{v}_4\}$$

の基底を 1 組求めて W の次元を求めよ.

5.6 $\mathbf{R}^2$ 上の点を $\mathbf{R}^3$ 上の点に移す写像 $f : \mathbf{R}^2 \to \mathbf{R}^3$ は

$$f\left(\begin{pmatrix} x \\ y \end{pmatrix}\right) = \begin{pmatrix} y \\ x - y \\ x + y \end{pmatrix}$$

で与えられているとする. このとき, 以下の各問に答えよ.

(1) $f : \mathbf{R}^2 \to \mathbf{R}^3$ が線形写像であることを確かめよ．

(2) $\mathbf{R}^2$ の標準基底 $\{\boldsymbol{e}_1, \boldsymbol{e}_2\}$，$\mathbf{R}^3$ の標準基底 $\{\bar{\boldsymbol{e}}_1, \bar{\boldsymbol{e}}_2, \bar{\boldsymbol{e}}_3\}$ に関する f の表現行列 C を求めよ．

(3) $\mathbf{R}^2$ の基底 $\boldsymbol{a}_1 = (1, -1)$，$\boldsymbol{a}_2 = (1, 1)$ に対して，基底変換 $\{\boldsymbol{e}_1, \boldsymbol{e}_2\} \longrightarrow \{\boldsymbol{a}_1, \boldsymbol{a}_2\}$ の行列 P を求めよ．

(4) $\boldsymbol{b}_1 = (0, 1, 1)$，$\boldsymbol{b}_2 = (1, 0, 1)$，$\boldsymbol{b}_3 = (1, 1, 0)$ とするとき，$\{\boldsymbol{b}_1, \boldsymbol{b}_2, \boldsymbol{b}_3\}$ は $\mathbf{R}^3$ の基底であることを示せ．

(5) $\mathbf{R}^3$ における基底変換 $\{\bar{\boldsymbol{e}}_1, \bar{\boldsymbol{e}}_2, \bar{\boldsymbol{e}}_3\} \longrightarrow \{\boldsymbol{b}_1, \boldsymbol{b}_2, \boldsymbol{b}_3\}$ の行列 Q を求めよ．

(6) $\mathbf{R}^2$ の基底 $\{\boldsymbol{a}_1, \boldsymbol{a}_2\}$，$\mathbf{R}^3$ の基底 $\{\boldsymbol{b}_1, \boldsymbol{b}_2, \boldsymbol{b}_3\}$ に関する f の表現行列 C' を $C' = Q^{-1}CP$ を利用して求めよ．また，

$$(f(\boldsymbol{a}_1) \ \ f(\boldsymbol{a}_2)) = (\boldsymbol{b}_1 \ \ \boldsymbol{b}_2 \ \ \boldsymbol{b}_3)C'$$

が成り立つことを確かめよ．

5.7 $\mathbf{R}^4$ 上の 4 つのベクトル $\boldsymbol{a}_1 = (1, -1, 1, 1)$，$\boldsymbol{a}_2 = (1, 1, 1, -1)$，$\boldsymbol{a}_3 = (2, -1, 0, 1)$，$\boldsymbol{a}_4 = (1, 1, -1, 1)$ について，以下の各問に答えよ．

(1) $\{\boldsymbol{a}_1, \boldsymbol{a}_2, \boldsymbol{a}_3, \boldsymbol{a}_4\}$ が $\mathbf{R}^4$ の基底であることを示せ．

(2) $\{\boldsymbol{a}_1, \boldsymbol{a}_2, \boldsymbol{a}_3, \boldsymbol{a}_4\}$ を正規直交化せよ．

(3) (2) で得られた正規直交基底を $\{\boldsymbol{u}_1, \boldsymbol{u}_2, \boldsymbol{u}_3, \boldsymbol{u}_4\}$ で表す．$\mathbf{R}^4$ 上のベクトル $\boldsymbol{p} = (0, 1, 2, 3)$ の $\{\boldsymbol{u}_1, \boldsymbol{u}_2, \boldsymbol{u}_3, \boldsymbol{u}_4\}$ に関する座標を求めよ．

5.8 計量ベクトル空間 V の部分空間 W に対して

$$W^{\perp} = \{\boldsymbol{u} \in V \mid \langle \boldsymbol{u}, \boldsymbol{w} \rangle = 0 \text{ がすべての } w \in W \text{ に対して成り立つ}\}$$

とおく．このとき，以下の各問に答えよ（$W^{\perp}$ を W の V における**直交補空間**という）．

(1) $W^{\perp}$ が V の部分空間であることを示せ．

(2) $\mathbf{R}^3$ の部分空間 $W = \{(x, y, z) \mid x + 2y + z = 0,\ 2x + 3y - z = 0\}$ の直交補空間を求めよ．

5.9 線形写像 $f : \mathbf{R}^4 \longrightarrow \mathbf{R}^3$ が次の行列 A で与えられているとする.

$$\begin{pmatrix} x_1{}' \\ x_2{}' \\ x_3{}' \end{pmatrix} = A \begin{pmatrix} x_1 \\ x_2 \\ x_3 \\ x_4 \end{pmatrix}, \quad A = \begin{pmatrix} 0 & -3 & 1 & -1 \\ 1 & 5 & -1 & 5 \\ -1 & -8 & 2 & -6 \end{pmatrix}$$

このとき, 次の各問に答えよ.

(1) $\mathrm{Ker}(A)$ の基底を 1 組求めよ.

(2) $\mathrm{Im}(A)$ の基底を 1 組求めよ.

(3) $\dim \mathrm{Ker}(A) = \dim \mathbf{R}^4 - \dim \mathrm{Im}(A)$ が成り立つことを示せ.

5.10 x の n 次以下の実数係数多項式の集まりを X, y の n 次以下の実数係数多項式の集まりを Y とする. すなわち,

$$X = \{a_0 + a_1x + a_2x^2 + \cdots + a_nx^n \mid a_0,\, a_1,\, a_2,\, \ldots,\, a_n \text{ は実数}\},$$

$$Y = \{b_0 + b_1y + b_2y^2 + \cdots + b_ny^n \mid b_0,\, b_1,\, b_2,\, \ldots,\, b_n \text{ は実数}\}.$$

X の中から多項式 $p(x)$ を取り, $p(x)$ を x で微分した後に文字 x を y で置き換える操作を T で表す. 例えば,

$$T(-x^2 + x) = -2y + 1, \quad T(4x^3 - 5x^2 + 1) = 12y^2 - 10y$$

のようである. このとき, 次の各問に答えよ.

(1) X と Y は通常の式の演算に関して, ベクトル空間であることを確かめよ.

(2) T は X から Y への線形写像であることを示せ.

(3) $\{1,\, x,\, x^2,\, \ldots,\, x^n\}$ と $\{1,\, y,\, y^2,\, \ldots,\, y^n\}$ がそれぞれ X と Y の基底であることを確かめ, この基底に関する T の表現行列を求めよ.

コラム　154ページのコラムで述べた「音をベクトルとみなす」という考え方は，現在ではフーリエ解析（級数）の理論として数学的に整理され，音響処理，画像処理，通信工学など現代の工学技術の重要な基盤となっている．

フーリエ解析の理論を用いると，人の声や光のような波は，いくつかの基本的な3角関数の組み合わせで表されることがわかる．例えば，下図のグラフで表される波をみてみよう．

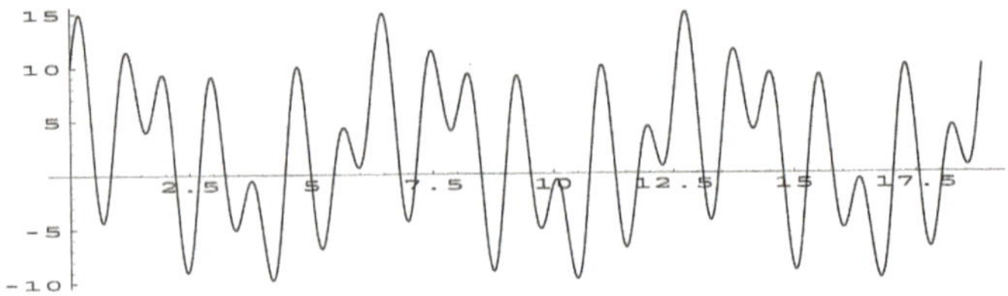

このような，一見すると複雑な形をもつ波であっても，実は簡単ないくつかの基本的な3角関数の組み合わせになっている．実際，上の図の波 $f(x)$ は，次の式で表される：

$$f(x) = 2 + 3\cos x + 5\cos 4x + 3\sin x + 6\sin 7x.$$

つまり，上の一見すると複雑な波 $f(x)$ は，2つの1 $(= \cos 0x)$，3つの $\cos x$，5つの $\cos 4x$，3つの $\sin x$，6つの $\sin 7x$ からできているのである．このようなことがわかるのは，「波」を「ベクトル」と見なしたとき，3角関数の組 $1, \cos x, \cos 2x, \ldots, \sin x, \sin 2x, \ldots$ が基底になっていることを利用しているからである．実は，さらに驚くことに，音のような波に対しては「内積」を定義することができ，3角関数の組

$$\frac{1}{\sqrt{2\pi}},\quad \frac{\cos x}{\sqrt{\pi}},\quad \frac{\cos 2x}{\sqrt{\pi}},\quad \ldots,\quad \frac{\sin x}{\sqrt{\pi}},\quad \frac{\sin 2x}{\sqrt{\pi}},\quad \ldots$$

は正規直交基底であることが知られている．したがって，音の中に含まれる基本的な3角関数の個数（座標）を容易に求めることができるのである．音のような「波」をベクトルとみなして大きさや角度を定義するというのは，なかなか想像しにくいが面白い．

第 6 章

行列の固有値問題

行列の固有値と固有ベクトルの概念は，線形代数の中で大変重要な概念の1つである．ここでは，行列の固有値と固有ベクトルの定義，および，その具体的な求め方について述べ，行列の対角化について解説する．また，応用上重要な対称行列の対角化を説明し，その応用として 2 次曲線の分類と 2 次形式の最大・最小問題について述べる．また，行列のジョルダン標準形についてもごく簡単にふれる．

6.1　固有値と固有ベクトル

1.6 節（➡ p. 29）では，2 次正方行列に対する固有値問題を考えた．そこに現れる行列やベクトルを，3 次以上のものに読みかえれば，一般の正方行列に対する固有値問題となる．すなわち，正方行列 A に対して

$$A\boldsymbol{v} = \lambda\boldsymbol{v}$$

をみたす零ベクトルでない $\boldsymbol{v}$ を A の**固有ベクトル**といい，λ を A の**固有値**という．A の固有ベクトルとは，A で移しても方向の変わらないベクトルであって，固有値とは，そのようなベクトルが A で移されるとき何倍に拡大されるのかという倍率を表す．まず，固有値と固有ベクトルの求め方を第 1 章とは少し

異なる形で説明しよう．

A の固有値 λ と固有ベクトル $\boldsymbol{v}$ は，$A\boldsymbol{v} = \lambda\boldsymbol{v}$ すなわち，

$$(A - \lambda E)\boldsymbol{v} = \mathbf{0} \tag{6.1}$$

をみたす．これは，$\boldsymbol{v}$ に関する連立1次方程式をベクトルで表したものである．

いま，仮に $\det(A - \lambda E) = |A - \lambda E| \neq 0$ であるとすると，定理4.3（➡ p. 135）より $A - \lambda E$ は逆行列 $(A - \lambda E)^{-1}$ をもつ．すると，$(A - \lambda E)^{-1}$ を式 (6.1) の両辺に左側から掛けて

$$\boldsymbol{v} = (A - \lambda E)^{-1}\mathbf{0} = \mathbf{0}$$

となる．これは，$\boldsymbol{v} \neq \mathbf{0}$ に反する．よって，

$$|A - \lambda E| = 0 \tag{6.2}$$

でなければならない．したがって，A の固有値 λ は (6.2) をみたす．これを A の**固有方程式**という．また，行列式 $|A - \lambda E|$ は λ に関する多項式であり，A の**固有多項式**とよばれる．A の固有値と固有ベクトルを求めるときは，A の固有方程式 (6.2) を解いて先に固有値を求め，次に連立1次方程式 (6.1) を解いて固有ベクトルを求めればよい．参考までに，A が2次正方行列の場合の解法を例題として与えておく．

例題 6.1

次の行列 A の固有値と固有ベクトルを求めよ．

$$A = \begin{pmatrix} 2 & 1 \\ 3 & 4 \end{pmatrix}.$$

【解】 A の固有方程式は

$$|A - \lambda E| = \begin{vmatrix} 2 - \lambda & 1 \\ 3 & 4 - \lambda \end{vmatrix} = \lambda^2 - 6\lambda + 5 = 0$$

である．この 2 次方程式を解いて，$\lambda = 1$ と $\lambda = 5$ を得る．

次に固有ベクトルを求める．$\boldsymbol{v} = (x, y)$ とおく．$\lambda = 1$ のとき，$(A - E)\boldsymbol{v} = \boldsymbol{0}$ より

$$\begin{pmatrix} 1 & 1 \\ 3 & 3 \end{pmatrix}\begin{pmatrix} x \\ y \end{pmatrix} = \begin{pmatrix} 0 \\ 0 \end{pmatrix}.$$

これを解いて $x + y = 0$ を得る．これをみたす x, y をパラメータ t を用いてベクトル表示すれば，

$$\begin{pmatrix} x \\ y \end{pmatrix} = t\begin{pmatrix} 1 \\ -1 \end{pmatrix} \quad (t \text{ は任意}).$$

同様に，$\lambda = 5$ のとき $(A - 5E)\boldsymbol{v} = \boldsymbol{0}$ より

$$\begin{pmatrix} -3 & 1 \\ 3 & -1 \end{pmatrix}\begin{pmatrix} x \\ y \end{pmatrix} = \begin{pmatrix} 0 \\ 0 \end{pmatrix}.$$

これを解いて $3x - y = 0$ を得る．よって，

$$\begin{pmatrix} x \\ y \end{pmatrix} = s\begin{pmatrix} 1 \\ 3 \end{pmatrix} \quad (s \text{ は任意}).$$

したがって，A の固有値は $\lambda_1 = 1$ と $\lambda_2 = 5$ であり，対応する固有ベクトル（の 1 つ）は，それぞれ $\boldsymbol{v}_1 = (1, -1)$ と $\boldsymbol{v}_2 = (1, 3)$ である． ■

▶ **注意**　$x + y = 0$ や $3x - y = 0$ をみたす x, y をベクトル表示の形で与えることは 9〜11 ページを参照せよ．

例題 6.1 では，A の固有値と固有ベクトルが実数の範囲内にちょうど 2 組求められた．それは，A の固有方程式（2 次方程式）が異なる 2 つの実数解をもっていたからである．固有方程式が重解をもつ場合や，複素数の解をもつ場合もあり，この例題のように話が進まないこともありうる（➡ p. 201，問 6.1）．

以上は，2 次正方行列の固有値と固有ベクトルに関するものであった．固有値と固有ベクトルの概念は，一般の n 次正方行列について定義されているものであるから，3 次以上の正方行列についても上の例題のように考えることがで

きる．ただし，3 次以上の行列になると計算が大変になり，行列式の計算法や掃き出し法などを利用しなければならない．

例題 6.2

次の行列 A の固有値と固有ベクトルを求めよ．

$$A = \begin{pmatrix} 4 & 2 & -4 \\ -1 & 1 & 2 \\ 1 & 1 & 0 \end{pmatrix}.$$

【解】 A の固有方程式は，

$$|A - \lambda E| = \begin{vmatrix} 4-\lambda & 2 & -4 \\ -1 & 1-\lambda & 2 \\ 1 & 1 & -\lambda \end{vmatrix} = 0$$

である．この行列式を第 1 行に関して余因子展開して，少し長い計算をすると

$$\begin{aligned} |A - \lambda E| &= (4-\lambda)\begin{vmatrix} 1-\lambda & 2 \\ 1 & -\lambda \end{vmatrix} - 2\begin{vmatrix} -1 & 2 \\ 1 & -\lambda \end{vmatrix} + (-4)\begin{vmatrix} -1 & 1-\lambda \\ 1 & 1 \end{vmatrix} \\ &= -\lambda^3 + 5\lambda^2 - 8\lambda + 4 \end{aligned}$$

となることがわかる．よって，3 次方程式 $\lambda^3 - 5\lambda^2 + 8\lambda - 4 = 0$ を解いて，$\lambda = 1$ と $\lambda = 2$ (2 重根) を得る．

次に，$\boldsymbol{v} = (x, y, z)$ とおく．$\lambda = 1$ に対する固有ベクトルは $(A - E)\boldsymbol{v} = \boldsymbol{0}$ より

$$\begin{pmatrix} 3 & 2 & -4 \\ -1 & 0 & 2 \\ 1 & 1 & -1 \end{pmatrix}\begin{pmatrix} x \\ y \\ z \end{pmatrix} = \begin{pmatrix} 0 \\ 0 \\ 0 \end{pmatrix}$$

これを掃き出し法を用いて解く．

x	y	z
3	2	−4
−1	0	2
1	1	−1
1	1	−1
−1	0	2
3	2	−4
1	1	−1
0	1	1
0	−1	−1
1	1	−1
0	1	1
0	0	0
1	0	−2
0	1	1
0	0	0

(1)　第 1 行と第 3 行を交換

(2)　第 2 行 + 第 1 行,
　　第 3 行 − 第 1 行 × 3

(3)　第 3 行 + 第 2 行

(4)　第 1 行 − 第 2 行

これより，$x-2z=0$，$y+z=0$．よって，$\lambda=1$ に対する固有ベクトルとして，例えば $\boldsymbol{v}_1=(2,-1,1)$ を得る．

同様に，$\lambda=2$ のとき，

$$\begin{pmatrix} 2 & 2 & -4 \\ -1 & -1 & 2 \\ 1 & 1 & -2 \end{pmatrix}\begin{pmatrix} x \\ y \\ z \end{pmatrix}=\mathbf{0}$$

である．これより $x+y-2z=0$，すなわち，$x=-y+2z$ を得る．よって，

$$\begin{pmatrix} x \\ y \\ z \end{pmatrix}=s\begin{pmatrix} -1 \\ 1 \\ 0 \end{pmatrix}+t\begin{pmatrix} 2 \\ 0 \\ 1 \end{pmatrix}\quad (s,\ t\ \text{は任意})$$

である．したがって，$\lambda=2$ に対する 1 次独立な固有ベクトルとして，例えば $\boldsymbol{v}_2=(-1,1,0)$，$\boldsymbol{v}_3=(2,0,1)$ を得る．■

▶ **注意**　例題 6.2 において $\lambda=2$ (2 重根) に対する 1 次独立な固有ベクトルの選び方は 1 通りではない．例えば，$\boldsymbol{v}_2=(1,1,1)$，$\boldsymbol{v}_3=(0,2,1)$ でもよい．

◆ **問 6.1**　次の行列の固有値と固有ベクトルを求めよ．

(1) $\begin{pmatrix} 3 & -2 \\ 2 & 1 \end{pmatrix}$　　(2) $\begin{pmatrix} 1 & -1 \\ 1 & 3 \end{pmatrix}$

(3) $\begin{pmatrix} 6 & -3 & -7 \\ -1 & 2 & 1 \\ 5 & -3 & -6 \end{pmatrix}$　　(4) $\begin{pmatrix} 1 & 2 & 1 \\ -1 & 4 & 1 \\ 2 & -4 & 0 \end{pmatrix}$

ここで，これまでにわかったことを一般的な形でまとめておこう．

- n 次正方行列 A の固有値と固有ベクトルは，それぞれ $A\boldsymbol{v} = \lambda\boldsymbol{v}$ をみたす λ および，零ベクトルでない $\boldsymbol{v}$ として定義される．
- n 次正方行列 A の固有値は，固有方程式 $|A - \lambda E| = 0$ を λ について解いて求めることができる．行列式 $|A - \lambda E|$ は λ に関する n 次多項式であり，A の固有多項式とよばれる．A の固有方程式は λ についての n 次方程式であり，その解として得られる固有値は（重複をこめて数えると）全部で n 個ある．固有値は複素数になることもありうる．
- 固有方程式から得られた A の固有値 α に対する固有ベクトルは，連立1次方程式 $(A - \alpha E)\boldsymbol{v} = \boldsymbol{0}$ を $\boldsymbol{v}$ について解いて求めることができる．
- α が固有方程式 $|A - \lambda E| = 0$ の単根（重複していない解）であるとき，α に対する固有ベクトルはちょうど1つある．一方，α が k 重根（k 個重複した解）の場合は，α に対する1次独立な固有ベクトルの個数は，1つ以上 k 個以下である．

さらに，次のことが知られている．

定理 6.1

n 次正方行列 A の m 個（$m \leqq n$）の相異なる固有値 $\lambda_1, \lambda_2, \ldots, \lambda_m$ に対する固有ベクトル $\boldsymbol{v}_1, \boldsymbol{v}_2, \ldots, \boldsymbol{v}_m$ は1次独立である．

【証明】 簡単のため A が異なる2個（$m = 2$）の固有値をもつ場合の証明を与える．一般の場合は m に関する数学的帰納法によって証明できる．

$$x_1\boldsymbol{v}_1 + x_2\boldsymbol{v}_2 = \boldsymbol{0} \tag{6.3}$$

とおく．このとき，$x_1 = x_2 = 0$ であることを示せば，$\boldsymbol{v}_1, \boldsymbol{v}_2$ は1次独立である（➡ p. 151，定義 5.2）．

$$A(x_1\boldsymbol{v}_1 + x_2\boldsymbol{v}_2) = x_1A\boldsymbol{v}_1 + x_2A\boldsymbol{v}_2 = x_1\lambda_1\boldsymbol{v}_1 + x_2\lambda_2\boldsymbol{v}_2$$

であるから，(6.3) の両辺に行列 A を左から掛けると

$$x_1\lambda_1\boldsymbol{v}_1 + x_2\lambda_2\boldsymbol{v}_2 = \boldsymbol{0} \tag{6.4}$$

を得る．一方，(6.3) の両辺に λ_2 を掛けると

$$x_1\lambda_2\boldsymbol{v}_1 + x_2\lambda_2\boldsymbol{v}_2 = \boldsymbol{0} \tag{6.5}$$

となる．上の 2 式 (6.4)，(6.5) を引き算すると

$$x_1(\lambda_1 - \lambda_2)\boldsymbol{v}_1 = \boldsymbol{0}$$

である．固有ベクトルは零ベクトルでないことに注意すると $\boldsymbol{v}_1 \neq \boldsymbol{0}$ であり，$x_1(\lambda_1 - \lambda_2) = 0$ でなければならない．よって，$\lambda_1 \neq \lambda_2$ より $x_1 = 0$ である．したがって，(6.3) より $x_2\boldsymbol{v}_2 = \boldsymbol{0}$ となるが，$\boldsymbol{v}_2 \neq \boldsymbol{0}$ であるから，$x_2 = 0$ でなければならない．よって，定義 5.2（➡ p. 151）より，$\boldsymbol{v}_1$ と $\boldsymbol{v}_2$ は 1 次独立である．■

◆**問 6.2**　定理 6.1 を m に関する数学的帰納法によって証明せよ．

定理 6.2

n 次正方行列 $A = (a_{ij})$ の固有値を（重複をこめて数えて）$\lambda_1, \lambda_2, \ldots, \lambda_n$ とする．このとき，

$$\det A = \lambda_1\lambda_2\cdots\lambda_n, \quad \operatorname{tr} A = \lambda_1 + \lambda_2 + \cdots + \lambda_n$$

が成り立つ．ここで，$\operatorname{tr} A$ は A の**トレース** (trace) とよばれ，

$$\operatorname{tr} A = a_{11} + a_{22} + \cdots + a_{nn} \quad \text{（対角成分の和）}$$

で定義される．

【証明】 簡単のため，A が 2 次正方行列の場合の証明を与える．一般の n 次正方行列の場合も同様にして証明できる．

$$|A-\lambda E| = \begin{vmatrix} a_{11}-\lambda & a_{12} \\ a_{21} & a_{22}-\lambda \end{vmatrix} = \lambda^2 - (a_{11}+a_{22})\lambda + (a_{11}a_{22} - a_{12}a_{21}) \tag{6.6}$$

である．一方，固有方程式 $|A-\lambda E| = 0$ が λ_1 と λ_2 を解にもつことから，

$$|A-\lambda E| = (\lambda_1 - \lambda)(\lambda_2 - \lambda) = \lambda^2 - (\lambda_1+\lambda_2)\lambda + \lambda_1\lambda_2 \tag{6.7}$$

でなければならない．(6.6) と (6.7) を比較して

$$\lambda_1\lambda_2 = a_{11}a_{22} - a_{12}a_{21}, \quad \lambda_1+\lambda_2 = a_{11}+a_{22}$$

すなわち，

$$\lambda_1\lambda_2 = \det A, \quad \lambda_1+\lambda_2 = \operatorname{tr} A$$

を得る． ■

◆**問 6.3**　A が 3 次正方行列であるとき，定理 6.2 が成り立つことを確かめよ．また，A が一般の n 次正方行列であるとき，定理 6.2 が成り立つことを示せ．

6.2　行列の対角化

前節で見たように，n 次正方行列 A は，いつも n 個の 1 次独立な固有ベクトルをもっているわけではない．ここでは，運良く n 個の 1 次独立な固有ベクトルが見つかったとしよう．すなわち，

$$A\boldsymbol{v}_1 = \lambda_1\boldsymbol{v}_1, \quad A\boldsymbol{v}_2 = \lambda_2\boldsymbol{v}_2, \quad \ldots, \quad A\boldsymbol{v}_n = \lambda_n\boldsymbol{v}_n$$

をみたす n 個の 1 次独立なベクトル $\boldsymbol{v}_1, \boldsymbol{v}_2, \ldots, \boldsymbol{v}_n$ があったとする．上の式をまとめて

$$A(\boldsymbol{v}_1 \;\; \boldsymbol{v}_2 \;\; \ldots \;\; \boldsymbol{v}_n) = (\lambda_1\boldsymbol{v}_1 \;\; \lambda_2\boldsymbol{v}_2 \;\; \ldots \;\; \lambda_n\boldsymbol{v}_n)$$

のように書くことができる．また，

$$(\lambda_1 \boldsymbol{v}_1 \quad \lambda_2 \boldsymbol{v}_2 \quad \ldots \quad \lambda_n \boldsymbol{v}_n) = (\boldsymbol{v}_1 \quad \boldsymbol{v}_2 \quad \ldots \quad \boldsymbol{v}_n) \begin{pmatrix} \lambda_1 & 0 & \cdots & 0 \\ 0 & \lambda_2 & \ddots & \vdots \\ \vdots & \ddots & \ddots & 0 \\ 0 & \cdots & 0 & \lambda_n \end{pmatrix}$$

であるから，$P = (\boldsymbol{v}_1 \quad \boldsymbol{v}_2 \quad \ldots \quad \boldsymbol{v}_n)$ とおくと，

$$AP = PD, \quad D = \begin{pmatrix} \lambda_1 & 0 & \cdots & 0 \\ 0 & \lambda_2 & \ddots & \vdots \\ \vdots & \ddots & \ddots & 0 \\ 0 & \cdots & 0 & \lambda_n \end{pmatrix}$$

と書ける．$\boldsymbol{v}_1, \boldsymbol{v}_2, \ldots, \boldsymbol{v}_n$ は 1 次独立であるから，系 5.1（➡ p. 153）より P は正則で逆行列 P^{-1} をもつ．よって，上式の両辺に左から P^{-1} を掛けると，

$$P^{-1}AP = D, \quad D = \begin{pmatrix} \lambda_1 & 0 & \cdots & 0 \\ 0 & \lambda_2 & \ddots & \vdots \\ \vdots & \ddots & \ddots & 0 \\ 0 & \cdots & 0 & \lambda_n \end{pmatrix}$$

を得る．D は左上から右下への斜め対角線上の成分（対角成分）をのぞいて，すべての成分が 0 となる行列（対角行列）である．このようにして，1 次独立な固有ベクトルからつくられる正則行列 P によって，行列 A を対角行列に直すこと（行列の対角化）ができる．すなわち，次の定理が成り立つ．

定理 6.3

n 次正方行列 A が対角化されるための必要十分条件は，A が n 個の 1 次独立な固有ベクトルをもつことである．

2 次正方行列の対角化については 1.6 節（➡ p. 29）で述べたので，ここでは，3 次正方行列の対角化について述べる．

例題 6.3

例題 6.2（➡ p. 200）の行列

$$A = \begin{pmatrix} 4 & 2 & -4 \\ -1 & 1 & 2 \\ 1 & 1 & 0 \end{pmatrix}$$

を対角化せよ．また，行列 A の n 乗 A^n を求めよ．

【解】 例題 6.2 の結果から，A の固有値は $\lambda_1 = 1$ と $\lambda_2 = \lambda_3 = 2$（2 重根）であり，対応する 1 次独立な固有ベクトルは，それぞれ $\boldsymbol{v}_1 = (2, -1, 1)$ と $\boldsymbol{v}_2 = (-1, 1, 0)$，$\boldsymbol{v}_3 = (2, 0, 1)$ である．$\boldsymbol{v}_1, \boldsymbol{v}_2, \boldsymbol{v}_3$ は 1 次独立であるから

$$P = (\boldsymbol{v}_1 \ \ \boldsymbol{v}_2 \ \ \boldsymbol{v}_3) = \begin{pmatrix} 2 & -1 & 2 \\ -1 & 1 & 0 \\ 1 & 0 & 1 \end{pmatrix}$$

とおくと，P は正則で，逆行列 P^{-1} をもつ．よって

$$P^{-1}AP = D, \quad D = \begin{pmatrix} 1 & 0 & 0 \\ 0 & 2 & 0 \\ 0 & 0 & 2 \end{pmatrix}$$

を得る．$P^{-1}AP = D$ の両辺を n 乗してみよう．簡単な計算により

$$D^n = (P^{-1}AP)^n = P^{-1}APP^{-1}APP^{-1} \cdots PP^{-1}AP = P^{-1}A^nP$$

であるから，

$$A^n = PD^nP^{-1}, \quad D^n = \begin{pmatrix} 1 & 0 & 0 \\ 0 & 2^n & 0 \\ 0 & 0 & 2^n \end{pmatrix}$$

となることがわかる．

掃き出し法を用いて P の逆行列 P^{-1} を求めよう．

（1） 第1行と第3行を交換

（2） 第2行＋第1行，
第3行－第1行×2

（3） 第3行＋第2行

（4） 第1行－第3行，
第2行－第3行

2	−1	2	1	0	0
−1	1	0	0	1	0
1	0	1	0	0	1
1	0	1	0	0	1
−1	1	0	0	1	0
2	−1	2	1	0	0
1	0	1	0	0	1
0	1	1	0	1	1
0	−1	0	1	0	−2
1	0	1	0	0	1
0	1	1	0	1	1
0	0	1	1	1	−1
1	0	0	−1	−1	2
0	1	0	−1	0	2
0	0	1	1	1	−1

から

$$P^{-1} = \begin{pmatrix} -1 & -1 & 2 \\ -1 & 0 & 2 \\ 1 & 1 & -1 \end{pmatrix}$$

を得る．したがって，

$$\begin{aligned} A^n = PD^nP^{-1} &= \begin{pmatrix} 2 & -1 & 2 \\ -1 & 1 & 0 \\ 1 & 0 & 1 \end{pmatrix}\begin{pmatrix} 1 & 0 & 0 \\ 0 & 2^n & 0 \\ 0 & 0 & 2^n \end{pmatrix}\begin{pmatrix} -1 & -1 & 2 \\ -1 & 0 & 2 \\ 1 & 1 & -1 \end{pmatrix} \\ &= \begin{pmatrix} -2+3\cdot 2^n & -2+2\cdot 2^n & 4-4\cdot 2^n \\ 1-2^n & 1 & -2+2\cdot 2^n \\ -1+2^n & -1+2^n & 2-2^n \end{pmatrix} \end{aligned}$$

となることがわかる． ■

このように，行列を対角化すると，行列のいろいろな性質を見通しよく調べることができるようになる．

◆**問 6.4** 次の行列を対角化せよ．また，n 乗を求めよ．

（1） $\begin{pmatrix} 2 & 1 & 1 \\ -1 & 4 & 1 \\ 1 & -1 & 2 \end{pmatrix}$ （2） $\begin{pmatrix} 1 & 0 & -1 \\ 1 & 2 & 1 \\ 2 & 2 & 3 \end{pmatrix}$

n 次正方行列の対角化ができるのは，1 次独立な n 個の固有ベクトルが見つけられるときに限る．とくに，定理 6.1（➡ p. 202）から次のことがわかる．

定理 6.4

n 次正方行列が相異なる n 個の固有値をもてば，対角化できる．

つまり，固有方程式が重根をもたない場合は，行列は対角化できるのである．しかしながら，前節で述べたように，行列の固有方程式が重根をもつ場合は，不幸にして 1 次独立な n 個の固有ベクトルが見つからない場合がありうる．その場合は，行列を対角化することはできないが，対角行列に近い形にすることはできる．このことは 6.4 節で取り扱うこととする．

6.3 対称行列の対角化とその応用

前節で述べたように，どんな行列も対角化できるわけではない．しかし，ある種の「対称性」をもった行列は対角化できる．そのような行列は対称行列とよばれている．ここでは，対称行列の固有値と固有ベクトルの性質を調べた後，応用として「2 次曲線の標準化」と「2 次形式の最大・最小問題」について述べる．理解のしやすさを考慮して，主に 2 次正方行列の場合で話を進めるが，一般の n 次正方行列についても同様に考えていくことができる．

$$A = \begin{pmatrix} a & b \\ b & c \end{pmatrix}$$

のように，行列の左上から右下への対角線に関して「対称」な形をした行列を**対称行列**という．上の行列 A の行ベクトルと列ベクトルを入れ替えて，A の転置行列 ${}^tA$ をつくってみると

$$A = \begin{pmatrix} a & b \\ b & c \end{pmatrix} \longrightarrow {}^tA = \begin{pmatrix} a & b \\ b & c \end{pmatrix}$$

であるから，対称行列を次のように定義することもできる．

定義 6.1

正方行列 A が

$$A = {}^t\!A$$

をみたすとき，A を**対称行列**という．

対称行列は，次の重要な性質をもつ．

定理 6.5

(1)　対称行列の固有値は実数である．

(2)　対称行列の固有ベクトルは正規直交基底をなす．

【証明】　この定理を一般の n 次対称行列について証明するのはやや難しい．ここでは，2 次対称行列の場合を扱う．

$$A = \begin{pmatrix} a & b \\ b & c \end{pmatrix}$$

とおく．A の固有方程式は

$$\det(A - \lambda E) = |A - \lambda E| = \begin{vmatrix} a-\lambda & b \\ b & c-\lambda \end{vmatrix} = 0$$

である．これより，

$$\lambda^2 - (a+c)\lambda + (ac - b^2) = 0 \tag{6.8}$$

となる．この 2 次方程式の判別式 D を計算すると

$$\begin{aligned} D &= (a+c)^2 - 4(ac - b^2) \\ &= \{(a+c)^2 - 4ac\} + 4b^2 = (a-c)^2 + 4b^2 \geqq 0 \end{aligned}$$

であるから，(6.8) は実数解をもつ．この解を λ_1, λ_2 とし，対応する固有ベクトルをそれぞれ $\boldsymbol{v}_1, \boldsymbol{v}_2$ とする．まず，$\boldsymbol{v}_1 = (x, y)$ とおいて $\boldsymbol{v}_1$ から求めよう．$(A - \lambda_1 E)\boldsymbol{v}_1 = \boldsymbol{0}$ より

$$\begin{pmatrix} a - \lambda_1 & b \\ b & c - \lambda_1 \end{pmatrix} \begin{pmatrix} x \\ y \end{pmatrix} = \begin{pmatrix} 0 \\ 0 \end{pmatrix}$$

(6.8) が成り立つとき，これを解いて $\boldsymbol{v}_1 = (c - \lambda_1, -b)$ を得る．同様に，$\boldsymbol{v}_2 = (-b, a - \lambda_2)$ であることがわかる．よって，内積 $\langle \boldsymbol{v}_1, \boldsymbol{v}_2 \rangle$ は

$$\langle \boldsymbol{v}_1, \boldsymbol{v}_2 \rangle = -(c - \lambda_1)b - b(a - \lambda_2) = -(a + c)b + (\lambda_1 + \lambda_2)b$$

となる．ここで，2 次方程式 (6.8) において解と係数の関係

$$\lambda_1 + \lambda_2 = a + c, \quad \lambda_1 \lambda_2 = ac - b^2$$

を用いると

$$\langle \boldsymbol{v}_1, \boldsymbol{v}_2 \rangle = -(a + c)b + (a + c)b = 0$$

となる．よって，$\boldsymbol{v}_1$ と $\boldsymbol{v}_2$ は直交する．したがって，

$$\boldsymbol{u}_1 = \frac{\boldsymbol{v}_1}{|\boldsymbol{v}_1|} = \frac{1}{\sqrt{b^2 + (c - \lambda_1)^2}}(c - \lambda_1, -b),$$
$$\boldsymbol{u}_2 = \frac{\boldsymbol{v}_2}{|\boldsymbol{v}_2|} = \frac{1}{\sqrt{b^2 + (a - \lambda_2)^2}}(-b, a - \lambda_2)$$

とおくと，$\boldsymbol{u}_1, \boldsymbol{u}_2$ は大きさ 1 で互いに直交する A の固有ベクトルである． ■

▶ **補足** 一般の n 次対称行列の固有値が実数であること示すには，複素数についての知識が必要となる．また，n 次対称行列の固有ベクトルが正規直交基底をなすことは，補題 6.1（➡ p. 214）を用いて，数学的帰納法によって示される．

◆ **問 6.5** 次の行列のうち，対称行列であるものについて，固有値および大きさ 1 の固有ベクトルを求めよ．

(1) $\begin{pmatrix} 1 & 2 \\ 3 & 4 \end{pmatrix}$ (2) $\begin{pmatrix} 0 & -1 \\ -1 & 0 \end{pmatrix}$ (3) $\begin{pmatrix} 3 & -1 \\ 1 & 3 \end{pmatrix}$

定理 6.5 より，対称行列の固有ベクトルは正規直交基底をなすことがわかった．そこで，正規直交基底を並べて得られる行列の性質を調べておこう．簡単のため，2 次正方行列の場合を考えよう．

$\{\boldsymbol{u}_1, \boldsymbol{u}_2\}$ を正規直交基底とする．$\boldsymbol{u}_1 = (u_{11}, u_{21})$，$\boldsymbol{u}_2 = (u_{12}, u_{22})$ を並べて行列

$$U = (\boldsymbol{u}_1 \;\; \boldsymbol{u}_2) = \begin{pmatrix} u_{11} & u_{12} \\ u_{21} & u_{22} \end{pmatrix}$$

をつくる．

$${}^tU = \begin{pmatrix} u_{11} & u_{21} \\ u_{12} & u_{22} \end{pmatrix}$$

であるから，

$$\begin{aligned} {}^tUU &= \begin{pmatrix} u_{11} & u_{21} \\ u_{12} & u_{22} \end{pmatrix}\begin{pmatrix} u_{11} & u_{12} \\ u_{21} & u_{22} \end{pmatrix} \\ &= \begin{pmatrix} u_{11}u_{11} + u_{21}u_{21} & u_{11}u_{12} + u_{21}u_{22} \\ u_{12}u_{11} + u_{22}u_{21} & u_{12}u_{12} + u_{22}u_{22} \end{pmatrix} \\ &= \begin{pmatrix} \langle \boldsymbol{u}_1, \boldsymbol{u}_1 \rangle & \langle \boldsymbol{u}_1, \boldsymbol{u}_2 \rangle \\ \langle \boldsymbol{u}_2, \boldsymbol{u}_1 \rangle & \langle \boldsymbol{u}_2, \boldsymbol{u}_2 \rangle \end{pmatrix} \end{aligned}$$

ここで，$\{\boldsymbol{u}_1, \boldsymbol{u}_2\}$ は正規直交基底なので，

$$\langle \boldsymbol{u}_1, \boldsymbol{u}_1 \rangle = \langle \boldsymbol{u}_2, \boldsymbol{u}_2 \rangle = 1, \quad \langle \boldsymbol{u}_1, \boldsymbol{u}_2 \rangle = \langle \boldsymbol{u}_2, \boldsymbol{u}_1 \rangle = 0$$

である．よって，

$${}^tUU = E$$

が成り立ち，${}^tU$ が U の逆行列に一致していることがわかる．すなわち，次が成り立つ：

$$U^{-1} = {}^tU.$$

この結論を一般的な正方行列に対してもそのまま拡張し，次の定義をおく．

定義 6.2

正方行列 U が

$$ {}^tUU = U\,{}^tU = E $$

をみたすとき，U を**直交行列**という．

正規直交基底を並べて得られる行列は，直交行列である．また，上の定義からわかるように，直交行列の逆行列は，行と列を入れ替える転置の操作だけで求められる．掃き出し法のような面倒な計算をする必要は全くないことに注意しておこう．

定理 6.3（➡ p. 205）を思い出すと，定理 6.5（➡ p. 209）より次の結論を得る．

定理 6.6

対称行列は直交行列によって対角化される．

上の定理における直交行列は，対角化したい対称行列の固有ベクトルからなる正規直交基底を並べてつくればよい．

◆**問 6.6**　次の行列のうち，対称行列であるものを，直交行列によって対角化せよ．また，n 乗を求めよ．

(1) $\begin{pmatrix} 3 & 1 \\ 1 & 3 \end{pmatrix}$　　(2) $\begin{pmatrix} 1 & -2 \\ 2 & 1 \end{pmatrix}$　　(3) $\begin{pmatrix} 7 & 2 \\ 2 & 4 \end{pmatrix}$

▶ **注意**　行列を対角化する問題では，まず対称行列かどうかをチェックしてほしい．対称行列であることに気がつかず，対角化するときに使う行列の逆行列を掃き出し法で計算する人は意外に多い．

▶ **参考**　定理 6.6 により，対称行列は直交行列によって対角化される．実は，この逆も正しい．すなわち，直交行列によって対角化される行列は，対称行列である（➡ p. 228，練習問題 6.5）．

以下では，直交行列に関する性質を調べておこう．

定理 6.7

直交行列による変換は内積を保つ．すなわち，U を直交行列，$\boldsymbol{x}, \boldsymbol{y}$ をベクトルとするとき，次が成り立つ．

$$\langle \boldsymbol{x}, \boldsymbol{y} \rangle = \langle U\boldsymbol{x}, U\boldsymbol{y} \rangle.$$

ベクトルの大きさと 2 つのベクトルのなす角度が内積を用いて

$$|\boldsymbol{a}| = \sqrt{\langle \boldsymbol{a}, \boldsymbol{a} \rangle}, \quad \cos\theta = \frac{\langle \boldsymbol{a}, \boldsymbol{b} \rangle}{|\boldsymbol{a}|\,|\boldsymbol{b}|}$$

のように定義されることを思い出すと（➡ p. 182），上の定理は，U によって定義される 1 次変換によって図形を移しても，その大きさと形は変わらないことを意味している．このような変換を**直交変換**という．

直交変換の例としては，原点のまわりの回転や（原点を通る直線や平面に関する）対称移動などがあげられる．

◆**問 6.7** 原点のまわりの角 θ 回転を表す行列

$$\begin{pmatrix} \cos\theta & -\sin\theta \\ \sin\theta & \cos\theta \end{pmatrix}$$

および，直線 $y = ax$ に関する対称移動を表す行列（問 1.16，p. 18）

$$\frac{1}{1+a^2}\begin{pmatrix} 1-a^2 & 2a \\ 2a & -1+a^2 \end{pmatrix}$$

が直交行列であることを確かめよ．

さて，定理 6.7 を証明するためには，転置行列に関する基本的な性質を利用しなければならない．ここでは，定理 6.7 だけでなく，後で取り上げる例題のことも考えに入れた上で，転置行列に関する 2 つの基本性質を紹介しておく．これらは，いろいろな場面で利用される重要なものであるから，よく覚えておいてほしい．

補題 6.1[2)]

(1) 行列 A, B に対して次が成り立つ.

$$^t(^tA) = A, \quad ^t(A+B) = {^tA} + {^tB}, \quad ^t(AB) = {^tB}\,{^tA}.$$

とくに, 行列 A とベクトル $\boldsymbol{x}$ に対して

$$^t(A\boldsymbol{x}) = {^t\boldsymbol{x}}\,{^tA}.$$

(2) 行列 A とベクトル $\boldsymbol{x}, \boldsymbol{y}$ に対して次が成り立つ.

$$\langle A\boldsymbol{x}, \boldsymbol{y}\rangle = \langle \boldsymbol{x}, {^tA}\boldsymbol{y}\rangle, \quad \langle \boldsymbol{x}, A\boldsymbol{y}\rangle = \langle {^tA}\boldsymbol{x}, \boldsymbol{y}\rangle.$$

ここでは, 簡単な2次の場合の証明を読者への練習問題としよう.

◆**問 6.8** A, B が2次正方行列, $\boldsymbol{x}, \boldsymbol{y}$ が平面 $\mathbf{R}^2$ 上のベクトルであるとき, 補題6.1が成り立つことを確かめよ.

準備ができたので, 定理6.7を示すことにしよう. その証明は簡単であるが, 上の補題をどのように利用するのかを学ぶ上からは重要な意味がある.

【定理 6.7 の証明】 $\langle U\boldsymbol{x}, U\boldsymbol{y}\rangle = \langle \boldsymbol{x}, \boldsymbol{y}\rangle$ を示す. 補題6.1より

$$\langle U\boldsymbol{x}, U\boldsymbol{y}\rangle = \langle \boldsymbol{x}, {^tU}U\boldsymbol{y}\rangle$$

である. ここで, U は直交行列なので ${^tU}U = E$ である. よって,

$$\langle U\boldsymbol{x}, U\boldsymbol{y}\rangle = \langle \boldsymbol{x}, {^tU}U\boldsymbol{y}\rangle = \langle \boldsymbol{x}, \boldsymbol{y}\rangle$$

である. ■

次の定理は, 座標変換を用いて図形の性質を調べるときに利用される.

2) 補題：定理の証明のために準備する補助的な定理. 重要なキーポイントであることが多い.

定理 6.8

$\{\boldsymbol{u}_1, \boldsymbol{u}_2\}$ を平面上の正規直交基底とする．平面上の点に対して，標準基底 $\{\boldsymbol{e}_1, \boldsymbol{e}_2\}$ で定められる座標を (x_1, x_2)，基底 $\{\boldsymbol{u}_1, \boldsymbol{u}_2\}$ で定められる座標を (y_1, y_2) とすると，座標変換

$$\begin{pmatrix} y_1 \\ y_2 \end{pmatrix} = {}^tU \begin{pmatrix} x_1 \\ x_2 \end{pmatrix}, \quad \begin{pmatrix} x_1 \\ x_2 \end{pmatrix} = U \begin{pmatrix} y_1 \\ y_2 \end{pmatrix}$$

が成り立つ．ここで，$U = (\boldsymbol{u}_1 \ \ \boldsymbol{u}_2)$ は直交行列である．

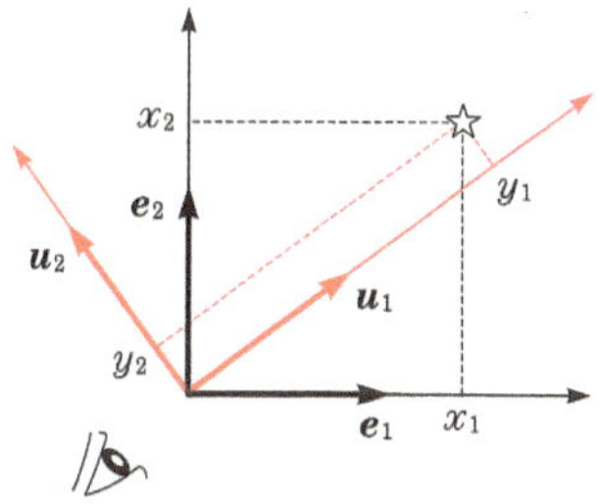

【証明】　定理 1.4（➡ p. 42）より，平面上の点を標準基底 $\{\boldsymbol{e}_1, \boldsymbol{e}_2\}$ で見たときの座標を (x_1, x_2)，基底 $\{\boldsymbol{u}_1, \boldsymbol{u}_2\}$ で見たときの座標を (y_1, y_2) とすると

$$\begin{pmatrix} x_1 \\ x_2 \end{pmatrix} = U \begin{pmatrix} y_1 \\ y_2 \end{pmatrix}, \quad \begin{pmatrix} y_1 \\ y_2 \end{pmatrix} = U^{-1} \begin{pmatrix} x_1 \\ x_2 \end{pmatrix}$$

が成り立つ．ここで，$U = (\boldsymbol{u}_1 \ \ \boldsymbol{u}_2)$ である．ところで，U は直交行列なので，$U^{-1} = {}^tU$ である．したがって，定理 6.8 の主張が正しいことがわかる．■

以上の結果を用いて，**2 次曲線**とよばれる図形の性質を調べてみよう．

例題 6.4

次の式

$$5{x_1}^2 + 2\sqrt{3}\, x_1 x_2 + 7{x_2}^2 = 4$$

が表す平面上の図形はどのような図形か．

【解】　行列 A とベクトル $\boldsymbol{x}$ を

$$A = \begin{pmatrix} 5 & \sqrt{3} \\ \sqrt{3} & 7 \end{pmatrix}, \quad \boldsymbol{x} = \begin{pmatrix} x_1 \\ x_2 \end{pmatrix}$$

とおく[3]と，簡単な計算により，与えられた式は

$$(6.9) \qquad (x_1 \ \ x_2)\begin{pmatrix} 5 & \sqrt{3} \\ \sqrt{3} & 7 \end{pmatrix}\begin{pmatrix} x_1 \\ x_2 \end{pmatrix} = 4 \quad \text{すなわち} \quad {}^t\boldsymbol{x}A\boldsymbol{x} = 4$$

と書けることがわかる．

A の固有値と固有ベクトルを求めよう．固有方程式 $|A - \lambda E| = 0$ より，

$$|A - \lambda E| = \begin{vmatrix} 5-\lambda & \sqrt{3} \\ \sqrt{3} & 7-\lambda \end{vmatrix} = 0,$$

$$\therefore \quad (5-\lambda)(7-\lambda) - 3 = 0.$$

これより，$\lambda^2 - 12\lambda + 32 = 0$ を得る．これを解いて，A の固有値は $\lambda_1 = 4$ と $\lambda_2 = 8$ であることがわかる．

$\lambda_1 = 4$ に対する固有ベクトル $\boldsymbol{v}_1$ は

$$(A - \lambda_1 E)\boldsymbol{v}_1 = \begin{pmatrix} 1 & \sqrt{3} \\ \sqrt{3} & 3 \end{pmatrix}\begin{pmatrix} x_1 \\ x_2 \end{pmatrix} = \boldsymbol{0}$$

を解いて，$\boldsymbol{v}_1 = t_1(\sqrt{3}, -1)$（$t_1$ は任意）である．

同様に，$\lambda_2 = 8$ に対する固有ベクトル $\boldsymbol{v}_2$ は，$\boldsymbol{v}_2 = t_2(1, \sqrt{3})$（$t_2$ は任意）である．

$$\boldsymbol{u}_1 = \frac{1}{2}\begin{pmatrix} \sqrt{3} \\ -1 \end{pmatrix}, \quad \boldsymbol{u}_2 = \frac{1}{2}\begin{pmatrix} 1 \\ \sqrt{3} \end{pmatrix}$$

とおくと，$\{\boldsymbol{u}_1, \boldsymbol{u}_2\}$ は正規直交基底となり，

$$U = (\boldsymbol{u}_1 \ \ \boldsymbol{u}_2) = \frac{1}{2}\begin{pmatrix} \sqrt{3} & 1 \\ -1 & \sqrt{3} \end{pmatrix} = \begin{pmatrix} \cos(-30^\circ) & -\sin(-30^\circ) \\ \sin(-30^\circ) & \cos(-30^\circ) \end{pmatrix}$$

は原点のまわりの -30° 回転を表す直交行列である．この U を用いて座標変換

$$\boldsymbol{x} = U\boldsymbol{y}, \quad \boldsymbol{x} = \begin{pmatrix} x_1 \\ x_2 \end{pmatrix}, \quad \boldsymbol{y} = \begin{pmatrix} y_1 \\ y_2 \end{pmatrix}$$

---

[3] 行列 A は，${x_1}^2$ と ${x_2}^2$ の係数をこの順に対角線上に並べて対角成分とし，x_1x_2 の係数を半分にしたものを他の成分としている

を行う．座標 (x_1, x_2) を用いて (6.9) で表されている図形を，新しい座標 (y_1, y_2) を用いて表すことにしよう．

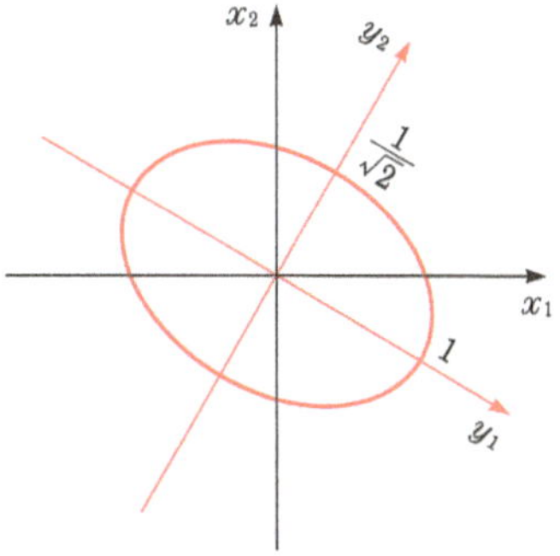

補題 6.1 により，

$$ {}^t\boldsymbol{x} = {}^t(U\boldsymbol{y}) = {}^t\boldsymbol{y}\,{}^tU $$

が成り立つことがわかる．これらを (6.9) へ代入すると，

$$ {}^t\boldsymbol{y}\,{}^tUAU\boldsymbol{y} = 4 $$

を得る．$\boldsymbol{u}_1, \boldsymbol{u}_2$ は対称行列 A の固有ベクトルであるから，U は直交行列で，

$$ {}^tUAU = U^{-1}AU = D, \quad D = \begin{pmatrix} \lambda_1 & 0 \\ 0 & \lambda_2 \end{pmatrix} $$

が成り立つ．よって，

$$ {}^t\boldsymbol{y}D\boldsymbol{y} = 4, \quad D = \begin{pmatrix} 4 & 0 \\ 0 & 8 \end{pmatrix} $$

となる．これを計算して整理すると，

$$ {y_1}^2 + 2{y_2}^2 = 1 \quad \text{すなわち} \quad \frac{{y_1}^2}{(\sqrt{2}\,)^2} + {y_2}^2 = \left(\frac{1}{\sqrt{2}}\right)^2 $$

を得る．よって，与えられた曲線は，楕円（だ）であることがわかる． ■

◆**問 6.9** 次の式

$$ 2{x_1}^2 + 12x_1x_2 - 7{x_2}^2 = 5 $$

はどのような図形を表すか．

このように，座標軸をうまく選び直すことにより，図形を表す最も基本的な式（**標準形**）を見つけることができる．この結果は，次のような一般的な形にまとめられる．

● **2 次曲線の標準化** x_1, x_2 の 2 次式

$$a_{11}{x_1}^2 + 2a_{12}x_1x_2 + a_{22}{x_2}^2 = c$$

で与えられる平面上の図形を **2 次曲線**という．これは，対称行列

$$A = \begin{pmatrix} a_{11} & a_{12} \\ a_{21} & a_{22} \end{pmatrix}, \quad a_{21} = a_{12}$$

を用いると，

$${}^t\boldsymbol{x}A\boldsymbol{x} = (x_1 \ \ x_2)\begin{pmatrix} a_{11} & a_{12} \\ a_{21} & a_{22} \end{pmatrix}\begin{pmatrix} x_1 \\ x_2 \end{pmatrix} = c, \quad \boldsymbol{x} = \begin{pmatrix} x_1 \\ x_2 \end{pmatrix}$$

と書ける．A の固有値を λ_1, λ_2 とする．このとき，対応する固有ベクトル $\boldsymbol{u}_1, \boldsymbol{u}_2$ が正規直交基底になるようにできる．この 2 次曲線は，$\{\boldsymbol{u}_1, \boldsymbol{u}_2\}$ を基底とする新しい座標 (y_1, y_2) で表すと次式のようになる：

$$\lambda_1{y_1}^2 + \lambda_2{y_2}^2 = c$$

▶ **発展** 一般には，x_1 と x_2 の 1 次の項を含む

$$a_{11}{x_1}^2 + 2a_{12}x_1x_2 + a_{22}{x_2}^2 + b_1x_1 + b_2x_2 = c$$

の形で表される図形を **2 次曲線**という．この式が表す曲線を調べるためには，直交変換だけでなく，平行移動も必要とする（章末の練習問題の 6.6 と 6.7）．本来の 2 次曲線は，楕円，放物線，双曲線の 3 種類であることが知られている（下の図を参照）．

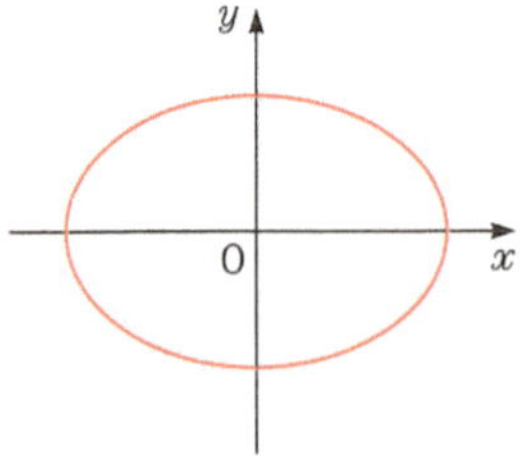

楕　円

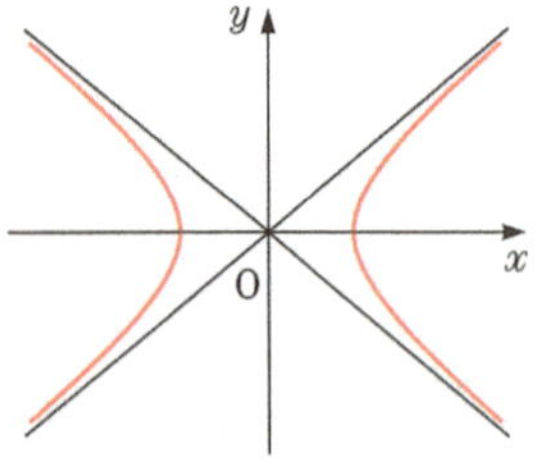

双曲線

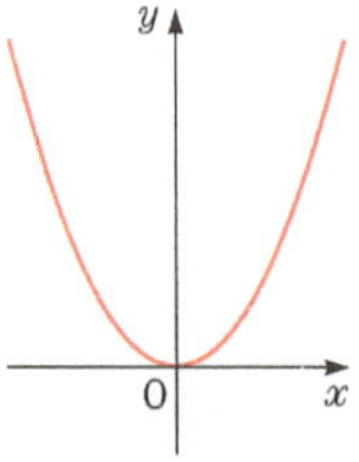

放物線

また，次の式で表される 3 次元空間内の図形を **2 次曲面**という：

$$a_{11}{x_1}^2 + a_{22}{x_2}^2 + a_{33}{x_3}^2 + 2a_{12}x_1x_2 + 2a_{23}x_2x_3 + 2a_{31}x_3x_1$$
$$+ b_1x_1 + b_2x_2 + b_3x_3 = c$$

本来の 2 次曲面には，楕円面，2 葉双曲面，1 葉双曲面，楕円放物面，双曲放物面の 5 種類のものがあることが知られている．

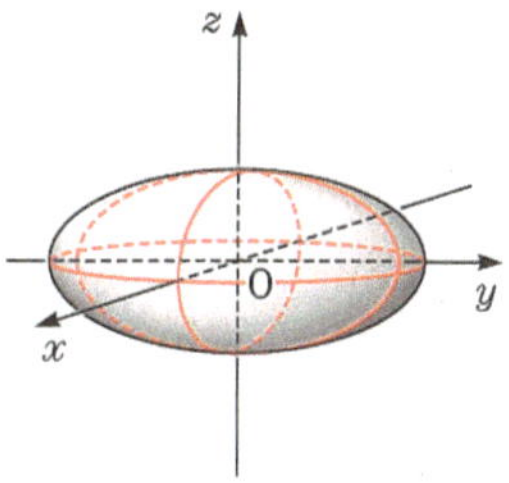

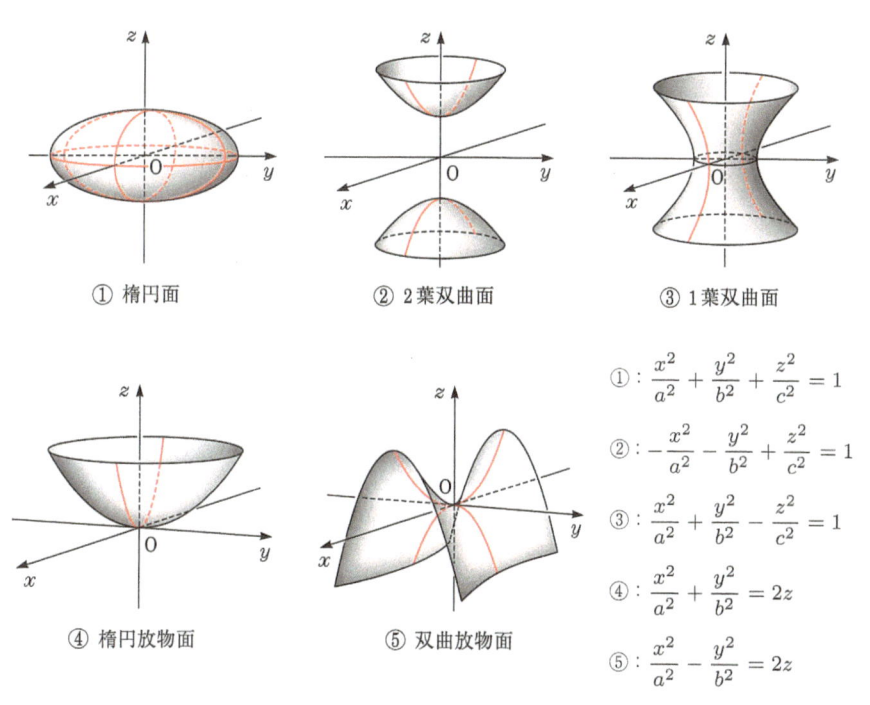

① 楕円面

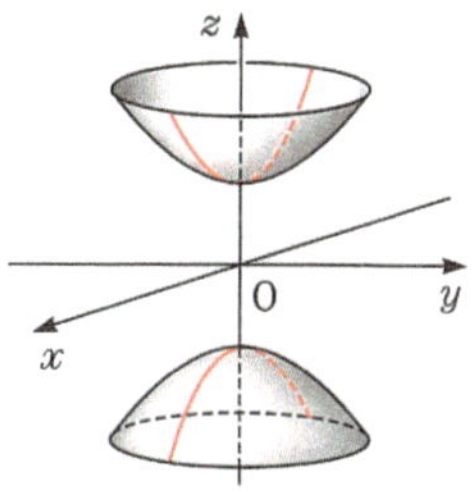

② 2 葉双曲面

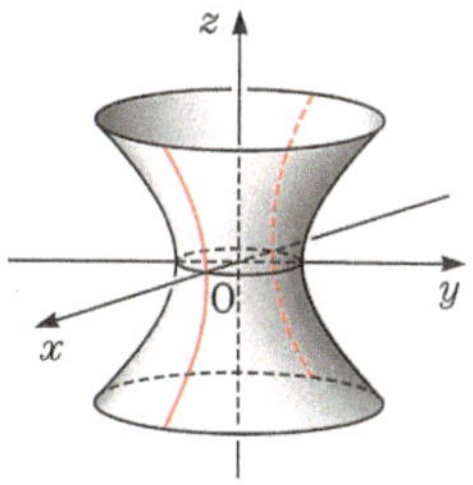

③ 1 葉双曲面

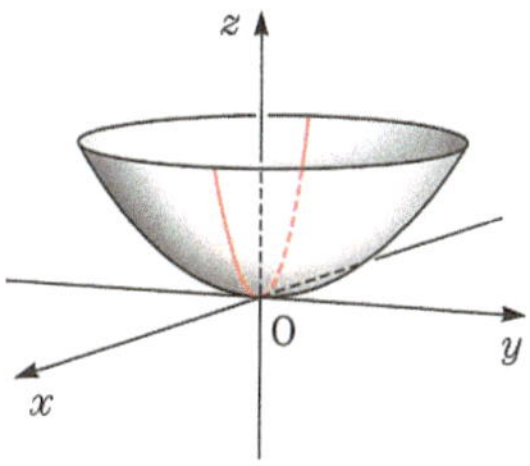

④ 楕円放物面

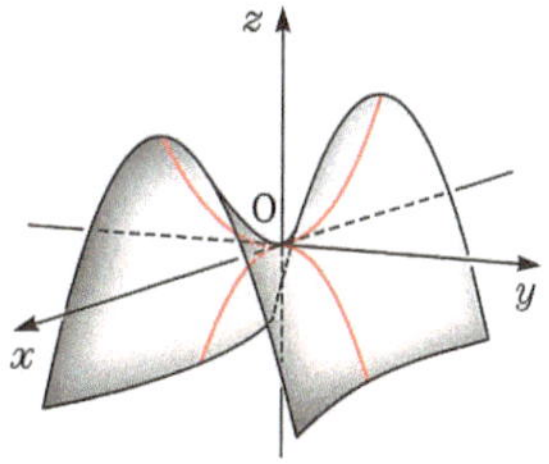

⑤ 双曲放物面

①：$\dfrac{x^2}{a^2} + \dfrac{y^2}{b^2} + \dfrac{z^2}{c^2} = 1$

②：$-\dfrac{x^2}{a^2} - \dfrac{y^2}{b^2} + \dfrac{z^2}{c^2} = 1$

③：$\dfrac{x^2}{a^2} + \dfrac{y^2}{b^2} - \dfrac{z^2}{c^2} = 1$

④：$\dfrac{x^2}{a^2} + \dfrac{y^2}{b^2} = 2z$

⑤：$\dfrac{x^2}{a^2} - \dfrac{y^2}{b^2} = 2z$

x_1, x_2 に関する 2 次式

$$f(x_1, x_2) = a{x_1}^2 + 2bx_1x_2 + c{x_2}^2 \tag{6.10}$$

を x_1, x_2 の **2 次形式**という．この 2 次式の最大・最小問題[4)]を考えよう．

$$A = \begin{pmatrix} a & b \\ b & c \end{pmatrix}, \quad \boldsymbol{x} = \begin{pmatrix} x_1 \\ x_2 \end{pmatrix}$$

4) この問題は，微積分において「2 変数関数の条件付き極値問題」として扱われる．

とおくと，先ほどと同様の計算により，(6.10) は

$$f(x_1, x_2) = (x_1 \ \ x_2)\begin{pmatrix} a & b \\ b & c \end{pmatrix}\begin{pmatrix} x_1 \\ x_2 \end{pmatrix} = {}^t\boldsymbol{x}A\boldsymbol{x}$$

と書ける．対称行列 A の固有値を λ_1, λ_2 とするとき，次が成り立つ．

(i) ${x_1}^2 + {x_2}^2 = 1$ のとき，2 次形式 (6.10) の最小値 m と最大値 M は

$$m = \min(\lambda_1, \lambda_2), \quad M = \max(\lambda_1, \lambda_2)$$

で与えられる．また，最小値 m と最大値 M を与える (x_1, x_2) は，m および M に対応する大きさ 1 の固有ベクトルである．

(ii) λ_1, λ_2 が正のとき，$(x_1, x_2) \neq (0, 0)$ に対して，2 次形式 (6.10) の値は常に正となる．このような 2 次形式を**正値 2 次形式**という．また，このときの A を**正値対称行列**という．

まず，上の (i) が成り立つことを次の例題を通して確かめてみよう．

例題 6.5

${x_1}^2 + {x_2}^2 = 1$ のとき，関数

$$f(x_1, x_2) = 5{x_1}^2 + 4x_1x_2 + 2{x_2}^2$$

の最小値と最大値を求めよ．また，それらを与える x_1, x_2 を求めよ．

【解】 2 次形式の係数から，対称行列 A を

$$A = \begin{pmatrix} 5 & 2 \\ 2 & 2 \end{pmatrix}$$

とおく（216 ページの脚注を参照）．A の固有値と固有ベクトルを求めよう．$|A - \lambda E| = 0$ より，$\lambda^2 - 7\lambda + 6 = 0$ であるから，A の固有値は $\lambda_1 = 1$ と $\lambda_2 = 6$ である．$\lambda_1 = 1$ に対する固有ベクトル $\boldsymbol{v}_1$ は

$$(A - \lambda_1 E)\boldsymbol{v}_1 = \begin{pmatrix} 4 & 2 \\ 2 & 1 \end{pmatrix}\begin{pmatrix} x_1 \\ x_2 \end{pmatrix} = \boldsymbol{0}$$

を解いて，$\boldsymbol{v}_1 = t_1(1, -2)$（$t_1$ は任意）である．同様に，$\lambda_2 = 6$ に対する固有ベクトル $\boldsymbol{v}_2$ は，$\boldsymbol{v}_2 = t_2(2, 1)$（$t_2$ は任意）である．この 2 つのベクトルは直交しているので，

$$\boldsymbol{u}_1 = \frac{1}{\sqrt{5}}\begin{pmatrix} 1 \\ -2 \end{pmatrix}, \quad \boldsymbol{u}_2 = \frac{1}{\sqrt{5}}\begin{pmatrix} 2 \\ 1 \end{pmatrix}$$

とおくと，$\{\boldsymbol{u}_1, \boldsymbol{u}_2\}$ は正規直交基底となり，

$$U = (\boldsymbol{u}_1 \ \ \boldsymbol{u}_2) = \frac{1}{\sqrt{5}}\begin{pmatrix} 1 & 2 \\ -2 & 1 \end{pmatrix}$$

は直交行列になる．この U を用いて，変数変換（座標変換）

(6.11) $$\boldsymbol{x} = U\boldsymbol{y}, \quad \boldsymbol{y} = \begin{pmatrix} y_1 \\ y_2 \end{pmatrix}$$

を行う．このとき，補題 6.1（➡ p. 214）より

$$^t\boldsymbol{x} = {}^t(U\boldsymbol{y}) = {}^t\boldsymbol{y}\,{}^tU$$

が成り立つ．これらを $f(x_1, x_2) = {}^t\boldsymbol{x}A\boldsymbol{x}$ へ代入すると，$\boldsymbol{u}_1, \boldsymbol{u}_2$ は A の固有ベクトルであり，${}^tU = U^{-1}$ が成り立つから

$$^t\boldsymbol{x}A\boldsymbol{x} = {}^t\boldsymbol{y}\,{}^tUAU\boldsymbol{y} = {}^t\boldsymbol{y}U^{-1}AU\boldsymbol{y} = {}^t\boldsymbol{y}D\boldsymbol{y}, \quad D = \begin{pmatrix} \lambda_1 & 0 \\ 0 & \lambda_2 \end{pmatrix}$$

を得る．また，直交行列 U について，定理 6.7（➡ p. 213）より

$${x_1}^2 + {x_2}^2 = \langle \boldsymbol{x}, \boldsymbol{x} \rangle = \langle U\boldsymbol{x}, U\boldsymbol{x} \rangle = \langle \boldsymbol{y}, \boldsymbol{y} \rangle = {y_1}^2 + {y_2}^2.$$

よって，${y_1}^2 + {y_2}^2 = 1$ のとき，

$$f(y_1, y_2) = {}^t\boldsymbol{y}D\boldsymbol{y} = (y_1 \ \ y_2)\begin{pmatrix} \lambda_1 & 0 \\ 0 & \lambda_2 \end{pmatrix}\begin{pmatrix} y_1 \\ y_2 \end{pmatrix} = \lambda_1{y_1}^2 + \lambda_2{y_2}^2$$

の最小値と最大値を求めればよい．この式から，$(y_1, y_2) = (\pm 1, 0)$ のとき最小値 $\lambda_1 = 1$，$(y_1, y_2) = (0, \pm 1)$ のとき最大値 $\lambda_2 = 6$ となる．したがって，

座標変換の式 (6.11) より，

$$(x_1, x_2) = \pm\frac{1}{\sqrt{5}}(1, -2) \quad \text{のとき}\quad \text{最小値 } 1,$$

$$(x_1, x_2) = \pm\frac{1}{\sqrt{5}}(2, 1) \quad \text{のとき}\quad \text{最大値 } 6.$$

この例題から，(i) の正当性が確かめられた．(ii) については，読者への練習問題とする．

◆**問 6.10**　$ac - b^2 > 0$ かつ $a > 0$ のとき，2 次形式 $f(x, y) = ax^2 + 2bxy + cy^2$ は正値になることを示せ．

◆**問 6.11**　$x^2 + y^2 = 1$ のとき，2 次形式 $f(x, y) = x^2 + 4xy - 2y^2$ の最小値と最大値を求めよ．また，それらを与える x, y を求めよ．

▶**発展**　2 変数の 2 次形式と同様に，n 変数の 2 次形式を考えることができる．

$$f(x_1, x_2, \ldots, x_n) = \sum_{1 \leqq i,\, j \leqq n} a_{ij} x_i x_j, \quad a_{ij} = a_{ji} \tag{6.12}$$

を $x_1, x_2, \ldots, x_n$ の 2 次形式という．対称行列 $A = (a_{ij})$ の固有値を $\lambda_1, \lambda_2, \ldots, \lambda_n$ とするとき，次が成り立つ．

(i)　${x_1}^2 + {x_2}^2 + \cdots + {x_n}^2 = 1$ のとき，2 次形式 (6.12) の最小値 m と最大値 M は，

$$m = \min(\lambda_1, \lambda_2, \ldots, \lambda_n), \quad M = \max(\lambda_1, \lambda_2, \ldots, \lambda_n)$$

で与えられる．また，最小値 m と最大値 M を与える $(x_1, x_2, \ldots, x_n)$ は，m および M に対応する大きさ 1 の固有ベクトルである．

(ii)　A が正値対称行列のとき，A の固有値 $\lambda_1, \lambda_2, \ldots, \lambda_n$ はすべて正であり，2 次形式 (6.12) は，$(x_1, x_2, \ldots, x_n) \neq (0, 0, \ldots, 0)$ に対して，常に正の値をとる．

一般の n 次正方行列についても，2 次正方行列の場合と同様に，対称行列と直交行列が定義され，上で述べた性質が成り立つことが知られている．ここでは，3 次行列の場合の簡単な練習問題を与えて，この節を終える．

◆**問 6.12**　${}^tA = A$ をみたす 3 次行列 A は次の形に限ることを確かめよ．

$$\begin{pmatrix} a & b & c \\ b & d & e \\ c & e & f \end{pmatrix}$$

◆**問 6.13**　$\mathbf{R}^3$ の正規直交基底 $\{\boldsymbol{u}_1, \boldsymbol{u}_2, \boldsymbol{u}_3\}$ に対して，$U = (\boldsymbol{u}_1 \ \ \boldsymbol{u}_2 \ \ \boldsymbol{u}_3)$ とおくと，U は 3 次直交行列になることを示せ．

◆**問 6.14**　次の行列のうち，対称行列であるものについて，直交行列を用いて対角化せよ．

(1) $\begin{pmatrix} -1 & -3 & 1 \\ -3 & 3 & -3 \\ 1 & -3 & -1 \end{pmatrix}$　　(2) $\begin{pmatrix} 1 & -1 & 0 \\ 1 & 2 & 1 \\ 0 & -1 & 1 \end{pmatrix}$

(3) $\begin{pmatrix} 1 & 3 & 3 \\ 2 & 1 & 3 \\ 2 & 2 & 1 \end{pmatrix}$　　(4) $\begin{pmatrix} 0 & 2 & 2 \\ 2 & 1 & 0 \\ 2 & 0 & -1 \end{pmatrix}$

6.4　行列のジョルダン標準形

ここでは，行列を対角化することができないときにどうしたらよいのか考えてみよう．

まず，最も簡単な 2 次正方行列の場合から話を始めよう．2 次正方行列 A の固有方程式 $|A - \lambda E| = 0$ が重根 α をもっていたとしよう．いま，運良く 2 個の 1 次独立な固有ベクトル $\boldsymbol{v}_1, \boldsymbol{v}_2$ が見つかったとしよう．このとき，

$$A\boldsymbol{v}_1 = \alpha\boldsymbol{v}_1, \quad A\boldsymbol{v}_2 = \alpha\boldsymbol{v}_2$$

が成り立っており，この 2 式をまとめると次のように表すことができる：

$$A(\boldsymbol{v}_1 \ \ \boldsymbol{v}_2) = (\boldsymbol{v}_1 \ \ \boldsymbol{v}_2)\begin{pmatrix} \alpha & 0 \\ 0 & \alpha \end{pmatrix}.$$

1 次独立なベクトルからなる $P = (\boldsymbol{v}_1 \ \ \boldsymbol{v}_2)$ は正則であり（系 5.1，➡ p. 153），逆行列 P^{-1} をもつ．P^{-1} を上式に左側から掛ければ

$$P^{-1}AP = D, \quad D = \begin{pmatrix} \alpha & 0 \\ 0 & \alpha \end{pmatrix}.$$

を得る．このようにして，行列 A を対角行列 D へ直すことができる（行列の対角化）．D は 0 がたくさんあって，扱いやすい形の行列である．しかし，運悪く 2 個の 1 次独立な固有ベクトルが見つからなかったのなら，対角行列には直せない．このときは，少し妥協して

$$D' = \begin{pmatrix} \alpha & 1 \\ 0 & \alpha \end{pmatrix}$$

という形の行列 D' へ直すことを考えよう．そのためには，

$$A(\boldsymbol{v}_1 \ \ \boldsymbol{v}_2) = (\boldsymbol{v}_1 \ \ \boldsymbol{v}_2)\begin{pmatrix} \alpha & 1 \\ 0 & \alpha \end{pmatrix}$$

すなわち，

$$A\boldsymbol{v}_1 = \alpha\boldsymbol{v}_1, \quad A\boldsymbol{v}_2 = \alpha\boldsymbol{v}_2 + \boldsymbol{v}_1,$$

$$\therefore (A - \alpha E)\boldsymbol{v}_1 = \boldsymbol{0}, \quad (A - \alpha E)\boldsymbol{v}_2 = \boldsymbol{v}_1$$

が成立していなければならない．このとき，$\boldsymbol{v}_1$ は A の固有値 α に対する固有ベクトルだが，$\boldsymbol{v}_2$ はそうではない．

いま述べたことを，

$$A = \begin{pmatrix} 5 & 1 \\ -1 & 3 \end{pmatrix}$$

で考えてみよう．A の固有方程式は，

$$|A - \lambda E| = \lambda^2 - 8\lambda + 16 = (\lambda - 4)^2 = 0$$

なので，4（2 重根）が A の固有値である．$\boldsymbol{v}_1 = (x_1, y_1)$ とおくと，$(A - 4E)\boldsymbol{v}_1 = \boldsymbol{0}$ より

$$\begin{pmatrix} 1 & 1 \\ -1 & -1 \end{pmatrix}\begin{pmatrix} x_1 \\ y_1 \end{pmatrix} = \begin{pmatrix} 0 \\ 0 \end{pmatrix}$$

であるから，$x_1 + y_1 = 0$ を得る．これより，$\alpha = 4$ に対する A の固有ベクトルとして，例えば，$\boldsymbol{v}_1 = (x_1,\, y_1) = (1,\, -1)$ を得る．

また，$\boldsymbol{v}_2 = (x_2,\, y_2)$ とおくと，$(A - 4E)\boldsymbol{v}_2 = \boldsymbol{v}_1$ より，

$$\begin{pmatrix} 1 & 1 \\ -1 & -1 \end{pmatrix}\begin{pmatrix} x_2 \\ y_2 \end{pmatrix} = \begin{pmatrix} 1 \\ -1 \end{pmatrix}$$

であるから，$x_2 + y_2 = 1$ を得る．これより，例えば，$\boldsymbol{v}_2 = (x_2,\, y_2) = (0,\, 1)$ を得る．したがって，

$$P = (\boldsymbol{v}_1 \ \ \boldsymbol{v}_2) = \begin{pmatrix} 1 & 0 \\ -1 & 1 \end{pmatrix}$$

とおけば，確かに

$$P^{-1}AP = D', \quad D' = \begin{pmatrix} 4 & 1 \\ 0 & 4 \end{pmatrix}$$

が成り立つことがわかる．

こうして，行列 A を（対角行列ほどではないが）きれいな形に直すことができた．行列 D' を A の**ジョルダン標準形**という．また，このときの α を A の**退化固有値**といい，固有ベクトル $\boldsymbol{v}_1$ を用いて $(A - \alpha E)\boldsymbol{v}_2 = \boldsymbol{v}_1$ で与えられる $\boldsymbol{v}_2$ を A の**一般化固有ベクトル**（退化固有ベクトル）という．

◆**問 6.15** 次の行列のジョルダン標準形を求めよ．

（1） $\begin{pmatrix} 7 & 3 \\ -3 & 1 \end{pmatrix}$ （2） $\begin{pmatrix} -8 & -9 \\ 4 & 4 \end{pmatrix}$

2 次正方行列の場合は，事実上これで話はすんでいる．次に，3 次正方行列の場合を考えよう．3 次正方行列 A の固有方程式 $|A - \lambda E| = 0$ が重根をもつときは，次の 2 通りの場合が考えられる．

（i） 単根 α と 2 重根 β をもつ．

（ii） 3 重根 α をもつ．

この場合，A が対角化できなければ，次のような形のジョルダン標準形に直すことができる．

$$(1)\ \left(\begin{array}{c|cc}\alpha & 0 & 0 \\ \hline 0 & \beta & 1 \\ 0 & 0 & \beta\end{array}\right) \quad (2)\ \left(\begin{array}{c|cc}\alpha & 0 & 0 \\ \hline 0 & \alpha & 1 \\ 0 & 0 & \alpha\end{array}\right) \quad (3)\ \begin{pmatrix}\alpha & 1 & 0 \\ 0 & \alpha & 1 \\ 0 & 0 & \alpha\end{pmatrix}$$

一般には，**ジョルダン細胞**とよばれる次の形の k 次正方行列

$$J(\alpha, k) = \begin{pmatrix}\alpha & 1 & 0 & \cdots & 0 \\ 0 & \alpha & 1 & \ddots & \vdots \\ 0 & 0 & \alpha & \ddots & 0 \\ \vdots & \vdots & \ddots & \ddots & 1 \\ 0 & 0 & \cdots & 0 & \alpha\end{pmatrix}$$

をブロックとして構成される正方行列に変換できることが知られている．例えば，3 次正方行列の場合だと，(1) は

$$J(\alpha, 1) = (\alpha), \quad J(\beta, 2) = \begin{pmatrix}\beta & 1 \\ 0 & \beta\end{pmatrix}$$

の 2 つのジョルダン細胞から構成されている．同様に，(2) は $J(\alpha, 1)$ と $J(\alpha, 2)$，(3) は $J(\alpha, 3)$ から構成される．

最後に，ジョルダン標準形に変換するときに，どのような方針で計算を進めていけばよいのかを簡単に説明してこの節を終える．具体的な計算例については，参考文献で紹介した書物などを参照してほしい．

例えば，(1) の場合を考えてみよう．この場合，

$$A(\boldsymbol{v}_1 \ \ \boldsymbol{v}_2 \ \ \boldsymbol{v}_3) = (\boldsymbol{v}_1 \ \ \boldsymbol{v}_2 \ \ \boldsymbol{v}_3)\begin{pmatrix}\alpha & 0 & 0 \\ 0 & \beta & 1 \\ 0 & 0 & \beta\end{pmatrix}$$

と表すことができるから，

$$A\boldsymbol{v}_1 = \alpha\boldsymbol{v}_1, \quad A\boldsymbol{v}_2 = \beta\boldsymbol{v}_2, \quad A\boldsymbol{v}_3 = \beta\boldsymbol{v}_3 + \boldsymbol{v}_2,$$

$$\therefore \quad (A - \alpha E)\boldsymbol{v}_1 = \boldsymbol{0}, \quad (A - \beta E)\boldsymbol{v}_2 = \boldsymbol{0}, \quad (A - \beta E)\boldsymbol{v}_3 = \boldsymbol{v}_2$$

が成り立つはずである．したがって，

(i) $\boldsymbol{v}_1$ に関する連立 1 次方程式 $(A-\alpha E)\boldsymbol{v}_1=\boldsymbol{0}$ を解いて，α に対する固有ベクトル $\boldsymbol{v}_1$ を求める．

(ii) $\boldsymbol{v}_2$ に関する連立 1 次方程式 $(A-\beta E)\boldsymbol{v}_2=\boldsymbol{0}$ を解いて，β に対する固有ベクトル $\boldsymbol{v}_2$ を求める．

(iii) (ii) で求めた $\boldsymbol{v}_2$ に対して，$\boldsymbol{v}_3$ に関する連立 1 次方程式 $(A-\beta E)\boldsymbol{v}_3=\boldsymbol{v}_2$ を解いて，β に対する一般化固有ベクトル $\boldsymbol{v}_3$ を求める．

という方針で，$\boldsymbol{v}_1, \boldsymbol{v}_2, \boldsymbol{v}_3$ を求めて $P=(\boldsymbol{v}_1 \ \ \boldsymbol{v}_2 \ \ \boldsymbol{v}_3)$ とおけばよい．他の場合の計算方針も同様に考えていくことができる．

証明は省略するが，次の定理が成り立つ．

定理 6.9

対角化できない行列は，一般化固有ベクトルを利用してジョルダン標準形に直せる（言い換えれば，一般化固有ベクトルをもたない行列は対角化できる）．

▶ **注意**　行列は必ずしも対角化できるとは限らないが，3 角化はいつでも可能なことがわかる．つまり，どんな行列 A に対しても，適当な正則行列 P を用いて

$$P^{-1}AP=\begin{pmatrix} \lambda_1 & * & * & \cdots & * \\ 0 & \lambda_2 & * & \cdots & * \\ 0 & 0 & \lambda_3 & \ddots & \vdots \\ \vdots & \vdots & \ddots & \ddots & * \\ 0 & 0 & \cdots & 0 & \lambda_n \end{pmatrix}$$

の形にできる．ここで，「$*$」は何らかの数を意味しており，同じ数字を示しているわけではない．

▶ **補足**　数学的な理論構成の上では，どんな行列も 3 角化できることを示した後で定理 6.9 を証明する．しかし，実用的な観点からは，2 次や 3 次の行列のジョルダン標準形の具体的な求め方を学んだ後に，行列が 3 角化できるという事実を理解したほうがよいと思われる．

練習問題

6.1　次の行列の固有値と固有ベクトルを求めて，対角化せよ．

（1）$\begin{pmatrix} 1 & 2 & -2 \\ 3 & -5 & 3 \\ 3 & 0 & -2 \end{pmatrix}$　　（2）$\begin{pmatrix} 6 & 2 & 1 \\ -6 & -2 & -3 \\ -2 & -2 & 3 \end{pmatrix}$

（3）$\begin{pmatrix} -3 & -2 & -2 & 1 \\ 2 & 3 & 2 & 0 \\ 3 & 1 & 2 & -1 \\ -4 & -2 & -2 & 2 \end{pmatrix}$

6.2　正方行列 A は正則とする．次の各問に答えよ．

（1）A は 0 を固有値にもたないことを示せ．

（2）λ が A の固有値であるとき，λ^{-1} は A^{-1} の固有値であることを示せ．

6.3　正方行列 A の固有値と ${}^tA$ の固有値は一致することを示せ．

6.4　正方行列 A の固有値 λ に対して

$$V_\lambda = \{\boldsymbol{v} \mid \boldsymbol{v} \text{ は } A\boldsymbol{v} = \lambda\boldsymbol{v} \text{ をみたす}\}$$

と定義するとき，V_λ は部分空間になることを示せ（V_λ は A の固有値 λ に対する**固有空間**とよばれ，固有値 λ に対するすべての固有ベクトルを含んでいる）．

6.5　行列 A の固有ベクトルが正規直交基底をなすとき，A は対称行列であることを示せ．

6.6　次の2次曲線の概形を以下の手順に従って調べよ．

$$C : {x_1}^2 - 2x_1x_2 + {x_2}^2 + 8x_2 + 12 = 0.$$

（1）$A = \begin{pmatrix} 1 & -1 \\ -1 & 1 \end{pmatrix}$，　$\boldsymbol{b} = \begin{pmatrix} 0 \\ 8 \end{pmatrix}$，　$\boldsymbol{x} = \begin{pmatrix} x_1 \\ x_2 \end{pmatrix}$

とおくと，C は次のように表されることを示せ．

$${}^t\boldsymbol{x}A\boldsymbol{x} + \langle \boldsymbol{b},\, \boldsymbol{x} \rangle + 12 = 0.$$

（2） A の固有値は $\lambda_1 = 2$ と $\lambda_2 = 0$ であり，

$$\boldsymbol{u}_1 = \frac{1}{\sqrt{2}}\begin{pmatrix} 1 \\ -1 \end{pmatrix}, \quad \boldsymbol{u}_2 = \frac{1}{\sqrt{2}}\begin{pmatrix} 1 \\ 1 \end{pmatrix}$$

は，それぞれ λ_1, λ_2 に対する大きさ 1 の固有ベクトルであることを示せ．

（3） $U = (\boldsymbol{u}_1 \ \ \boldsymbol{u}_2)$ とおく．座標変換

$$\boldsymbol{x} = U\boldsymbol{y}, \quad \boldsymbol{x} = \begin{pmatrix} x_1 \\ x_2 \end{pmatrix}, \quad \boldsymbol{y} = \begin{pmatrix} y_1 \\ y_2 \end{pmatrix}$$

を行うと，C は次のように表されることを示せ．

$$C' : {y_1}^2 - 2\sqrt{2}\, y_1 + 2\sqrt{2}\, y_2 + 6 = 0.$$

（4） C' が $(y_1 - \sqrt{2}\,)^2 + 2\sqrt{2}\,(y_2 + \sqrt{2}\,) = 0$ と書けることを確かめた後，平行移動

$$\begin{pmatrix} {y_1}' \\ {y_2}' \end{pmatrix} = \begin{pmatrix} y_1 \\ y_2 \end{pmatrix} + \begin{pmatrix} -\sqrt{2} \\ \sqrt{2} \end{pmatrix}$$

を行い，C が放物線であることを示せ．

6.7 次の 2 次曲線はどのような図形であるか．

（1） $5x^2 + 4xy + 2y^2 - 4x + 2y + 1 = 0$

（2） $2x^2 + 4xy - y^2 - 4x - 10y = 0$

（3） $4x^2 + 4xy + y^2 - 6x + 2y - 1 = 0$

6.8 次の対称行列 A を以下の手順に従って対角化せよ．

$$A = \begin{pmatrix} 1 & 2 & 2 \\ 2 & 1 & 2 \\ 2 & 2 & 1 \end{pmatrix}$$

（1） A の固有値が $\lambda = 5, -1$（2 重根）であることを確かめよ．

（2） $\lambda = 5$ のとき，$(A - \lambda E)\boldsymbol{v} = \boldsymbol{0}$ を解いて，固有値 5 に対する大きさ 1 の固有ベクトル $\boldsymbol{u}_1$ を求めよ．

（3） $\lambda = -1$ のとき，$(A - \lambda E)\boldsymbol{v} = \boldsymbol{0}$ をみたす $\boldsymbol{v}$ が

$$\boldsymbol{v} = s\boldsymbol{v}_2 + t\boldsymbol{v}_3 = s\begin{pmatrix} 1 \\ -1 \\ 0 \end{pmatrix} + t\begin{pmatrix} 1 \\ 0 \\ -1 \end{pmatrix} \quad (s, t \text{ は任意})$$

の形で与えられることを示せ.

(4) $\{\boldsymbol{v}_2, \boldsymbol{v}_3\}$ に対してグラム・シュミットの直交化法を用いて，固有値 -1 に対する大きさ 1 の互いに直交する固有ベクトルの組 $\{\boldsymbol{u}_2, \boldsymbol{u}_3\}$ をつくれ.

(5) $U = (\boldsymbol{u}_1 \ \ \boldsymbol{u}_2 \ \ \boldsymbol{u}_3)$ とおくとき，U が直交行列であることを確かめよ．また，U を用いて A を対角化せよ.

6.9 次の対称行列を直交行列によって対角化せよ.

(1) $\begin{pmatrix} 3 & -2 & 0 \\ -2 & 2 & 2 \\ 0 & 2 & 1 \end{pmatrix}$　　(2) $\begin{pmatrix} 0 & 0 & 0 & 1 \\ 0 & 0 & 1 & 0 \\ 0 & 1 & 0 & 0 \\ 1 & 0 & 0 & 0 \end{pmatrix}$

6.10 次の式で定義される 2 次曲面が楕円面であることを示せ.

$$x^2 + 3y^2 + 3z^2 - 2yz = 4$$

6.11 $x^2 + y^2 + z^2 = 1$ のとき，

$$f(x, y, z) = x^2 + 2y^2 + z^2 + 2xy + 2yz + 4zx$$

の最大値・最小値を求めよ.

6.12 次の各問に答えよ.

(1) 数学的帰納法を用いて，次の式が成り立つことを示せ.

$$\begin{pmatrix} \alpha & 1 \\ 0 & \alpha \end{pmatrix}^n = \begin{pmatrix} \alpha^n & n\alpha^{n-1} \\ 0 & \alpha^n \end{pmatrix}$$

(2) 次の行列 A のジョルダン標準形を求めよ．また，A^n を求めよ.

$$A = \begin{pmatrix} 9 & 1 \\ -4 & 5 \end{pmatrix}$$

6.13 次の行列のジョルダン標準形を求めよ.

(1) $\begin{pmatrix} 2 & 1 & -1 \\ 0 & 2 & 1 \\ 1 & -2 & 5 \end{pmatrix}$　　(2) $\begin{pmatrix} 4 & -3 & 3 \\ -1 & 3 & -2 \\ -3 & 4 & -3 \end{pmatrix}$

付　　録

付録 A　集合と写像

A.1　集合　ここでは，数学においてもっとも基本的な概念である集合および写像について簡単に説明しておこう．

ものの集まりを**集合**という．実数の集まり，整数の集まりなどはいずれも集合である．1 つの集合 X があるとき，X を構成する個々のメンバーを X の**元**あるいは**要素**という．また，x が X の元であることを，記号を用いて

$$x \in X \quad \text{または} \quad X \ni x$$

で表す．集合を表す方法には，すべての元を具体的に記述する方法と，元がみたすべき条件を記述する方法の 2 通りがある．例えば，

$$X = \{3, 6, 9\}, \quad X = \{x \mid x \text{ は } 3 \text{ の倍数で } 0 < x < 10 \text{ をみたす}\}$$

はともに同じ集合を表している．

2 つの集合 X と Y において，X のどの元も同時に Y の元である場合，すなわち，「$x \in X$ ならば $x \in Y$」が成り立つとき，X は Y の**部分集合**であるといい，記号で

$$X \subset Y \quad \text{または} \quad Y \supset X$$

と表す．例えば，

$$X = \{x \mid x \text{ は } 6 \text{ の倍数}\}, \quad Y = \{y \mid y \text{ は } 3 \text{ の倍数}\}$$

のとき，$X \subset Y$ である．

2つの集合 X と Y に対して，X と Y のどちらにも含まれる元のつくる集合を，X と Y の**共通部分**といい，$X \cap Y$ で表す．また，X と Y の少なくとも一方に含まれる元のつくる集合を X と Y の**和集合**といい，$X \cup Y$ で表す．したがって，X と Y の共通部分および和集合は，

$$X \cap Y = \{x \mid x \in X \text{ かつ } y \in Y\},$$

$$X \cup Y = \{x \mid x \in X \text{ または } y \in Y\}$$

で定義される．例えば，$X = \{1, 3, 6, 9\}$，$Y = \{1, 2, 6\}$ のとき，

$$X \cap Y = \{1, 6\}, \quad X \cup Y = \{1, 2, 3, 6, 9\}$$

である．集合 X と Y に共通な元がない場合は，$X \cap Y$ は元を全くもたない．元を全くもたない集合を**空集合**といい，記号 $\emptyset$ で表す．

A.2　写像　集合 X と Y があるとき，X の各元に対して Y の1つの元を対応させる規則を，X から Y への**写像**という．とくに，集合 X から X 自身への写像を X の**変換**という．f が X から Y への写像であることを，記号を用いて

$$f : X \longrightarrow Y$$

と表す．f が X から Y への写像であるとき，X の元 x に対し f によって決まる Y の元を，x の f による**像**といい，$f(x)$ で表す．例えば，

$$X = \{x \mid x \text{ は整数}\}, \quad Y = \{y \mid y \text{ は偶数}\}$$

のとき，X の各元に対し，それを2倍した Y の元を対応させる写像は，

$$f(x) = 2x, \quad x \in X$$

で定義することができる．

X から Y への写像 f が，X の相異なる元を Y の相異なる元に対応させる，すなわち，

(A.1)　　$x_1, x_2 \in X, \quad x_1 \neq x_2$　ならば　$f(x_1) \neq f(x_2)$

をみたすとき，f は**1 対 1 写像**もしくは**単射**であるという．また，Y のすべての元に対して，f によって対応させられる X の元が存在する，すなわち

(A.2)　　$y \in Y$　ならば　$y = f(x)$ となる $x \in X$ がある

をみたすとき，f は**上への写像**もしくは**全射**であるという．とくに上の (A.1) と (A.2) を同時にみたすとき，**上への 1 対 1 写像**あるいは**全単射**という．

集合 X, Y, Z があり，さらに X から Y への写像 f，Y から Z への写像 g があるとき，X の元 x に対し Z の元 $g(f(x))$ を対応させる X から Z への写像を，f と g の**合成写像**といい，$g \circ f$ で表す．例えば，集合 X, Y, Z を正の整数からなる集合とし，$f : X \longrightarrow Y$，$g : Y \longrightarrow Z$ を，それぞれ $f(x) = x + 1$，$g(y) = y^2$ で定義するとき，$g \circ f : X \longrightarrow Z$ は，

$$g \circ f(x) = g(f(x)) = (x+1)^2 = x^2 + 2x + 1$$

で与えられる．また，集合 X の元 x に対して，x 自身を対応させる写像を X 上の**恒等写像**といい，id_X で表す．すなわち，

$$id_X(x) = x, \quad x \in X$$

X から Y への写像 $f : X \longrightarrow Y$ が全単射であるとき，f の**逆写像** $f^{-1} : Y \longrightarrow X$ を

$$f^{-1}(y) = x, \quad \text{ただし} \quad x \in X \text{ は } f(x) = y \text{ をみたす}$$

によって定義する．逆写像の定義から，

$$f^{-1} \circ f = id_X, \quad f \circ f^{-1} = id_Y$$

が成り立つ．

付録 B　複素ベクトルと複素行列

B.1　複素数　実数全体 $\mathbf{R}$ は平面上の数直線，すなわち，x 軸とみなすことができる．ここでは，y 軸を利用して 2 乗すると -1 になる数を導入しよう．

右の図を見ればわかるように，x 軸上の点 $(1, 0)$ を反時計回りに $90°$ 回転すると，y 軸上の点 $(0, 1)$ が得られる．この点を i と表してみよう．すると，x 軸上の点 $(1, 0)$ を反時計回りに $90°$ 回転する操作を 2 回続けて行えば，x 軸上の点 $(-1, 0)$ が得られることから，

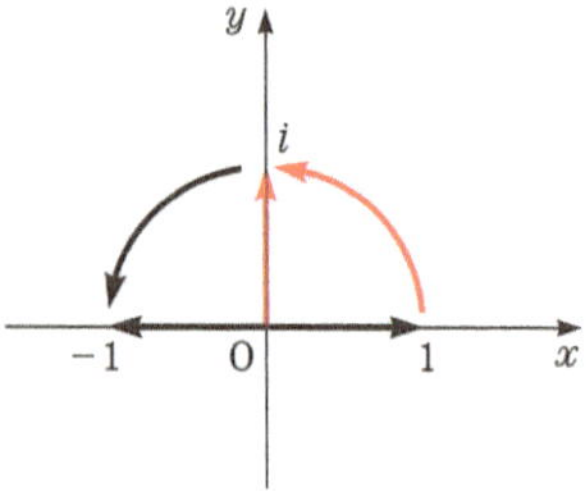

$$i^2 = -1$$

と定義するのは全く自然だろう．すなわち，2 乗すると -1 になる数は y 軸上の点 $(0, 1)$ であると考えられる．i を**虚数単位**という．

また，平面上の点 $z = (a, b)$ に対応する数を

$$z = (a, b) = (a, 0) + (0, b) = a(1, 0) + b(0, 1)$$

と考えることにより，

$$z = a + bi \quad (\text{あるいは } a + ib)$$

と表すこともできる．このような形で表される数 z を**複素数**とよび，a を z の**実部**，b を z の**虚部**という．これらを，記号 $a = \mathrm{Re}(z)$，$b = \mathrm{Im}(z)$ で表す．

2 つの複素数 $z = a + bi$ と $w = c + di$ の和と差を

$$z \pm w = (a \pm c) + (b \pm d)i$$

のように定義する．また，$i^2 = -1$ に注意して，2 つの複素数 $z = a + bi$，

$w = c + di$ の積と商を

$$zw = (a+bi)(c+di)$$
$$= ac + adi + bci + bdi^2 = ac - bd + (ad+bc)i,$$
$$\frac{z}{w} = \frac{a+bi}{c+di} = \frac{(a+bi)(c-di)}{(c+di)(c-di)} = \frac{ac+bd}{c^2+d^2} + \frac{bc-ad}{c^2+d^2}i \quad (w \neq 0)$$

のように定義する．

複素数 $z = x + yi$ は，平面上のベクトル $\overrightarrow{\mathrm{O}z} = (x, y)$ とみなすことができることから，z の大きさ $|z|$ を

$$r = |z| = \sqrt{x^2 + y^2}$$

で定義する．また，$\overrightarrow{\mathrm{O}z}$ が x 軸の正の向きとなす角 θ を z の偏角とよび $\arg z$ で表す．すなわち，

$$\arg z = \theta$$

である．

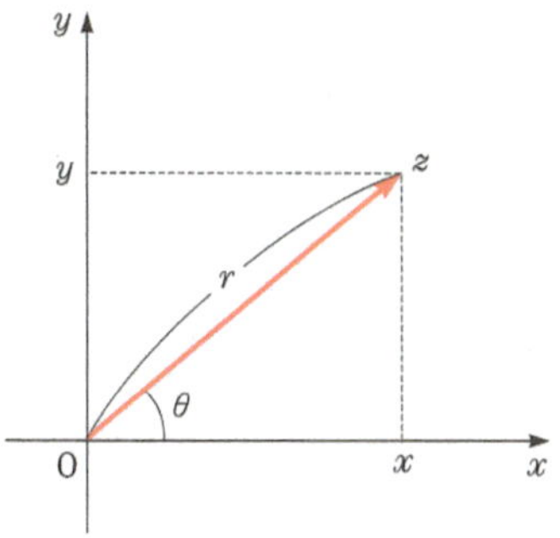

さて，$z = x + yi$ の虚部の符号を変えた $x - yi$ を，z の**共役複素数**といい，記号 $\bar{z}$ で表す．共役複素数を用いると，複素数 $z = x + yi$ の大きさは

$$|z| = \sqrt{z\bar{z}}$$

で与えられる．

B.2　複素ベクトルと複素行列　本文では，主としてベクトルや行列の成分は実数としてきたが，複素数を成分とするベクトルや行列も全く同様にして扱うことができる．行列の演算，連立 1 次方程式の解法，行列のランク，ベクトルの 1 次独立性，線形写像などが，実数の場合と全く同様に議論できる．ただ 1 つの例外は，ベクトルの内積である．それは，複素数 z の大きさが

$$|z| = \sqrt{z\bar{z}},\ \text{ただし，}\bar{z}\text{ は }z\text{ の共役複素数}$$

で与えられることに原因がある．このことに注意して複素ベクトルの内積を次のように定義する．

定義 B.1

n 個の複素数の組からなるものの集まり（集合）を記号 $\mathbf{C}^n$ で表す：

$$\mathbf{C}^n = \{(z_1,\, z_2,\, \ldots,\, z_n) \mid z_1,\, z_2,\, \ldots,\, z_n\ \text{は複素数}\}.$$

$\mathbf{C}^n$ には，自然に加法とスカラー倍が定義されてベクトル空間になる．$\mathbf{C}^n$ の 2 つのベクトル $\boldsymbol{p} = (p_1,\, p_2,\, \ldots,\, p_n)$ と $\boldsymbol{q} = (q_1,\, q_2,\, \ldots,\, q_n)$ の内積 $\langle \boldsymbol{p},\, \boldsymbol{q} \rangle$ は

$$\langle \boldsymbol{p},\, \boldsymbol{q} \rangle = p_1\overline{q_1} + p_2\overline{q_2} + \cdots + p_n\overline{q_n}$$

で定義される．また，複素ベクトル $\boldsymbol{p}$ の大きさ $|\boldsymbol{p}|$ は

$$|\boldsymbol{p}| = \sqrt{\langle \boldsymbol{p},\, \boldsymbol{p} \rangle}$$

によって定義される．

このとき，複素ベクトルの内積は，次の演算規則をみたす：

$$\langle \boldsymbol{p}+\boldsymbol{q},\, \boldsymbol{r} \rangle = \langle \boldsymbol{p},\, \boldsymbol{r} \rangle + \langle \boldsymbol{q},\, \boldsymbol{r} \rangle, \quad \langle \boldsymbol{p},\, \boldsymbol{q}+\boldsymbol{r} \rangle = \langle \boldsymbol{p},\, \boldsymbol{q} \rangle + \langle \boldsymbol{p},\, \boldsymbol{r} \rangle,$$

$$\langle c\boldsymbol{p},\, \boldsymbol{q} \rangle = c\langle \boldsymbol{p},\, \boldsymbol{q} \rangle, \quad \langle \boldsymbol{p},\, c\boldsymbol{q} \rangle = \bar{c}\langle \boldsymbol{p},\, \boldsymbol{q} \rangle \quad (c\ \text{は複素数}),$$

$$\langle \boldsymbol{p},\, \boldsymbol{q} \rangle = \overline{\langle \boldsymbol{q},\, \boldsymbol{p} \rangle},$$

$$\langle \boldsymbol{p},\, \boldsymbol{p} \rangle = 0 \quad \text{ならば} \quad \boldsymbol{p} = \mathbf{0}.$$

$\mathbf{C}^n$ のように，複素数を用いて考えているベクトル空間を**複素ベクトル空間**という．複素ベクトル空間における内積は，**複素内積**あるいは**ユニタリ内積**とよばれており，上の規則をみたす演算として定義される．また，複素内積が定

義され，ベクトルの大きさや，2 つのベクトルのなす角度が測れる複素ベクトル空間を**複素計量ベクトル空間**あるいは**ユニタリ空間**という．ユニタリ空間では，正規直交基底が導入できる．

複素行列のうち，重要なのは，実ベクトル空間における対称行列と直交行列の概念を，複素ベクトル空間の場合に拡張した「エルミート行列」と「ユニタリ行列」である．

以下では，$A = (a_{ij})$ の**共役転置行列**を記号 A^* で表すことにする：$A^* = {}^t\bar{A} = (\overline{a_{ji}})$

定義 B.2

複素正方行列 A が

$$A^* = A$$

をみたすとき，A を**エルミート行列**という．

とくに，エルミート行列 A が実行列，すなわち，A のすべての成分が実数であるとき，A は対称行列である．

定義 B.3

複素正方行列 U が

$$U^*U = UU^* = E$$

をみたすとき，U を**ユニタリ行列**という．

とくに，ユニタリ行列 U が実行列，すなわち，U のすべての成分が実数であるとき，U は直交行列である．

証明は省略するが，エルミート行列の固有値は実数であり，その固有ベクトルは正規直交基底をなすことが知られている．また，エルミート行列はユニタリ行列によって対角化される．

あとがきと参考文献

本書は，線形代数の基本事項をなるべくわかりやすく解説することを目標とした入門書である．本書で省略したいくつかの定理の証明や，さらに発展的で高度な内容について知りたい人は，より専門的な本を読んで自ら学習されるとよいだろう．以下ではいくつかの参考文献をあげる．

[1] 佐武一郎，**線型代数学**，裳華房，1973.

[2] 齋藤正彦，**線型代数入門**，東京大学出版会，1966.

[3] ラング（芹沢正三訳），**ラング線形代数学**，ダイヤモンド社，1971.

[4] 難波 誠，**線形代数 12 章**，日本評論社，1995.

[5] 薩摩順吉・四ツ谷晶二，**キーポイント線形代数**，岩波書店，1992.

[6] 寺田文行・木村宣昭，**基本演習線形代数**，サイエンス社，1990.

[7] 水田義弘，**詳解演習線形代数**，サイエンス社，2000.

[8] 梶原壌二，**新修線形代数**，現代数学社，1980.

[9] 筧 三郎，**工科系線形代数**，数理工学社，2002.

[10] 長谷川浩司，**線型代数**，日本評論社，2004.

[1]，[2] は数学を専攻する学生の標準的教科書の定番といえるもので，多くの線形代数の教科書の規範となっている．また，[3] も数学を専攻する学生の標準的教科書といえる．ただ，[1]～[3] は数学専攻の学生にとっては価値のある本だが，他の一般的な学生にとっては読むのが難しいだろう．[4] はソフトな雰囲気で線形代数の講義をしているような本である．線形代数に対して親しみがもてるようになるだろう．[5] は線形代数の高級な概念を工夫してわかりやすく説明しており，一般の学生にも勧められる．[6] は定期試験に出題されるような基本的な問題を集めた演習書，[7] は [6] よりもやや程度の高

い演習書である．[6], [7] は基本的な計算力を養うのに役立つだろう．[8], [9] は教育効果の高い演習問題を大学院入試問題の中から注意深く選んでいる．実践的な練習をするときに役立つだろう．[10] は数学・物理を専攻する学生向けの本格的な書物である．導入部分に 2 次行列を題材にした高いレベルの入門的解説がある．なお，本書で取り上げた例題や練習問題のいくつかはこれらの本の中から使わせて頂いたことをおことわりして，ここで感謝したい．

さて，経済学や工学の様々な分野では，様々な現象を数学的にモデル化し，高性能コンピュータを利用した大規模な計算にもとづくシミュレーションを行い，詳しい分析や予測を行う．気象予測や人工衛星の軌道計算などがその代表的な例である．そのときによく問題となるのは，数万元の変数からなる連立 1 次方程式の解を求めたり，大規模な行列の固有値を求めることである．本書では，普通の線形代数の教科書と同様に，連立 1 次方程式 $A\boldsymbol{x} = \boldsymbol{b}$ の解法として掃き出し法を説明したのだが，現実には「反復法」とよばれる別の解法が利用されることが多い．また，大規模な行列 A の固有値を求めるのに，固有方程式 $\det(A - \lambda E) = 0$ を直接解くということは，通常は行わない．この場合も，行列 A を計算に適した形へいったん変換した後，やはり「反復法」とよばれる計算法で固有値を求めるのが一般的である．このように，コンピュータ上で線形代数の様々な問題を解くためには，単なる数学的な理論だけでなく，計算のアルゴリズムやプログラミング技法に関する知識も必要とされる．これらについては，例えば，次の書籍を参照されたい．

[11] 森 正武・杉原 正・室田一雄，**岩波講座応用数学 線形計算**，岩波書店，1995.

[12] W. H. Press 他（丹慶勝市他訳），**Numerical Recipies in C**，技術評論社，1993.

連立 1 次方程式や行列の固有値問題はコンピュータを利用して解かれることも多い．それには，LAPACK 等の実績のあるパッケージや Mathematica®, Maple®, Matlab® などの市販のソフトウエアを使用するのが便利である．

問題の略解とヒント

自習の便を考慮して，参考にすべき例題がない問題や，単純な計算で処理できないものについては，なるべく詳しい解答やヒントを与えた．そうでない場合は解答を省略したり，答えのみを与えた．解答は各章ごとにまとめている．

第1章

問 1.1 (1) $\begin{pmatrix} -1 & 8 \\ 0 & 2 \end{pmatrix}$　(2) $\begin{pmatrix} 4 & 7 \\ -8 & 7 \end{pmatrix}$　(3) $\begin{pmatrix} 3 & 4 \\ -4 & 3 \end{pmatrix}$

(4) $\begin{pmatrix} 5 \\ -9 \end{pmatrix}$　(5) $\begin{pmatrix} 3 & 5 \end{pmatrix}$

問 1.4 (1) $\dfrac{1}{4}\begin{pmatrix} 1 & 1 \\ -3 & 1 \end{pmatrix}$　(2) $\begin{pmatrix} -4 & 3 \\ 3 & -2 \end{pmatrix}$　(3) なし

問 1.8 (1) $\begin{pmatrix} x \\ y \end{pmatrix} = \begin{pmatrix} 0 \\ 3 \end{pmatrix} + t\begin{pmatrix} 1 \\ -2 \end{pmatrix}$ (t は任意)

(2) $\begin{pmatrix} x \\ y \end{pmatrix} = \begin{pmatrix} 4 \\ 1 \end{pmatrix} + t\begin{pmatrix} 6 \\ 1 \end{pmatrix}$ (t は任意)

問 1.9 $(x, y) = \left(\dfrac{1}{3}, \dfrac{4}{3}\right)$

問 1.10 $\begin{pmatrix} x \\ y \end{pmatrix} = \begin{pmatrix} 2 \\ 1 \end{pmatrix} + t\begin{pmatrix} 3 \\ 7 \end{pmatrix}$ $(0 \leqq t \leqq 1)$

問 1.12 $\begin{pmatrix} x \\ y \end{pmatrix} = \begin{pmatrix} 2 \\ 1 \end{pmatrix} + 2\begin{pmatrix} \cos\theta \\ \sin\theta \end{pmatrix}$ $(0^\circ \leqq \theta \leqq 360^\circ)$

問 1.13 (1) $\begin{pmatrix} x \\ y \end{pmatrix} = \begin{pmatrix} 0 \\ 3 \end{pmatrix} + t\begin{pmatrix} 1 \\ -2 \end{pmatrix}$ (t は任意)

(2) $\begin{pmatrix} x' \\ y' \end{pmatrix} = \begin{pmatrix} 0 \\ -3 \end{pmatrix} + t\begin{pmatrix} 1 \\ 2 \end{pmatrix}$ (t は任意)

問 1.14 $\begin{pmatrix} x' \\ y' \end{pmatrix} = \begin{pmatrix} -1 & 0 \\ 0 & 1 \end{pmatrix}\begin{pmatrix} x \\ y \end{pmatrix}$

問 1.15 $\begin{pmatrix} x' \\ y' \end{pmatrix} = \frac{3}{2}\begin{pmatrix} \sqrt{3} \\ 1 \end{pmatrix} + \frac{t}{2}\begin{pmatrix} 1-\sqrt{3} \\ -1-\sqrt{3} \end{pmatrix}$　（t は任意）

問 1.18 $\begin{pmatrix} x' \\ y' \end{pmatrix} = \begin{pmatrix} 1 & 0 \\ \lambda & 1 \end{pmatrix}\begin{pmatrix} x \\ y \end{pmatrix}$

問 1.20 (1.13) $\Longrightarrow$ (1.14)：(1.13) の第 1 式より $f(c_1\boldsymbol{p}_1 + c_2\boldsymbol{p}_2) = f(c_1\boldsymbol{p}_1) + f(c_2\boldsymbol{p}_2)$ となる．また，(1.13) の第 2 式より，$f(c_1\boldsymbol{p}_1) = c_1 f(\boldsymbol{p}_1)$，$f(c_2\boldsymbol{p}_2) = c_2 f(\boldsymbol{p}_2)$ である．以上により (1.14) を得る．

(1.14) $\Longrightarrow$ (1.13)：(1.14) において $c_1 = c_2 = 1$ とおくと，(1.13) の第 1 式を得る．また，(1.14) において $c_1 = c$，$c_2 = 0$ および $\boldsymbol{p}_1 = \boldsymbol{p}_3$ とおくと (1.13) の第 2 式を得る．

問 1.21 x 軸と y 軸に平行な辺をもつ正方形は $\boldsymbol{p} = \boldsymbol{p}_0 + s\boldsymbol{e}_1 + t\boldsymbol{e}_2$，$(0 \leqq s, t \leqq \ell)$ と表される．ここで，ℓ は正方形の 1 辺の長さとする．よって，$A\boldsymbol{p} = A(\boldsymbol{p}_0 + s\boldsymbol{e}_1 + t\boldsymbol{e}_2) = A\boldsymbol{p}_0 + s\boldsymbol{a}_1 + t\boldsymbol{a}_2$，ただし，$\boldsymbol{a}_1 = A\boldsymbol{e}_1$，$\boldsymbol{a}_2 = A\boldsymbol{e}_2$．これは，$\boldsymbol{a}_1$ と $\boldsymbol{a}_2$ でつくられる平行四辺形を ℓ 倍した図形を $A\boldsymbol{p}_0$ だけ平行移動したものであり，その面積はもとの正方形の $|\det A|$ 倍である．

問 1.22 直線 $y = -\frac{1}{\sqrt{2}}$

問 1.23 直線 $9x' - 4y' = -6$

問 1.24 (1) $\lambda_1 = 2$，$\lambda_2 = -4$，$\boldsymbol{v}_1 = (1, 1)$，$\boldsymbol{v}_2 = (1, -5)$

(2) $\lambda_1 = 1$，$\lambda_2 = 5$，$\boldsymbol{v}_1 = (1, 1)$，$\boldsymbol{v}_2 = (1, -3)$

問 1.25 $A^n = \frac{1}{5}\begin{pmatrix} 2^{n+3} + (-3)^{n+1} & -2^{n+3} + 8(-3)^n \\ 3\cdot 2^n + (-3)^{n+1} & -3\cdot 2^n + 8(-3)^n \end{pmatrix}$

問 1.26 $A = PDP^{-1}$ を用いる．$P = (\boldsymbol{u}\ \ \boldsymbol{v})$ とおくと

$$A = P\begin{pmatrix} 1 & 0 \\ 0 & 2 \end{pmatrix}P^{-1} = \begin{pmatrix} -2 & 2 \\ -6 & 5 \end{pmatrix}$$

問 1.27 ($\Longrightarrow$)　背理法を用いる．$\boldsymbol{a} = \boldsymbol{0}$ と仮定すると，$1\boldsymbol{a} = \boldsymbol{a} = \boldsymbol{0}$ となり，$s\boldsymbol{a} = \boldsymbol{0}$ をみたす s が $s = 0$ 以外にはないという 1 次独立性の定義 1.2 に反する．

($\Longleftarrow$)　$s\boldsymbol{a} = \boldsymbol{0}$ とおくと，$sa_1 = sa_2 = 0$．一方，$\boldsymbol{a} = (a_1, a_2) \neq (0, 0)$ により $a_1 \neq 0$ または $a_2 \neq 0$．よって，$a_1 \neq 0$ ならば $sa_1 = 0$ より $s = 0$．$a_2 \neq 0$ ならば $sa_2 = 0$ より $s = 0$．ゆえに，$\boldsymbol{a} \neq \boldsymbol{0}$ は定義 1.2 をみたす．

問 1.28 第 5 章の定義 5.2 を見よ．

問 1.30 (1) $\det(\boldsymbol{a},\ \boldsymbol{b}) = -2 \neq 0$ より 1 次独立 (2) $\det(\boldsymbol{a},\ \boldsymbol{b}) = 0$ より 1 次従属

問 1.31 直線 $t = \dfrac{1}{2}$

問 1.32 (1) (10, 4)

(3) $x_1{}',\ x_2{}'$ の連立 1 次方程式 $x_1{}'\boldsymbol{v}_1 + x_2{}'\boldsymbol{v}_2 = \overrightarrow{\mathrm{OQ}}$ を解いて $x_1{}' = 1,\ x_2{}' = 2$. 点 R の座標は $\overrightarrow{\mathrm{OR}} = y_1{}'\boldsymbol{v}_1 + y_2{}'\boldsymbol{v}_2$ より求められる．

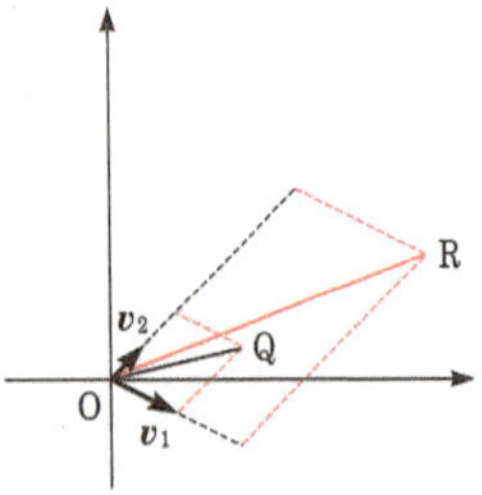

(4) 行列 A によって表される 1 次変換は $\boldsymbol{v}_1 = (2,\ -1)$ 方向へ $\lambda_1 = 2$ 倍拡大し，$\boldsymbol{v}_2 = (1,\ 1)$ 方向へ $\lambda_2 = 3$ 倍拡大する変換であることを図を書いて理解せよ．

練習問題

1.1 (2) (1) を繰り返し用いる．$a + d = t$ とおくと

$$A^3 = AA^2 = A\{(a+d)A - (ad-bc)E\}$$
$$= tA^2 - A = t\{(a+d)A - (ad-bc)E\} - A = (t^2-1)A - tE.$$

$A^3 = E$ より $(t^2-1)A = (t+1)E$. よって，$t^2 - 1 \neq 0$ のとき $A = \dfrac{1}{t-1}E$ を $A^3 = E$ へ代入して $t = 2$. $t^2 - 1 = 0$ のとき $t + 1 = 0$ より $t = -1$. よって $a + d = 2,\ -1$.

1.2 f を表す行列を A とおくと，$f(\mathrm{P}) = \mathrm{Q},\ f(\mathrm{Q}) = \mathrm{R}$ より

$$A\begin{pmatrix} 0 \\ 1 \end{pmatrix} = \begin{pmatrix} 2 \\ 0 \end{pmatrix}, \quad A\begin{pmatrix} 2 \\ 0 \end{pmatrix} = \begin{pmatrix} x \\ y \end{pmatrix}$$

であるから

$$A = \frac{1}{2}\begin{pmatrix} x & 4 \\ y & 0 \end{pmatrix}.$$

よって，$f(\mathrm{R}) = \mathrm{P}$ により

$$A\begin{pmatrix} x \\ y \end{pmatrix} = \frac{1}{2}\begin{pmatrix} x^2 + 4y \\ xy \end{pmatrix} = \begin{pmatrix} 0 \\ 1 \end{pmatrix}.$$

これより，$x = -2,\ y = -1$ および

$$A = \frac{1}{2}\begin{pmatrix} -2 & 4 \\ -1 & 0 \end{pmatrix}$$

を得る．

1.3 求める行列を $A=\begin{pmatrix} a & b \\ c & d \end{pmatrix}$ とおく．ℓ と ℓ' の交点は $\boldsymbol{p}_0=\left(\dfrac{5}{2},\,5\right)$ であり，$A\boldsymbol{p}_0=\boldsymbol{p}_0$ より

$$A=\begin{pmatrix} 1-2b & b \\ 2-2d & d \end{pmatrix}.$$

また，ℓ, ℓ' の方向ベクトルは $\boldsymbol{v}=(3,\,4)$，$\boldsymbol{v}'=(1,\,-2)$ であり，$A\boldsymbol{v}/\!/\boldsymbol{v}'$，$A\boldsymbol{v}'/\!/\boldsymbol{v}$ より $\det(A\boldsymbol{v},\,\boldsymbol{v}')=\det(A\boldsymbol{v}',\,\boldsymbol{v})=0$ である．これらの条件を用いて計算すると，$b=\dfrac{7}{4}$，$d=\dfrac{5}{2}$ より

$$A=\begin{pmatrix} -\dfrac{5}{2} & \dfrac{7}{4} \\ -3 & \dfrac{5}{2} \end{pmatrix}.$$

1.4 標準基底 $\{\boldsymbol{e}_1,\,\boldsymbol{e}_2\}$ の f による像に注目する．$A\boldsymbol{e}_1=\boldsymbol{a}_1$，$A\boldsymbol{e}_2=\boldsymbol{a}_2$ とおくと，平面上の任意の点 $\boldsymbol{p}=(x,\,y)$ は

$$A\boldsymbol{p}=A(x\boldsymbol{e}_1+y\boldsymbol{e}_2)=xA\boldsymbol{e}_1+yA\boldsymbol{e}_2=x\boldsymbol{a}_1+y\boldsymbol{a}_2$$

に移される．$\det A=0$ ならば定理 1.3 より $\boldsymbol{a}_1,\boldsymbol{a}_2$ は 1 次従属，すなわち，$\boldsymbol{a}_1/\!/\boldsymbol{a}_2$，$\boldsymbol{a}_1=\boldsymbol{0}$，$\boldsymbol{a}_2=\boldsymbol{0}$ のうちの少なくとも 1 つがいえる．よって，$\boldsymbol{a}_1=\boldsymbol{a}_2=\boldsymbol{0}$ のときは，すべての点は f によって原点に移される．そうでないときは，原点を通る直線に移される．

1.5 （1）

$$A\begin{pmatrix} 1 \\ 0 \end{pmatrix}=\begin{pmatrix} a-1 \\ -a \end{pmatrix},\quad A\begin{pmatrix} a \\ 1 \end{pmatrix}=\begin{pmatrix} a^2-1 \\ a-a^2 \end{pmatrix}$$

であるから

$$A=\begin{pmatrix} a-1 & a-1 \\ -a & a \end{pmatrix}.$$

（2） $\det A=2a(a-1)\neq 0$ より A は逆行列をもつ．逆変換の考え方（例題 1.7）を用いて考えると，この円は楕円

$$\frac{x^2}{2(a-1)^2}+\frac{y^2}{2a^2}=1$$

に移される．

1.6 $f,\,g$ を表す行列は，それぞれ

$$A=\begin{pmatrix} 0 & 1 \\ 1 & 0 \end{pmatrix},\quad B=\begin{pmatrix} -1 & 0 \\ 0 & 1 \end{pmatrix}$$

である．このとき

$$BA=\begin{pmatrix} 0 & -1 \\ 1 & 0 \end{pmatrix}=\begin{pmatrix} \cos 90^\circ & -\sin 90^\circ \\ \sin 90^\circ & \cos 90^\circ \end{pmatrix}.$$

1.7 (1), (2), (3), (5) は 1 次独立. (4), (6), (7), (8) は 1 次従属.

1.8 仮に 3 個のベクトル $\boldsymbol{a}_1$, $\boldsymbol{a}_2$, $\boldsymbol{a}_3$ が 1 次独立であったとする. このとき, $\boldsymbol{a}_1$, $\boldsymbol{a}_2$ は 1 次独立と考えてよい (正確には命題 5.1). $s_1\boldsymbol{a}_1 + s_2\boldsymbol{a}_2 + s_3\boldsymbol{a}_3 = \boldsymbol{0}$ とおく. これを s_1, s_2 に関する連立 1 次方程式と見て, $s_1\boldsymbol{a}_1 + s_2\boldsymbol{a}_2 = -s_3\boldsymbol{a}_3$ と考え, 例題 1.11 (2) と同様の議論を用いる. このとき, 定理 1.3 より $A = (\boldsymbol{a}_1 \ \ \boldsymbol{a}_2)$ は $\det A \neq 0$ をみたし, 逆行列をもつことに注意せよ.

1.9 (2) (a) $P = \begin{pmatrix} -2 & 1 \\ 1 & 1 \end{pmatrix}$, $D = P^{-1}AP = \begin{pmatrix} 3 & 0 \\ 0 & 6 \end{pmatrix}$

(b) $P = \begin{pmatrix} -1 & -2 \\ 1 & 1 \end{pmatrix}$, $D = P^{-1}AP = \begin{pmatrix} -1 & 0 \\ 0 & 2 \end{pmatrix}$

1.10 (3) $P = \dfrac{1}{2}\begin{pmatrix} 2 & -1 \\ 2 & 2 \end{pmatrix}$, $D = P^{-1}AP = \begin{pmatrix} 1 & 0 \\ 0 & -2 \end{pmatrix}$

(4) $a_n = \dfrac{1}{3} - \dfrac{1}{3}(-2)^{n+1}$

1.11 (1) $\lambda_1 = 2$, $\lambda_2 = -1$.

(2) $P_1 + P_2 = E$, $2P_1 - P_2 = A$ を行列 P_1, P_2 に関する連立 1 次方程式と見て P_1, P_2 について解くと

$$P_1 = \frac{1}{3}\begin{pmatrix} 5 & -5 \\ 2 & -2 \end{pmatrix}, \quad P_2 = \frac{1}{3}\begin{pmatrix} -2 & 5 \\ -2 & 5 \end{pmatrix}.$$

(4) (3) より $P_1P_2 = P_2P_1 = O$, ${P_1}^2 = P_1$, ${P_2}^2 = P_2$ であるから,

$$A^2 = (\lambda_1 P_1 + \lambda_2 P_2)^2 = {\lambda_1}^2 P_1 + {\lambda_2}^2 P_2$$

を得る. 同様に考えると

$$A^n = {\lambda_1}^n P_1 + {\lambda_2}^n P_2 = \frac{2^n}{3}\begin{pmatrix} 5 & -5 \\ 2 & -2 \end{pmatrix} + \frac{(-1)^n}{3}\begin{pmatrix} -2 & 5 \\ -2 & 5 \end{pmatrix}.$$

第 2 章

問 2.1 60°

問 2.2 (1) $\overrightarrow{\mathrm{BC}} = \boldsymbol{c} - \boldsymbol{b}$, $\overrightarrow{\mathrm{CA}} = \boldsymbol{a} - \boldsymbol{c}$

(2) $\mathrm{OA} \perp \mathrm{BC}$, $\mathrm{OB} \perp \mathrm{CA}$ より $\langle \boldsymbol{a}, \boldsymbol{c} - \boldsymbol{b} \rangle = \langle \boldsymbol{b}, \boldsymbol{a} - \boldsymbol{c} \rangle = 0$ であるから, $\langle \boldsymbol{a}, \boldsymbol{c} \rangle = \langle \boldsymbol{a}, \boldsymbol{b} \rangle = \langle \boldsymbol{b}, \boldsymbol{c} \rangle$. これより $\langle \overrightarrow{\mathrm{OC}}, \overrightarrow{\mathrm{AB}} \rangle = \langle \boldsymbol{c}, \boldsymbol{b} - \boldsymbol{a} \rangle = 0$.

問 2.4 $\dfrac{7}{6}$

問 2.5 連立 1 次方程式 $1-t=3+s$, $2t=4+s$, $2=-1+s$ をみたす s, t は存在しないので，交わらない．

問 2.6 $(x,\ y,\ z)=(1,\ -1,\ 0)+s(2,\ -1,\ -1)+t(-1,\ 5,\ 2)$ (s, t は任意)，$x-y+3z=2$

問 2.7 平面 α の 1 次方程式は $x-3y+2z=4$ である．

(1) $(2,\ 2,\ 4)$.

(2) 点 $(3,\ 7,\ -3)$ を通り方向ベクトルが $\boldsymbol{u}$ の直線と平面 α の交点を求めて $(5,\ 1,\ 1)$ を得る．

問 2.8 連立 1 次方程式 $x-y+2z=1$, $2x+y-z=2$ を解いて，

$$(x,\ y,\ z)=(1,\ 0,\ 0)+t(-1,\ 5,\ 3) \quad (t \text{ は任意}).$$

問 2.9 $(x-1)^2+(y-4)^2+(z+1)^2=9$，$2\sqrt{7}$

問 2.10 $(x-1)^2+(y-1)^2+(z-1)^2=1$，$(x-3)^2+(y-3)^2+(z-3)^2=9$

問 2.11 $\begin{pmatrix} 1 & 0 & 0 \\ 0 & \cos\theta & -\sin\theta \\ 0 & \sin\theta & \cos\theta \end{pmatrix}$

練習問題

2.1 法線ベクトルのなす角を求める．求める角は 60°.

2.2 (1) $\overrightarrow{\mathrm{MN}}=\dfrac{1}{2}(-\boldsymbol{a}+\boldsymbol{b}+\boldsymbol{c})$

(2)

$$\begin{aligned}|2\overrightarrow{\mathrm{MN}}|^2 &= \langle -\boldsymbol{a}+\boldsymbol{b}+\boldsymbol{c},\ -\boldsymbol{a}+\boldsymbol{b}+\boldsymbol{c}\rangle \\ &= |\boldsymbol{a}|^2+|\boldsymbol{b}|^2+|\boldsymbol{c}|^2+2\langle \boldsymbol{b},\ \boldsymbol{c}\rangle-2\langle \boldsymbol{a},\ \boldsymbol{b}\rangle-2\langle \boldsymbol{c},\ \boldsymbol{a}\rangle.\end{aligned}$$

ここで，$|\boldsymbol{a}|=\ell$，$\langle \boldsymbol{a},\ \boldsymbol{b}\rangle=|\boldsymbol{a}|\,|\boldsymbol{b}|\cos 60^\circ=\dfrac{1}{2}\ell^2$ などを用いると $|2\overrightarrow{\mathrm{MN}}|^2=2\ell^2$．よって，$|\overrightarrow{\mathrm{MN}}|=\dfrac{\ell}{\sqrt{2}}$.

(3)

$$\cos\theta=\frac{\langle \overrightarrow{\mathrm{MN}},\ \overrightarrow{\mathrm{OB}}\rangle}{|\overrightarrow{\mathrm{MN}}||\overrightarrow{\mathrm{OB}}|}=\frac{\langle -\boldsymbol{a}+\boldsymbol{b}+\boldsymbol{c},\ \boldsymbol{b}\rangle}{\sqrt{2}\,\ell^2}=\frac{1}{\sqrt{2}}$$

より $\theta=45^\circ$.

2.3 平面 α と x, y, z 軸の交点をそれぞれ A, B, C とする．

(1) 体積：$\dfrac{1}{6}|\langle\overrightarrow{\mathrm{OA}}\times\overrightarrow{\mathrm{OB}},\ \overrightarrow{\mathrm{OC}}\rangle| = \dfrac{1}{3}$.

(2) 面積：$\dfrac{1}{2}|\overrightarrow{\mathrm{AB}}\times\overrightarrow{\mathrm{AC}}| = \dfrac{3}{2}$.

2.4 (1) 点 P を通り，単位方向ベクトル

$$\boldsymbol{u} = \frac{1}{\sqrt{a^2+b^2+c^2}}(a,\ b,\ c)$$

をもつ直線 $m:\boldsymbol{p} = \overrightarrow{\mathrm{OP}} + t\boldsymbol{u}$ を考える．直線 m と平面 α の交点を与える t の絶対値 $|t|$ が求める距離になる．

(2) $a = 0,\ 4$.

2.5 $\mathrm{P}(2s,\ -2s,\ 3s)$ と $\mathrm{Q}(t+1,\ 2t,\ 3t-1)$ の中点は，

$$(x,\ y,\ z) = \frac{1}{2}\{(1,\ 0,\ -1) + s(2,\ -2,\ 3) + t(1,\ 2,\ 3)\}$$

である．s, t は任意なので，これは平面のベクトル方程式である．これを 1 次方程式の形に直すと $4x + y - 2z = 3$

2.6 (1) 求める平面の法線ベクトルは $\overrightarrow{\mathrm{AB}}\times\overrightarrow{\mathrm{CD}}$ で与えられることに注意せよ．求める 1 次方程式は $2x + y - 2z = 3$.

(2) n と ℓ, m の交点をそれぞれ Q, R とする．点 Q の座標は

$$(x,\ y,\ z) = (1,\ 1,\ 0) + s\overrightarrow{\mathrm{AB}} = (1+s,\ 1,\ s),$$

点 R の座標は

$$(x,\ y,\ z) = (1,\ 1,\ 1) + t\overrightarrow{\mathrm{CD}} = (1,\ 1+2t,\ 1+t)$$

とおける．点 P, Q, R は 1 直線上にあるから $\overrightarrow{\mathrm{PQ}}/\!/\ \overrightarrow{\mathrm{PR}}$ より $s = 2,\ t = -1$ を得る．求める交点は $(3,\ 1,\ 2)$，$(1,\ -1,\ 0)$.

2.7 (1) 空間は平面 α によって $2x + y - z - 1 > 0$ と $2x + y - z - 1 < 0$ の 2 つの部分に分けられる．点 P と Q はともに $2x + y - z - 1 > 0$ をみたす．

(2) 点 Q の平面 α に関する対称点を S とする．点 S は直線 $(x,\ y,\ z) = (1,\ 8,\ -3) + t(2,\ 1,\ -1)$ 上にある．この直線と平面 α の交点に対応する t の値を求めると $t = -2$ である．よって，$t = -4$ に対応する $(-7,\ 4,\ 1)$ が点 S の座標を与える．点 R は，線分 PS と平面 α の中点 $(-1,\ 4,\ 1)$ である．

2.8 球面の中心を C(0, 0, 1) とすると，△APC は直角 3 角形なので，$\overline{\mathrm{AP}} = 2$. よって，P$(x, y, z)$ に対して $x^2 + (y-1)^2 + (z-3)^2 = 4$ を得る．一方 P は球面上の点なので $x^2 + y^2 + (z-1)^2 = 1$ である．この 2 式の差をとると，$y + 2z = 3$ を得る．

2.9 求める平面上の点の座標を (x', y', z') とおく．逆変換の考え方（第 1 章の例題 1.7）を用いると，(x', y', z') を z 軸のまわりに $-45°$ 回転させた点が平面 $x - y + z = 1$ 上にある．したがって，$\sqrt{2}\,x' + z' = 1$ を得る．

第 3 章

問 3.1 $\begin{pmatrix} 5 & 6 & -1 \\ -6 & -5 & -2 \end{pmatrix}$, $\begin{pmatrix} 6 & 7 & 7 \\ 6 & 2 & 4 \\ 0 & 9 & 6 \end{pmatrix}$

問 3.2 (1) $\begin{pmatrix} 3 & 3 & 1 \\ 5 & 0 & 1 \end{pmatrix}$ (2) 不可 (3) $\begin{pmatrix} 1 \\ 1 \\ 1 \end{pmatrix}$ (4) $(14\ \ 4\ \ 3)$

(5) $\begin{pmatrix} 1 & 3 \\ 1 & 3 \\ 0 & 0 \end{pmatrix}$ (6) 不可

問 3.4 $\begin{pmatrix} 3 & 3 & 4 & 3 \\ 2 & 4 & 1 & 2 \\ 2 & 1 & 1 & 0 \\ 2 & -1 & 4 & 0 \end{pmatrix}$

問 3.5 $x = 1,\ y = -2,\ z = 1$

問 3.6 (1) 解なし (2) $x = -5,\ y = 3,\ z = -2$

(3) $(x, y, z) = (1, -1, 1) + t(-3, 1, 2)$ (t は任意)

問 3.7 $(x, y, z, w) = (7, -2, 0, -1) + t(-1, -1, 1, 0)$ (t は任意)

問 3.9 (1) なし (2) $\begin{pmatrix} 5 & -2 & -1 \\ 1 & 1 & -1 \\ -2 & 0 & 1 \end{pmatrix}$ (3) $\begin{pmatrix} -\frac{1}{3} & -1 & \frac{2}{3} \\ \frac{2}{3} & \frac{1}{2} & -\frac{1}{3} \\ -1 & \frac{1}{2} & 0 \end{pmatrix}$

問 3.12 例えば

$$L=\begin{pmatrix} 1 & 0 & 0 \\ -1 & 1 & 0 \\ -1 & 0 & 1 \end{pmatrix},\quad R=\begin{pmatrix} 1 & -2 & -3 \\ 0 & 1 & 0 \\ 0 & 0 & 1 \end{pmatrix}.$$

問 3.13 (1) 2　(2) 3　(3) 2

問 3.14 $a-b+c=0$ のときに限り解をもつ.

問 3.15 $A\boldsymbol{x}=\boldsymbol{b}$ と $A\boldsymbol{x}_0=\boldsymbol{b}$ の両辺の差をとると, $A(\boldsymbol{x}-\boldsymbol{x}_0)=\boldsymbol{0}$ を得る. これより, $\boldsymbol{x}-\boldsymbol{x}_0=\boldsymbol{x}'$, $A\boldsymbol{x}'=\boldsymbol{0}$ すなわち, $\boldsymbol{x}=\boldsymbol{x}_0+\boldsymbol{x}'$, $A\boldsymbol{x}'=\boldsymbol{0}$ を得る.

練習問題

3.1 (1) $(x_1, x_2, x_3)=t(1, 2, -3)$ (t は任意)　(2) 解なし

(3) $(x_1, x_2, x_3, x_4)=(3, 0, 0, -1)+t(1, 1, -1, 0)$ (t は任意)

(4) $(x_1, x_2, x_3, x_4)=(7, 0, 4, 0)+s(3, 1, 0, 0)+t(-2, 0, 0, 1)$ (s, t は任意)

(5) $(x_1, x_2, x_3, x_4, x_5)$

$=(2, 0, -1, 0, 1)+s(2, 1, 0, 0, 0)+t(-3, 0, 1, 1, 0)$ (s, t は任意)

3.2 (1) $\begin{pmatrix} 1 & -1 & -1 \\ -1 & 2 & 2 \\ 2 & 1 & 2 \end{pmatrix}$　(2) なし　(3) $\begin{pmatrix} 0 & -1 & 0 & 0 \\ -1 & 0 & 1 & 0 \\ 0 & 1 & 0 & -1 \\ 0 & 0 & -1 & -1 \end{pmatrix}$

3.3 $A^{-1}=\begin{pmatrix} B^{-1} & -B^{-1}CD^{-1} \\ O & D^{-1} \end{pmatrix}$

3.4 (1) 2　(2) $x=1$ のとき 1, $x=-\dfrac{1}{2}$ のとき 2, それ以外のとき 3

(3) $a=b=0$ のとき 0, $a=b\neq 0$ のとき 1, $a\neq b$ のとき 4

3.5 (1) $a=7$, $(x, y, z)=(1, 1, 0)+t(-1, 1, 1)$ (t は任意)

(2) $a=3$, $(x, y, z, w)=(0, 1, 0, 0)+s(1, -2, 1, 0)+t(2, -3, 0, 1)$ (s, t は任意)

3.6 (1)

$$\widetilde{A}=\begin{pmatrix} 1 & 0 \\ 0 & 1 \\ 0 & 0 \end{pmatrix}$$

である．例えば

$$L = \frac{1}{3}\begin{pmatrix} 3 & 0 & 0 \\ 2 & -1 & 0 \\ 3 & -6 & 3 \end{pmatrix}, \quad R = \begin{pmatrix} 1 & -4 \\ 0 & 1 \end{pmatrix}.$$

（2）

$$\widetilde{A} = \begin{pmatrix} 1 & 0 & 0 & 0 \\ 0 & 1 & 0 & 0 \\ 0 & 0 & 0 & 0 \end{pmatrix}$$

である．例えば

$$L = \begin{pmatrix} 1 & 0 & 0 \\ -2 & 1 & 0 \\ 3 & -1 & 1 \end{pmatrix}, \quad R = \begin{pmatrix} 1 & -1 & -2 & -7 \\ 0 & 0 & 1 & 0 \\ 0 & 1 & 0 & 3 \\ 0 & 0 & 0 & 1 \end{pmatrix}.$$

第 4 章

問 4.3（1）0　　（2）-9　　（3）9

問 4.5（1）-4　　（2）7　　（3）16

問 4.6 一般には，A の次数に関する数学的帰納法によって，定理 4.1 は証明できることが知られている．A が 5 次正方行列，B が 3 次正方行列の場合は，

$$\begin{vmatrix} B & C \\ O & D \end{vmatrix} = b_{11}\begin{vmatrix} b_{22} & b_{23} & c_{21} & c_{22} \\ b_{32} & b_{33} & c_{31} & c_{32} \\ 0 & 0 & d_{11} & d_{12} \\ 0 & 0 & d_{21} & d_{22} \end{vmatrix} - b_{21}\begin{vmatrix} b_{12} & b_{13} & c_{11} & c_{12} \\ b_{32} & b_{33} & c_{31} & c_{32} \\ 0 & 0 & d_{11} & d_{12} \\ 0 & 0 & d_{21} & d_{22} \end{vmatrix}$$

$$+ b_{31}\begin{vmatrix} b_{12} & b_{13} & c_{11} & c_{12} \\ b_{22} & b_{23} & c_{21} & c_{22} \\ 0 & 0 & d_{11} & d_{12} \\ 0 & 0 & d_{21} & d_{22} \end{vmatrix}$$

$$= \left(b_{11}\begin{vmatrix} b_{22} & b_{23} \\ b_{32} & b_{33} \end{vmatrix} - b_{21}\begin{vmatrix} b_{12} & b_{13} \\ b_{32} & b_{33} \end{vmatrix} + b_{31}\begin{vmatrix} b_{12} & b_{13} \\ b_{22} & b_{23} \end{vmatrix}\right)\begin{vmatrix} d_{11} & d_{12} \\ d_{21} & d_{22} \end{vmatrix}$$

$$= |B|\,|D|.$$

問 4.7（1）12　　（2）-4

問 4.9（1）$a \neq \frac{1}{2}$　　（2）$a \neq -1$

問 4.10 （1） $\lambda = 4, 8$

（2） $\lambda = 4$ のとき $(x, y) = s(1, -1)$（s は任意），$\lambda = 8$ のとき $(x, y) = t(3, 1)$（t は任意）

問 4.11 5

練習問題

4.1 （1） -6　（2） 18　（3） 2　（4） -4　（5） 5
（6） -7　（7） 0

4.2 （1） $x = 1, 2, -1$　（2） $x = 3, -1$（2 重解）

4.3 （1） $\lambda = 1, 5$

（2） $\lambda = 1$ のとき $(x, y, z) = s(1, 0, -1) + t(0, 1, -1)$（$s, t$ は任意），
$\lambda = 5$ のとき $(x, y, z) = t(1, 2, 1)$（t は任意）

4.4 与えられた行列式を第 1 列で展開すると，x, y, z の 1 次方程式，つまり，平面を表す方程式が得られる．一方，行列式は同じ列が 2 つあれば 0 になるという性質をもつので，例えば，与えられた行列式の第 1 列に $(x, y, z) = (a_1, a_2, a_3)$ を代入すると 0 になる．よって，点 A はこの 1 次方程式が定める平面上にある．同様に考えると，点 B, C もこの平面上にあることがわかる．

4.5 （1） $\begin{pmatrix} 0 & a \\ -a & 0 \end{pmatrix}$, $\begin{pmatrix} 0 & a & b \\ -a & 0 & c \\ -b & -c & 0 \end{pmatrix}$

（2） 行列式の転置不変性より，$\det {}^tA = \det A$ である．一方，行列式の列に関するスカラー倍の性質を n 回用いると $\det(-A) = (-1)^n \det A$ を得る．よって，${}^tA = -A$ のとき，n が奇数なら $\det A = -\det A$ となり，$\det A = 0$.

4.6 （2） 4.3 節で述べた行列式の列に関する性質（1），（2）を繰り返し用いると，

$$\begin{aligned} \det(\boldsymbol{b}, \boldsymbol{a}_2, \boldsymbol{a}_3) &= \det(x_1\boldsymbol{a}_1 + x_2\boldsymbol{a}_2 + x_3\boldsymbol{a}_3, \boldsymbol{a}_2, \boldsymbol{a}_3) \\ &= x_1 \det(\boldsymbol{a}_1, \boldsymbol{a}_2, \boldsymbol{a}_3) + x_2 \det(\boldsymbol{a}_2, \boldsymbol{a}_2, \boldsymbol{a}_3) + x_3 \det(\boldsymbol{a}_3, \boldsymbol{a}_2, \boldsymbol{a}_3). \end{aligned}$$

ここで，行列式は同じ列が 2 つあれば 0 になるので，$\det(\boldsymbol{b}, \boldsymbol{a}_2, \boldsymbol{a}_3) = x_1 \det(\boldsymbol{a}_1, \boldsymbol{a}_2, \boldsymbol{a}_3)$.

4.8 （2） 行列式の値は同じ行が 2 つあれば 0 になるので，$\det A' = |A'| = 0$.

（3）（2）と同様に考えると $a_{i1}\Delta_{k1}+a_{i2}\Delta_{k2}+a_{i3}\Delta_{k3}=0\ (i\neq k)$ が示される．これと（1）により，$\tilde{A}A=|A|\,E$ が成り立つ．

（4） 行列式の列に関する余因子展開公式を用いて，上と同様に考えると，

$$a_{1k}\Delta_{1k}+a_{2k}\Delta_{2k}+a_{3k}\Delta_{3k}=|A|$$

$$a_{1i}\Delta_{1k}+a_{2i}\Delta_{2k}+a_{3i}\Delta_{3k}=0 \quad (i\neq k)$$

が示される．これより，$\tilde{A}A=|A|\,E$ が成り立つ．

第 5 章

問 5.2 p. 154 のコラムを参照．

問 5.3 （2） 連立 1 次方程式 $x+y-z=0$, $3x-y+2z=0$ を解くと，原点を通る直線 $(x,\,y,\,z)=t(1,\,-5,\,-4)$（$t$ は任意）が得られる．

問 5.4 $\det(\boldsymbol{a}_1,\,\boldsymbol{a}_2,\,\boldsymbol{a}_3,\,\boldsymbol{a}_4)=-1\neq 0$ より 1 次独立．

問 5.5 $r=2$. 例えば，$\boldsymbol{a}_1,\,\boldsymbol{a}_4$ は 1 次独立で，$\boldsymbol{a}_2=\boldsymbol{a}_1+2\boldsymbol{a}_4$，$\boldsymbol{a}_3=\boldsymbol{a}_1+\boldsymbol{a}_4$.

問 5.6 行列 $A=(\boldsymbol{a}_1\ \ \boldsymbol{a}_2\ \ \boldsymbol{a}_3)$ のランクは 3 である．

問 5.7 標準基底を考える．

問 5.8 部分空間であることは問 5.3（1）と同様にして示せる．連立 1 次方程式 $x-y+2z-w=0$, $x+2y-z=0$ を解くと，W の任意のベクトルは $(x,\,y,\,z,\,w)=s\boldsymbol{v}_1+t\boldsymbol{v}_2$, $\boldsymbol{v}_1=(1,\,0,\,1,\,3)$，$\boldsymbol{v}_2=(0,\,1,\,2,\,3)$（$s,\,t$ は任意）と表せる．
次に，$\{\boldsymbol{v}_1,\,\boldsymbol{v}_2\}$ が 1 次独立であることを確かめて $\dim W=2$ を得る．

問 5.9 1.8 節の冒頭（p. 39）の議論を用いよ．

問 5.10 例えば，$\{\boldsymbol{v}_1,\,\boldsymbol{v}_2\}$ は W の基底で $\dim W=2$.

問 5.11 （1） $f(\boldsymbol{x}_1+\boldsymbol{x}_2)=f(\boldsymbol{x}_1)+f(\boldsymbol{x}_2)$ において $\boldsymbol{x}_1=\boldsymbol{x}_2=\boldsymbol{0}$ とおくと，$f(\boldsymbol{0}+\boldsymbol{0})=f(\boldsymbol{0})+f(\boldsymbol{0})$ より $f(\boldsymbol{0})=\boldsymbol{0}$ を得る．
（2） 第 1 章の問 1.20 の解答を参照．

問 5.12 平面 $\mathbf{R}^2$ から空間 $\mathbf{R}^3$ の部分空間である平面 $\{(x',\ y',\ z') \mid ax'+by'-z'=0\}$ への線形写像.

問 5.13 (1) $f(e_1)=(1,\ 1)=e_1+e_2$, $f(e_2)=(1,\ -1)=e_1-e_2$ より

$$(f(e_1)\ \ f(e_2))=(e_1\ \ e_2)\begin{pmatrix}1 & 1\\ 1 & -1\end{pmatrix}$$

であるから $C=\begin{pmatrix}1 & 1\\ 1 & -1\end{pmatrix}$.

(2) $(f(\boldsymbol{a}_1)\ \ f(\boldsymbol{a}_2))=(\boldsymbol{b}_1\ \ \boldsymbol{b}_2)C$ より $C=(\boldsymbol{b}_1\ \ \boldsymbol{b}_2)^{-1}(f(\boldsymbol{a}_1)\ \ f(\boldsymbol{a}_2))$ と考えてもよい.
$C=\begin{pmatrix}-3 & -1\\ -1 & 0\end{pmatrix}$.

問 5.14 (2) $A=(\boldsymbol{a}_1\ \ \boldsymbol{a}_2)$, $B=(\boldsymbol{b}_1\ \ \boldsymbol{b}_2\ \ \boldsymbol{b}_3)$ のランクが, それぞれ 2 と 3 であることを示す.

(3) $f(\boldsymbol{a}_1)=2\boldsymbol{b}_2$, $f(\boldsymbol{a}_2)=\boldsymbol{b}_1+\boldsymbol{b}_2$.

(4) $(f(\boldsymbol{a}_1)\ \ f(\boldsymbol{a}_2))=(\boldsymbol{b}_1\ \ \boldsymbol{b}_2\ \ \boldsymbol{b}_3)\begin{pmatrix}0 & 1\\ 2 & 1\\ 0 & 0\end{pmatrix}$ より $C=\begin{pmatrix}0 & 1\\ 2 & 1\\ 0 & 0\end{pmatrix}$.

問 5.15 $f(\boldsymbol{a}_1{}')=(1,\ 0)=\boldsymbol{b}_2{}'$, $f(\boldsymbol{a}_2{}')=(1,\ 1)=\boldsymbol{b}_1{}'+2\boldsymbol{b}_2{}'$ より

$$(f(\boldsymbol{a}_1{}')\ \ f(\boldsymbol{a}_2{}'))=(\boldsymbol{b}_1{}'\ \ \boldsymbol{b}_2{}')\begin{pmatrix}0 & 1\\ 1 & 2\end{pmatrix}$$

であるから, $C'=\begin{pmatrix}0 & 1\\ 1 & 2\end{pmatrix}$ を得る.

C' と問 5.13 (2) で求めた C の間に $C'=Q^{-1}CP$ が成り立つことを確かめる.

問 5.16 (2) $P=\begin{pmatrix}1 & 2 & 3\\ 1 & 3 & 4\\ 2 & 4 & 7\end{pmatrix}$ (3) $Q=\begin{pmatrix}1 & -1\\ 1 & 1\end{pmatrix}$

(4) $QC'=CP$ を示してもよい. $C'=\begin{pmatrix}1 & 0 & 0\\ 0 & -1 & 0\end{pmatrix}$.

問 5.17 例えば, $\boldsymbol{u}_1=\left(\dfrac{3}{5},\ \dfrac{4}{5}\right)$, $\boldsymbol{u}_2=\left(\dfrac{4}{5},\ -\dfrac{3}{5}\right)$

問 5.19 $\langle \boldsymbol{a},\ \boldsymbol{b}\rangle=a_1b_1+a_2b_2+\cdots+a_nb_n$, $|\boldsymbol{a}|=\sqrt{\langle \boldsymbol{a},\ \boldsymbol{a}\rangle}=\sqrt{{a_1}^2+{a_2}^2+\cdots+{a_n}^2}$

問 5.20 $\boldsymbol{p}=\dfrac{1}{\sqrt{3}}\boldsymbol{a}+\dfrac{4}{\sqrt{6}}\boldsymbol{b}$

問 5.21 $u_1 = \left(\frac{1}{\sqrt{2}},\ \frac{1}{\sqrt{2}},\ 0\right)$, $\boldsymbol{u}_2 = (0,\ 0,\ -1)$, $\boldsymbol{u}_3 = \left(-\frac{1}{\sqrt{2}},\ \frac{1}{\sqrt{2}},\ 0\right)$

問 5.22 (1) 連立 1 次方程式 $A\boldsymbol{x} = \boldsymbol{0}$ を解いて, $\mathrm{Ker}(A) = \mathrm{span}\{\boldsymbol{v}\}$, $\boldsymbol{v} = (-3,\ 1,\ 2)$.
(3) 例題 5.5 と同様の議論を用いる. $\mathrm{Im}(A) = \mathrm{span}\{\boldsymbol{a}_1,\ \boldsymbol{a}_3\}$ $(\boldsymbol{a}_2 = 3\boldsymbol{a}_1 - 2\boldsymbol{a}_3)$.

練 習 問 題

5.2 $W = \mathrm{span}\{\boldsymbol{v}_1,\ \ldots,\ \boldsymbol{v}_k\}$ とおく. $\boldsymbol{0} = 0\boldsymbol{v}_1 + \cdots + 0\boldsymbol{v}_k \in W$ である. また, $\boldsymbol{w} = s_1\boldsymbol{v}_1 + \cdots + s_k\boldsymbol{v}_k \in W$, $\boldsymbol{w}' = t_1\boldsymbol{v}_1 + \cdots + t_k\boldsymbol{v}_k \in W$ のとき

$$\begin{aligned}\boldsymbol{w} + \boldsymbol{w}' &= (s_1\boldsymbol{v}_1 + \cdots + s_k\boldsymbol{v}_k) + (t_1\boldsymbol{v}_1 + \cdots + t_k\boldsymbol{v}_k) \\ &= (s_1 + t_1)\boldsymbol{v}_1 + \cdots + (s_k + t_k)\boldsymbol{v}_k \in W.\end{aligned}$$

さらに, $\boldsymbol{w}'' = u_1\boldsymbol{v}_1 + \cdots + u_k\boldsymbol{v}_k \in W$ のとき

$$c\boldsymbol{w}'' = c(u_1\boldsymbol{v}_1 + \cdots + u_k\boldsymbol{v}_k) = (cu_1)\boldsymbol{v}_1 + \cdots + (cu_k)\boldsymbol{v}_k \in W.$$

よって W は部分空間である.

5.3 (1), (3), (4) は部分空間ではない. (2) は部分空間（原点を通る直線）である.

5.4 $r = 3$. 例えば, $\boldsymbol{a}_1,\ \boldsymbol{a}_2,\ \boldsymbol{a}_3$ は 1 次独立で, $\boldsymbol{a}_4 = 2\boldsymbol{a}_1 - \boldsymbol{a}_2 - 2\boldsymbol{a}_3$.

5.5 例えば, $\{\boldsymbol{v}_1,\ \boldsymbol{v}_2,\ \boldsymbol{v}_3\}$ は W の基底で $\dim W = 3$.

5.6 (2) $C = \begin{pmatrix} 0 & 1 \\ 1 & -1 \\ 1 & 1 \end{pmatrix}$ (3) $P = \begin{pmatrix} 1 & 1 \\ -1 & 1 \end{pmatrix}$

(5) $Q = \begin{pmatrix} 0 & 1 & 1 \\ 1 & 0 & 1 \\ 1 & 1 & 0 \end{pmatrix}$ (6) $C' = \frac{1}{2}\begin{pmatrix} 3 & 1 \\ -3 & 3 \\ 1 & -1 \end{pmatrix}$

5.7 (2) $\boldsymbol{u}_1 = \frac{1}{2}(1,\ -1,\ 1,\ 1)$, $\boldsymbol{u}_2 = \frac{1}{2}(1,\ 1,\ 1,\ -1)$, $\boldsymbol{u}_3 = \frac{1}{\sqrt{2}}(1,\ 0,\ -1,\ 0)$, $\boldsymbol{u}_4 = \frac{1}{\sqrt{2}}(0,\ 1,\ 0,\ 1)$ (3) $(2,\ 0, -\sqrt{2},\ 2\sqrt{2}\,)$

5.8 (2) 連立 1 次方程式 $x+2y+z=0,\ 2x+3y-z=0$ を解いて $W = \mathrm{span}\{\boldsymbol{v}\}$. ただし, $\boldsymbol{v} = (5,\ -3,\ 1)$. よって, $W^{\perp}$ は原点を通り, $\boldsymbol{v}$ を法線ベクトルとする平面 $5x - 3y + z = 0$ である.

5.9 問 5.22 と同様の議論を用いる．

(1) $\mathrm{Ker}(A) = \mathrm{span}\{\boldsymbol{v}_1, \boldsymbol{v}_2\}$, $\boldsymbol{v}_1 = (-2, 1, 3, 0)$, $\boldsymbol{v}_2 = (-4, 0, 1, 1)$

(2) $\mathrm{Im}(A) = \mathrm{span}\{\boldsymbol{a}_1, \boldsymbol{a}_3\}$ $(\boldsymbol{a}_2 = 2\boldsymbol{a}_1 - 3\boldsymbol{a}_3,\ \boldsymbol{a}_4 = 4\boldsymbol{a}_1 - \boldsymbol{a}_3)$

5.10 問題の意味がよくわからない場合は，$n = 2$ または $n = 3$ の場合で考えてみよ．

(3)
$$\begin{pmatrix} 0 & 1 & 0 & 0 & \cdots & 0 \\ 0 & 0 & 2 & 0 & \cdots & 0 \\ 0 & 0 & 0 & 3 & \ddots & \vdots \\ \vdots & \vdots & \vdots & \ddots & \ddots & 0 \\ 0 & 0 & 0 & 0 & \ddots & n \\ 0 & 0 & 0 & 0 & \cdots & 0 \end{pmatrix}$$

第 6 章

問 6.1 (1) $\lambda_1 = 2 + \sqrt{3}\,i,\ \lambda_2 = 2 - \sqrt{3}\,i$, $\boldsymbol{v}_1 = (2, 1 - \sqrt{3}\,i),\ \boldsymbol{v}_2 = (2, 1 + \sqrt{3}\,i)$

(2) $\lambda_1 = 2$（2 重解），$\boldsymbol{v}_1 = (1, -1)$

(3) $\lambda_1 = 1,\ \lambda_2 = -1,\ \lambda_3 = 2$, $\boldsymbol{v}_1 = (2, 1, 1),\ \boldsymbol{v}_2 = (1, 0, 1),\ \boldsymbol{v}_3 = (1, -1, 1)$

(4) $\lambda_1 = 1,\ \lambda_2 = \lambda_3 = 2$（2 重解），$\boldsymbol{v}_1 = (1, 1, -2),\ \boldsymbol{v}_2 = (1, 0, 1),\ \boldsymbol{v}_3 = (0, 1, -2)$

問 6.2 定理 6.1 の証明と同様の議論を用いる．

$m - 1$ 個の固有ベクトル $\boldsymbol{v}_1, \ldots, \boldsymbol{v}_{m-1}$ が 1 次独立であると仮定して，m 個の固有ベクトル $\boldsymbol{v}_1, \ldots, \boldsymbol{v}_m$ が 1 次独立であることを示す．

$$(*) \qquad x_1\boldsymbol{v}_1 + \cdots + x_m\boldsymbol{v}_m = \boldsymbol{0}$$

とおく．この両辺に A を左から掛けると $x_1A\boldsymbol{v}_1 + \cdots + x_mA\boldsymbol{v}_m = \boldsymbol{0}$ すなわち

$$x_1\lambda_1\boldsymbol{v}_1 + \cdots + x_m\lambda_m\boldsymbol{v}_m = \boldsymbol{0}$$

を得る．$(*)$ の両辺に λ_m をかけて，上式から引くと，

$$x_1(\lambda_1 - \lambda_m)\boldsymbol{v}_1 + + \cdots + x_{m-1}(\lambda_{m-1} - \lambda_m)\boldsymbol{v}_{m-1} = \boldsymbol{0}.$$

帰納法の仮定より，$\boldsymbol{v}_1, \ldots, \boldsymbol{v}_{m-1}$ は 1 次独立なので，

$$x_1(\lambda_1 - \lambda_m) = \cdots = x_{m-1}(\lambda_{m-1} - \lambda_m) = 0$$

である．$\lambda_1, \ldots, \lambda_m$ は相異なるから，$x_1 = \cdots = x_{m-1} = 0$ となる．よって，$x_m\boldsymbol{v}_m = \boldsymbol{0}$ と $\boldsymbol{v}_m \neq \boldsymbol{0}$ により $x_m = 0$ を得る．

問 6.3 $n=3$ のときは $\det(A-\lambda E)=(\lambda_1-\lambda)(\lambda_2-\lambda)(\lambda_3-\lambda)$ の両辺を比較する．$\lambda=0$ とおくと $\det A=\lambda_1\lambda_2\lambda_3$ を得る．また，$\det(A-\lambda E)=-\lambda^3+(a_{11}+a_{22}+a_{33})\lambda^2+\cdots$ であるから $\mathrm{tr}(A)=\lambda_1+\lambda_2+\lambda_3$ となる．一般の n のときも同様に考えられる．

問 6.4 (1) $P=\begin{pmatrix} 1 & 1 & 1 \\ 1 & 1 & 0 \\ -1 & 0 & 1 \end{pmatrix}$, $P^{-1}AP=\begin{pmatrix} 2 & 0 & 0 \\ 0 & 3 & 0 \\ 0 & 0 & 3 \end{pmatrix}$,

$$A^n=\begin{pmatrix} 2^n & -2^n+3^n & -2^n+3^n \\ 2^n-3^n & -2^n+2\cdot 3^n & -2^n+3^n \\ -2^n+3^n & 2^n-3^n & 2^n \end{pmatrix}$$

(2) $P=\begin{pmatrix} 1 & -2 & 1 \\ -1 & 1 & -1 \\ 0 & 2 & -2 \end{pmatrix}$, $P^{-1}AP=\begin{pmatrix} 1 & 0 & 0 \\ 0 & 2 & 0 \\ 0 & 0 & 3 \end{pmatrix}$,

$$A^n=\begin{pmatrix} 2^{n+1}-3^n & -1+2^{n+1}-3^n & \dfrac{1}{2}-\dfrac{1}{2}\cdot 3^n \\ -2^n+3^n & 1-2^n+3^n & -\dfrac{1}{2}+\dfrac{1}{2}\cdot 3^n \\ -2^{n+1}+2\cdot 3^n & -2^{n+1}+2\cdot 3^n & 3^n \end{pmatrix}$$

問 6.5 (1) 対称でない．

(2) 対称．$\lambda_1=1$，$\lambda_2=-1$，$\boldsymbol{v}_1=\dfrac{1}{\sqrt{2}}(1,\,-1)$，$\boldsymbol{v}_2=\dfrac{1}{\sqrt{2}}(1,\,1)$．

(3) 対称でない．

問 6.6 (1) $U=\dfrac{1}{\sqrt{2}}\begin{pmatrix} 1 & -1 \\ 1 & 1 \end{pmatrix}$, ${}^tUAU=\begin{pmatrix} 4 & 0 \\ 0 & 2 \end{pmatrix}$,

$$A^n=\frac{1}{2}\begin{pmatrix} 4^n+2^n & 4^n-2^n \\ 4^n-2^n & 4^n+2^n \end{pmatrix}$$

(2) 対称でない． (3) $U=\dfrac{1}{\sqrt{5}}\begin{pmatrix} 2 & -1 \\ 1 & 2 \end{pmatrix}$, ${}^tUAU=\begin{pmatrix} 8 & 0 \\ 0 & 3 \end{pmatrix}$,

$$A^n=\frac{1}{5}\begin{pmatrix} 4\cdot 8^n+3^n & 2\cdot 8^n-2\cdot 3^n \\ 2\cdot 8^n-2\cdot 3^n & 8^n+4\cdot 3^n \end{pmatrix}$$

問 6.9 双曲線 ${y_1}^2-2{y_2}^2=1$

問 6.10 2 次形式 $f(x,\,y)$ に対応する対称行列

$$A=\begin{pmatrix} a & b \\ b & c \end{pmatrix}$$

の固有値 λ_1, λ_2 が正であることを示せばよい．定理 6.2 より $\lambda_1\lambda_2 = \det A = ac - b^2 > 0$，$\lambda_1 + \lambda_2 = a + c$ である．一方，$ac > b^2 > 0$ と $a > 0$ より $c > 0$ なので $a + c > 0$．よって，$\lambda_1 + \lambda_2 > 0$ となり，$\lambda_1, \lambda_2 > 0$ を得る．

問 6.11 $(x, y) = \pm\dfrac{1}{\sqrt{5}}(2, 1)$ のとき最大値 2，$(x, y) = \pm\dfrac{1}{\sqrt{5}}(1, -2)$ のとき最小値 -3

問 6.13 2 次直交行列 $U = (\boldsymbol{u}_1 \ \ \boldsymbol{u}_2)$ の場合と同様の議論を用いる．

問 6.14 (1) 対称

$$U = \begin{pmatrix} -\dfrac{1}{\sqrt{6}} & \dfrac{1}{\sqrt{3}} & -\dfrac{1}{\sqrt{2}} \\ \dfrac{2}{\sqrt{6}} & \dfrac{1}{\sqrt{3}} & 0 \\ -\dfrac{1}{\sqrt{6}} & \dfrac{1}{\sqrt{3}} & \dfrac{1}{\sqrt{2}} \end{pmatrix}, \quad {}^tUAU = \begin{pmatrix} 6 & 0 & 0 \\ 0 & -3 & 0 \\ 0 & 0 & -2 \end{pmatrix}$$

(2) 対称でない　(3) 対称でない　(4) 対称

$$U = \frac{1}{3}\begin{pmatrix} 1 & 2 & 2 \\ -2 & 2 & -1 \\ 2 & 1 & -2 \end{pmatrix}, \quad {}^tUAU = \begin{pmatrix} 0 & 0 & 0 \\ 0 & 3 & 0 \\ 0 & 0 & -3 \end{pmatrix}$$

問 6.15 (1) $P = \begin{pmatrix} 3 & 1 \\ -3 & 0 \end{pmatrix}$，$P^{-1}AP = \begin{pmatrix} 4 & 1 \\ 0 & 4 \end{pmatrix}$

(2) $P = \begin{pmatrix} -3 & 2 \\ 2 & -1 \end{pmatrix}$，$P^{-1}AP = \begin{pmatrix} -2 & 1 \\ 0 & -2 \end{pmatrix}$

練習問題

6.1 (1) $P = \begin{pmatrix} 1 & 0 & -1 \\ 1 & 1 & 4 \\ 1 & 1 & 1 \end{pmatrix}$，$P^{-1}AP = \begin{pmatrix} 1 & 0 & 0 \\ 0 & -2 & 0 \\ 0 & 0 & -5 \end{pmatrix}$

(2) $P = \begin{pmatrix} 1 & 1 & 0 \\ -3 & 0 & 1 \\ -1 & -2 & -2 \end{pmatrix}$，$P^{-1}AP = \begin{pmatrix} -1 & 0 & 0 \\ 0 & 4 & 0 \\ 0 & 0 & 4 \end{pmatrix}$

(3) $P = \begin{pmatrix} 1 & 1 & 0 & 1 \\ 0 & -2 & -1 & -1 \\ -1 & 0 & 1 & 0 \\ 1 & 1 & 0 & 2 \end{pmatrix}$，$P^{-1}AP = \begin{pmatrix} 0 & 0 & 0 & 0 \\ 0 & 2 & 0 & 0 \\ 0 & 0 & 1 & 0 \\ 0 & 0 & 0 & 1 \end{pmatrix}$

6.2 （1） A は正則なので $\det A \neq 0$ である．一方，定理 6.2 より $\det A = \lambda_1 \cdots \lambda_n$ である．よって，$\lambda_1 \cdots \lambda_n \neq 0$

（2） $A\boldsymbol{v} = \lambda \boldsymbol{v}$ とおく．この両辺に A^{-1} を左から掛けて $\boldsymbol{v} = \lambda A^{-1}\boldsymbol{v}$．（1）より $\lambda \neq 0$ なので $A^{-1}\boldsymbol{v} = \lambda^{-1}\boldsymbol{v}$．

6.3 補題 6.1 と行列式の転置不変性（4.3 節）より，

$$\det(A - \lambda E) = \det {}^t(A - \lambda E) = \det({}^tA - \lambda {}^tE) = \det({}^tA - \lambda E)$$

であるから，A と ${}^tA$ の固有方程式（多項式）は等しい．

6.4 $A\boldsymbol{0} = \boldsymbol{0} = \lambda\boldsymbol{0}$ より $\boldsymbol{0} \in V_\lambda$ である．$\boldsymbol{v}_1, \boldsymbol{v}_2 \in V_\lambda$ とすると，

$$A(\boldsymbol{v}_1 + \boldsymbol{v}_2) = A\boldsymbol{v}_1 + A\boldsymbol{v}_2 = \lambda\boldsymbol{v}_1 + \lambda\boldsymbol{v}_2 = \lambda(\boldsymbol{v}_1 + \boldsymbol{v}_2).$$

よって，$\boldsymbol{v}_1 + \boldsymbol{v}_2 \in V_\lambda$．

$\boldsymbol{v}_3 \in V_\lambda$ とすると，$A(c\boldsymbol{v}_3) = cA\boldsymbol{v}_3 = c(\lambda\boldsymbol{v}_3) = \lambda(c\boldsymbol{v}_3)$．よって，$c\boldsymbol{v}_3 \in V_\lambda$．

6.5 A の固有ベクトルからなる正規直交基底を用いて $U = (\boldsymbol{u}_1 \quad \ldots \quad \boldsymbol{u}_n)$ とおくと，$AU = UD$ である．ここで，D は A の固有値からなる対角行列であり，U は直交行列である．このとき，$A = UD\,{}^tU$ である．D は対角行列なので対称行列であり，${}^tD = D$．よって，補題 6.1 を用いて ${}^tA = {}^t(UD\,{}^tU) = {}^t({}^tU){}^tD\,{}^tU = UD\,{}^tU = A$

6.6 （1）～（3） 例題 6.4 の議論を用いる．

6.7 6.6 の議論を用いる．

（1） 楕円 $(x')^2 + 6(y')^2 = \dfrac{5}{2}$ （2） 双曲線 $2(y')^2 - 3(x')^2 = 1$

（3） 放物線 $y' = -\dfrac{\sqrt{5}}{2}(x')^2$

6.8 （2） $\boldsymbol{u}_1 = \dfrac{1}{\sqrt{3}}(1, 1, 1)$ （4） $\boldsymbol{u}_2 = \dfrac{1}{\sqrt{2}}(1, -1, 0)$, $\boldsymbol{u}_3 = \dfrac{1}{\sqrt{6}}(1, 1, -2)$

6.9 （1） $U = \dfrac{1}{3}\begin{pmatrix} 2 & -2 & 1 \\ 1 & 2 & 2 \\ 2 & 1 & -2 \end{pmatrix}$, ${}^tUAU = \begin{pmatrix} 2 & 0 & 0 \\ 0 & 5 & 0 \\ 0 & 0 & -1 \end{pmatrix}$

（2） $U = \dfrac{1}{\sqrt{2}}\begin{pmatrix} 1 & 0 & 0 & 1 \\ 0 & 1 & 1 & 0 \\ 0 & 1 & -1 & 0 \\ 1 & 0 & 0 & -1 \end{pmatrix}$, ${}^tUAU = \begin{pmatrix} 1 & 0 & 0 & 0 \\ 0 & 1 & 0 & 0 \\ 0 & 0 & -1 & 0 \\ 0 & 0 & 0 & -1 \end{pmatrix}$

6.10

$$A = \begin{pmatrix} 1 & 0 & 0 \\ 0 & 3 & -1 \\ 0 & -1 & 3 \end{pmatrix}, \quad \boldsymbol{x} = \begin{pmatrix} x \\ y \\ z \end{pmatrix}$$

とおくと，与えられた曲面は ${}^t\boldsymbol{x}A\boldsymbol{x} = 4$ と表される．例題 6.4 と同様の議論により，座標変換

$$\boldsymbol{x} = U\boldsymbol{y}, \quad U = \frac{1}{\sqrt{2}}\begin{pmatrix} \sqrt{2} & 0 & 0 \\ 0 & 1 & 1 \\ 0 & 1 & -1 \end{pmatrix}, \quad \boldsymbol{y} = \begin{pmatrix} X \\ Y \\ Z \end{pmatrix}$$

を行うと，$\dfrac{X^2}{4} + \dfrac{Y^2}{2} + Z^2 = 1$ を得る．

6.11

$$A = \begin{pmatrix} 1 & 1 & 2 \\ 1 & 2 & 1 \\ 2 & 1 & 1 \end{pmatrix}, \quad \boldsymbol{x} = \begin{pmatrix} x \\ y \\ z \end{pmatrix}$$

とおくと，$f(x,\, y,\, z) = {}^t\boldsymbol{x}A\boldsymbol{x}$ と表される．A の固有値は，$\lambda = 4,\, 1,\, -1$ であり，対応する大きさ 1 の固有ベクトルはそれぞれ

$$\boldsymbol{v}_1 = \pm\frac{1}{\sqrt{3}}(1,\, 1,\, 1), \quad \boldsymbol{v}_2 = \pm\frac{1}{\sqrt{6}}(1,\, -2,\, 1), \quad \boldsymbol{v}_3 = \pm\frac{1}{\sqrt{2}}(1,\, 0,\, -1)$$

である．例題 6.5 と同様の議論により，$f(x,\, y,\, z)$ は $(x,\, y,\, z) = \pm\dfrac{1}{\sqrt{3}}(1,\, 1,\, 1)$ のとき最大値 4，$(x,\, y,\, z) = \pm\dfrac{1}{\sqrt{2}}(1,\, 0,\, -1)$ のとき最小値 -1 をとる．

6.12 （2） $P = \begin{pmatrix} 1 & 0 \\ -2 & 1 \end{pmatrix}$, $P^{-1}AP = \begin{pmatrix} 7 & 1 \\ 0 & 7 \end{pmatrix}$, $A^n = 7^{n-1}\begin{pmatrix} 2n+7 & n \\ -4n & -2n+7 \end{pmatrix}$

6.13 与えられた行列を A とする．

（1） A の固有値は $\lambda = 3$（3 重根）．連立 1 次方程式 $(A-3E)\boldsymbol{v}_1 = \boldsymbol{0}$ を解いて $\boldsymbol{v}_1 = (0,\, 1,\, 1)$．次に，$(A-3E)\boldsymbol{v}_2 = \boldsymbol{v}_1$ を解いて $\boldsymbol{v}_2 = (-1,\, -1,\, 0)$．最後に，$(A-3E)\boldsymbol{v}_3 = \boldsymbol{v}_2$ を解いて $\boldsymbol{v}_3 = (2,\, 0,\, -1)$．よって

$$P = \begin{pmatrix} 0 & -1 & 2 \\ 1 & -1 & 0 \\ 1 & 0 & -1 \end{pmatrix}, \quad P^{-1}AP = \begin{pmatrix} 3 & 1 & 0 \\ 0 & 3 & 1 \\ 0 & 0 & 3 \end{pmatrix}.$$

（2） A の固有値は $\lambda = 2,\, 1$（2 重根）．連立 1 次方程式 $(A-2E)\boldsymbol{v}_1 = \boldsymbol{0}$ を解いて $\boldsymbol{v}_1 = (3,\, 1,\, -1)$．次に，$(A-E)\boldsymbol{v}_2 = \boldsymbol{0}$ を解いて $\boldsymbol{v}_2 = (0,\, 1,\, 1)$．最後に，$(A-E)\boldsymbol{v}_3 = \boldsymbol{v}_2$ を解いて $\boldsymbol{v}_3 = (1,\, 1,\, 0)$．よって

$$P = \begin{pmatrix} 3 & 0 & 1 \\ 1 & 1 & 1 \\ -1 & 1 & 0 \end{pmatrix}, \quad P^{-1}AP = \begin{pmatrix} 2 & 0 & 0 \\ 0 & 1 & 1 \\ 0 & 0 & 1 \end{pmatrix}.$$

索　　引

著者略歴

くわむらまさたか
桑村雅隆

1964 年　山口県に生まれる
1988 年　広島大学理学部卒業
1994 年　広島大学大学院理学研究科博士課程修了（博士（理学））
　　　　　広島商船高等専門学校講師
1995 年　和歌山大学システム工学部講師
2002 年　神戸大学発達科学部助教授
2007 年　神戸大学大学院人間発達環境学研究科准教授
2013 年　神戸大学大学院人間発達環境学研究科教授
　　　　　現在に至る

リメディアル線形代数 ― 2 次行列と図形からの導入 ―

検印省略

2007 年 9 月 25 日　第 1 版発行
2025 年 2 月 10 日　第1版11刷発行

定価はカバーに表示してあります．

著作者　桑 村 雅 隆
発行者　吉 野 和 浩

増刷表示について
2009 年 4 月より「増刷」表示を『版』から『刷』に変更いたしました．詳しい表示基準は弊社ホームページ
http://www.shokabo.co.jp/
をご覧ください．

発行所　東京都千代田区四番町 8-1
　　　　電　話　(03) 3262-9166
　　　　株式会社　裳 華 房

印刷製本　株式会社デジタルパブリッシングサービス

一般社団法人
自然科学書協会会員

ISBN 978-4-7853-1544-3